Pfeiffer/Bethe/Pfeiffer

Nachhaltige Bauwerkslebenszyklen

Ihr Plus – digitale Zusatzinhalte!

Auf unserem Download-Portal finden Sie zu diesem Titel kostenloses Zusatzmaterial. Geben Sie dazu einfach diesen Code ein:

plus-d4zmo-sdec7

plus.hanser-fachbuch.de

Bleiben Sie auf dem Laufenden!

Hanser Newsletter informieren Sie regelmäßig über neue Bücher und Termine aus den verschiedenen Bereichen der Technik. Profitieren Sie auch von Gewinnspielen und exklusiven Leseproben. Gleich anmelden unter

www.hanser-fachbuch.de/newsletter

Pfeiffer/Bethe/Pfeiffer

Nachhaltige Bauwerkslebenszyklen

Wertschöpfendes Instandhalten, Modernisieren und Abbrechen

HANSER

Aus Gründen der besseren Lesbarkeit wird auf die gleichzeitige Verwendung der Sprachformen männlich, weiblich und divers (m/w/d) verzichtet. Sämtliche Personenbezeichnungen gelten gleichermaßen für alle Geschlechter.

Bibliografische Information der Deutschen Nationalbibliothek:
Die Deutsche Nationalbibliothek verzeichnet diese Publikation in der Deutschen Nationalbibliografie; detaillierte bibliografische Daten sind im Internet über http://dnb.d-nb.de abrufbar.

Internet: www.hanser-fachbuch.de

Lektorat: Frank Katzenmayer
Herstellung: Frauke Schafft
Covergestaltung: Max Kostopoulos
Coverkonzept: Marc Müller-Bremer, www.rebranding.de, München
Titelmotiv: © stock.adobe.com/malp, sdp_creations, Yuriy, dlyastokiv und dmitr1ch
Satz: le-tex publishing services, Leipzig
Druck und Bindung: CPI books GmbH, Leck
Printed in Germany

Print-ISBN 978-3-446-47641-7
E-Book-ISBN 978-3-446-47697-4
ePub-ISBN 978-3-446-47971-5

Vorwort

Wertschöpfendes Instandhalten, Modernisieren und Abbrechen für nachhaltige Bauwerkslebenszyklen bedeutet heute für Bauwerkseigentümer, -verwalter und -planer sowie ausführende Unternehmen und weitere beteiligte Institutionen eine iterative und ganzheitliche Zusammenarbeit aller Beteiligten mit einem Konzept.

Dieses Fachbuch zeigt zu Instandhaltung, Modernisierung sowie Abbruch und Rückbau für nachhaltige Bauwerkslebenszyklen Aktuelles aus der Praxis für fach- und sachgerechte Anforderungen, Leistungen sowie Durchführungen für die Projekte mit Checklisten.

Sowohl Anforderungen, Leistungen und Durchführungen sowie ausgewählte Projekte, vom Wohn- bis Nichtwohngebäude, werden in diesem Werk anwendungsbezogen ausgewählt dargestellt.

Prozesshaft werden die bisher wenig beschriebenen Bauwerkslebenszyklusphasen Instandhaltung, Modernisierung und Abbruch sowie Rückbau im Gesamtkontext der Nachhaltigkeit praxisgerecht als Konzept thematisiert.

Hannover 2023 Die Autoren

Autorenverzeichnis

Achim Bethe,

Bauingenieur und Dipl.-Ing. (FH) sowie M. Eng., ist an der Hochschule Hannover wiss. Mitarbeiter im Bereich Nachhaltiges Energie-Design als Experte für Instandhaltung, Modernisierung und Abbruch.

Catharina Philine Pfeiffer,

M.Sc. in Chemie, ist an der Leibniz Universität Hannover wiss. Mitarbeiterin und Doktorandin sowie Expertin für Didaktik in den Naturwissenschaften.

Prof. Dr.-Ing. Martin Pfeiffer,

Dipl.-Ingenieur für Architektur, ist Hochschullehrer an der Hochschule Hannover für Nachhaltiges Energie-Design als international anerkannter Experte für Instandhaltung, Modernisierung und Abbruch von Bauwerken.

Inhalt

1 Einleitung

Einleitend werden für ein Konzept zu nachhaltigen Bauwerkslebenszyklen wertschöpfende Instandhaltungen, Modernisierungen und Abbrüche sowie Rückbauten ausgewählt dargestellt.

Im ersten Abschnitt der Einleitung werden konzeptionelle Nachhaltigkeitsaspekte zur wertschöpfenden Instandhaltung, Modernisierung und wertschöpfendem Abbruch sowie Rückbau für Bauwerkslebenszyklen dargestellt. Der zweite Abschnitt thematisiert einleitend nachhaltige Bauwerkslebenszyklen für wirtschaftliche, umweltverträgliche und nutzungsgerechte Bauwerke.

Ausgewählte Gesetze, Verordnungen, Regeln und Stand der Technik insbesondere nach KrWG, BImSchG, BlmSchV, BetrSichV, BioStoffVAVV, StrlSchV, AVV Abfall, AVV Baulärm, TA Lärm, TA Luft, ASR, BGR, GewAbfV, DIN 18 205, DIN ISO 21 500, DIN 18 960, DIN 32 736, DIN 31 051, DIN EN ISO 14 001, DIN EN ISO 50 001, ATV DIN 18 459 sowie VDI 6210 für wertschöpfendes Instandhalten, Modernisieren und Abbrechen werden im dritten Abschnitt der Einleitung behandelt.

Im zweiten Hauptkapitel werden Anforderungen zu wertschöpfendem Instandhalten, Modernisieren und Abbrechen von Bauwerken dargestellt. In den einzelnen Abschnitten werden hier Bedarfsplanung, Projektmanagement, Energiemanagement, Gebäudemanagement, Life-Cycle-Engineering, Abfallmanagement sowie Umweltmanagement zur Wertschöpfung für nachhaltige Bauwerkslebenszyklen ausgewählt thematisiert.

Im dritten Hauptkapitel werden Leistungen zu wertschöpfendem Instandhalten, Modernisieren und Abbrechen von Bauwerken dargestellt. In den einzelnen Abschnitten werden hier Instandhaltungsleistungen, Modernisierungsleistungen und Abbruch- sowie Rückbauleistungen zur Wertschöpfung thematisiert.

Im vierten Hauptkapitel werden Durchführungen zu wertschöpfendem Instandhalten, Modernisieren und Abbrechen von Bauwerken dargestellt. In den einzelnen Abschnitten werden hier Inspektionen, Wartungen und Pflege, Instandsetzungen, Verbesserungen Rückbau und Neubau sowie Abbruch zur Wertschöpfung thematisiert.

Im fünften Hauptkapitel werden Projekte zu wertschöpfendem Instandhalten, Modernisieren und Abbrechen von Bauwerken dargestellt. In den einzelnen Abschnitten werden hier Instandhaltungen von Wohnhäusern, Modernisierung und Rückbau einer Mensa und Abbruch und Neubau eines Studierendenzentrums thematisiert.

Online stehen auf *plus.hanser-fachbuch.de* hilfreiche Checklisten zu wertschöpfendem Instandhalten, Modernisieren und Abbrechen von Bauwerken zur Verfügung.

1.1 Wertschöpfendes Instandhalten, Modernisieren und Abbrechen von Bauwerken

Nachhaltig instandgehaltene, modernisierte und abgebrochene Bauwerke müssen durch Gebäudeplaner, Architekten, Ingenieure, Sachverständige, Unternehmer, aber auch Bauherren und Gebäudeeigner geplant, ausgeführt und über nachhaltige Bauwerkslebenszyklen konzeptionell wertschöpfend gemanagt werden.

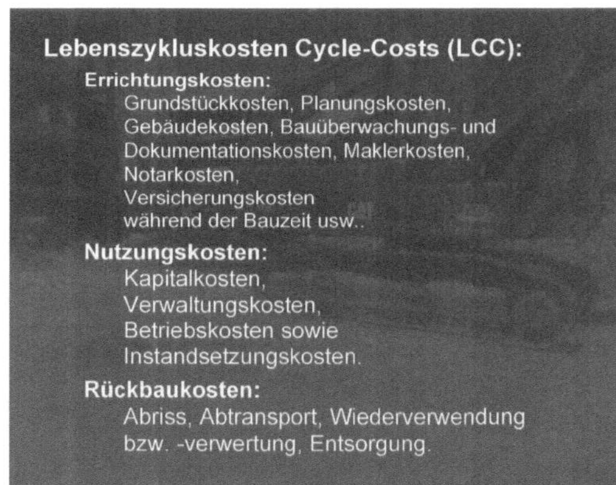

Bild 1.1 Lebenszykluskosten eines Bauwerks

Acht sogenannte „Resilienz. B.usteine" stehen für praxisnahe Wertschöpfung über nachhaltige Bauwerkslebenszyklen bei Instandhaltung, Modernisierung und Abbruch:

1. Verantwortungsübernahme

Raus aus der „Passivrolle" und sich selbst als Gestalter des Bauwerkslebenszyklus sehen. Also den „Autopiloten" öfter mal ausschalten und sich fragen: Komme ich den Bauwerksverpflichtungen nach mit der Belohnung Wertschöpfung?

2. Akzeptanz

Über den Bauwerkslebenszyklus gelassen an die Wertschöpfung gehen, d. h. Dinge zu akzeptieren, die nicht geändert werden können und Mut für Änderungen ökonomischer, ökologischer und sozialer Art zu haben, die möglich sind, sowie die Weisheit, dass eine vom anderen zu unterscheiden.

3. Zukunftsorientierung

Wer weiß, welche Rolle die Werte seines Bauwerks spielen, kann wertschöpfend den Bauwerkslebenszyklus zukunftsfähig nachhaltig gestalten.

4. Lösungsorientierung

Die Probleme des Bauwerks als Herausforderung sehen und sich vom Problem lösen. Denn lösungsorientiertes Denken ist eine Entscheidung, lieber ganzheitlich denken.

5. Netzwerkorientierung

Anstatt „Halbwissen" anzuhäufen, sich über „Netzwerke zu Wertschöpfung" bei Instandhaltung, Modernisierung und Rückbau für Bauwerkslebenszyklen sachverständig informieren lassen.

6. Optimismus

Dem Problematischen an Bauwerken noch etwas Gutes abgewinnen, einen Sinn erkennen und mit den Problemen aktiv realistisch auseinandersetzen.

7. Selbstwirksamkeit

Die eigenen Kompetenzen kennen mit dem Glauben, etwas im Bauwerkslebenszyklus wertschöpfend bewirken zu können. Selbst auf die kleinsten nachhaltigen Erfolge schauen, Vorbilder suchen und öfter die „Komfortzone" verlassen.

8. Erholung

Ehrgeiz zur Wertschöpfung für Bauwerke treibt zu Höchstleistungen, aber „Selbstfürsorge" muss die Basis der Nachhaltigkeit bleiben.

Wertschöpfung ist in der Bauwirtschaft das Ziel produktiver Tätigkeiten, wie auch hier als wertschöpfendes Instandhalten, Modernisieren und Abbrechen in nachhaltigen Bauwerkslebenszyklen. Eine Wertschöpfung transformiert vorhandene Bauwerkslebenszyklen in nachhaltige Bauwerkslebenszyklen mit höherem Ökonomie-, Ökologie- und Soziologie-Wert.

In der Baubetriebswirtschaftslehre, insbesondere im Supply-Chain-Management, bezieht sich Wertschöpfung auf das Bauwerk und das den Bauwerkslebenszyklus verbindende Wertschöpfungsnetzwerk. Werte werden hier durch wertschöpfende Aktivitäten in nachhaltigen Bauwerkslebenszyklen geschöpft. Wertschöpfung bezieht sich hier theoretisch auf den „Nettowert" einer jeden Bau- und Anlagentechnik zum Gesamtwert des Bauwerks über seinen Lebenszyklus, der durch Summierung aller Einzelwerte entsteht. Durch Summierung all dieser Werte lässt sich Wertschöpfung jeweils im Bauwerkslebenszyklus in Bezug auf Nachhaltigkeit bewerten.

Allgemein wird in der Literatur Wertschöpfung als die Wertgröße beschrieben, um die der „Output" den „Input" übersteigt, also eine durch Transformationsprozesse entstehende, dynamische (Strom-)Größe.

Eine höchstmögliche Wertschöpfung in nachhaltigen Bauwerkslebenszyklen zu erzielen, sollte das Ziel ökonomischen, ökologischen und sozialen Handelns sein. Wenn der Input wertmäßig dauerhaft den Output übersteigt, also eine negative Wertschöpfung entstanden ist, ist diese für ein Bauwerk stark substanzgefährdend.

Wertschöpfung = Produktionswert - Vorleistungen

Wertschöpfung ergibt sich damit aus der Gesamtleistung abzüglich der Vorleistungen in nachhaltigen Bauwerkslebenszyklen.

Etwa 5 % des gesamtwirtschaftlichen Produktionswertes beträgt die volkswirtschaftliche Bedeutung des Baugewerbes in Deutschland. In der Wertschöpfungskette des Baugewerbes spielen die Planungsleistungen als Teil der Unternehmensdienste eine zentrale Rolle. Als Nettolieferant für das Baugewerbe weist dieser Bereich nicht nur anteilsmäßig den höchsten Gesamteffekt auf, sondern konnte seit 1995 einen Anteilsgewinn am Gesamteffekt verzeichnen. Dies bedeutet, dass der eigentliche Bauprozess stark von Lieferungen der Planungsleistungen abhängt.

So ist zum Beispiel das Bewirtschaften und Unterhalten von Bauleistungen die Domäne der Nutzer. Das sind vor allem Unternehmen aus dem Nichtbaubereich und private Haushalte.

Auf ein Bauwerk bezogen ist die Wertschöpfung im Prinzip mit dem Verkehrswert des Bauwerks gleichzusetzen. Das heißt, die Bauinvestition, Erhaltungskosten und eine mögliche Wertsteigerung fließen in den sich in der Regel positiv entwickelnden Verkehrswert ein.

Auch positive nicht-monetäre Nebeneffekte wie Nachhaltigkeit, Klima- und Umweltschutz, Bürgerbeteiligung, Ressourcenautonomie usw. können die Wertschöpfung eines Bauwerks erhöhen. Mögliche Maßnahmen zur Steigerung der Wertschöpfung von Bauwerken sind insbesondere wertschöpfende Bedarfsplanungen, Planungen, Durchführungen, Instandhaltungen, Modernisierungen sowie Abbruch und Rückbaumaßnahmen.

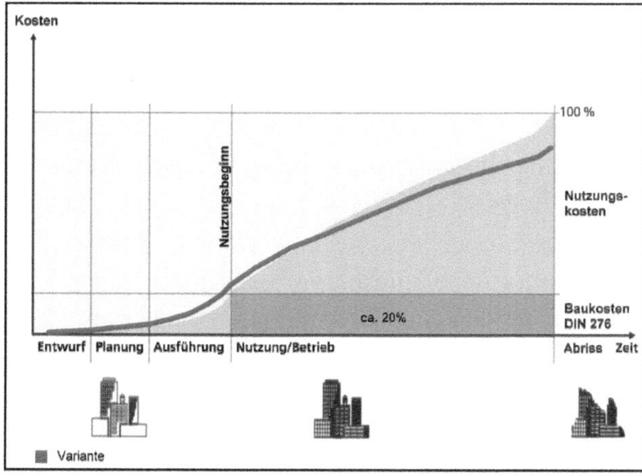

Bild 1.2 Beeinflussbarkeit im Kostenverlauf der Lebenszykluskosten eines Bauwerks

Heute im Zeitalter nachhaltiger Bauwerkslebenszyklen sollen in Deutschland wertschöpfende Bauwerke kostengünstig, umweltverträglich und nutzungsgerecht sein. Wenn heute von Instandhaltung, Modernisierung, Abbruch und Rückbau gesprochen wird, so hat deren Nachhaltigkeit einen sehr hohen Stellenwert eingenommen. Nachhaltigkeit für ökonomische, ökologische und soziale Bauwerkslebenszyklen wird angestrebt. Nachhaltigkeit sieht für alle Phasen des Lebenszyklus hohe technische Bau- und Anlagenqualität, ökologische Orientierung, sozialen Nutzen, Wirtschaftlichkeit, Ressourcen- sowie Energieeinsparung usw. über die gesamte Wertschöpfungskette vor.

Wirtschaftlichkeit bei Instandhaltung, Modernisierung, Abbruch und Rückbau für Bauwerkslebenszyklen kann durch wertschöpfende Lebenszykluskosten, insbesondere Investitions-, Nutzungs- und Abrisskosten zum Ausdruck kommen. Die technischen und nutzungsbezogenen Qualitäten der Bauwerke sind über die gesamte Wertschöpfungskette abzustimmen.

Ökologische Optimierung strebt nachhaltige Bauwerkslebenszyklen mit wertschöpfender Reduzierung des Flächenverbrauchs, der Bodenversiegelung des Stoffeinsatzes usw. an. Energieeinsparung ist verordnet bei extremer Steigerung der Energiekosten. Mit Ressourcen- und Energieeffizienz wird auch das Ziel der Reduzierung der CO_2-Emissionen erreicht und dem Klimawandel entgegengewirkt.

Sozialer Nutzen wird wertschöpfend im bedarfs-, behaglichkeits- und nutzungsgerechten sowie gesundheitsverträglichem Instandhaltungs-, Modernisierungs-, Abbruch- und Rückbaumanagement gesehen.

Wertschöpfung wird allgemein definiert als in den einzelnen Wirtschaftszweigen von den einzelnen Unternehmen erbrachte wirtschaftliche Leistung (Summe der in diesen Wirtschaftsbereichen entstandenen Einkommen, die den Beitrag der Wirtschaft zum Volkseinkommen darstellen).

Wertschöpfungsketten werden allgemein definiert als: Gesamtheit der Prozesse, die zu einer Wertschöpfung führen. Wertschöpfungsgrundsätze sollten schon bei der Projektentwicklung und der Bedarfsplanung zu Instandhaltung, Modernisierung, Abbruch und Rückbau für nachhaltige Bauwerkslebenszyklen bedacht und über das Planen und Ausführen hinaus auch den Betrieb in der Nutzungszeit bis zum Bauwerkslebenszyklusende und darüber hinaus berücksichtigen. Ganzheitlichkeit mit optimaler Wertschöpfung steht insbesondere durch Verteuerungen, Material- und Energieknappheit sowie Umweltschäden, Klimawandel und sozialer Probleme zunehmend im Vordergrund für nachhaltige Bauwerkslebenszyklen.

Nachhaltige Bauwerkslebenszyklen schöpfen Werte für Eigentümer, Unternehmer und -Nutzer über die Lebensdauern und überzeugen durch ein optimales Kosten-Nutzenverhältnis bei den Bauwerkslebenszykluskosten, wie Kapital-, Verwaltungs-, Betriebs- und Instandsetzungskosten. Wertschöpfend Instandhalten, Modernisieren, und Abbrechen erfordert, dass die Beteiligten übergeordnete Perspektiven der Nachhaltigkeit einnehmen. Eine zukunftssichere Lebenszyklus-Perspektive zählt ebenso dazu wie der vernetzte Austausch von Informationen.

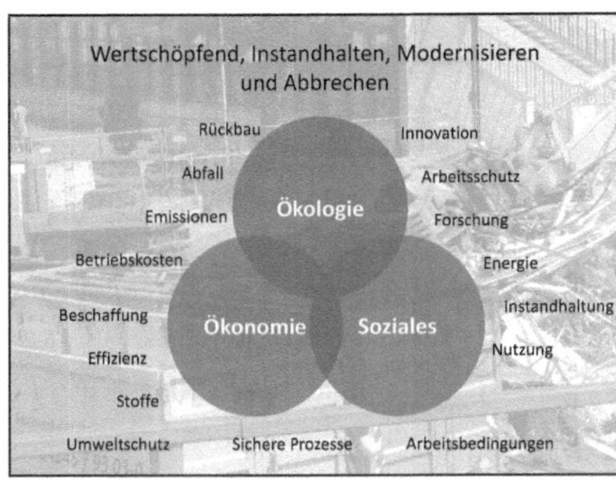

Bild 1.3 Nachhaltigkeitsaspekte der Wertschöpfung bei Instandhaltung, Modernisierung, Abbruch und Rückbau über Bauwerkslebenszyklen

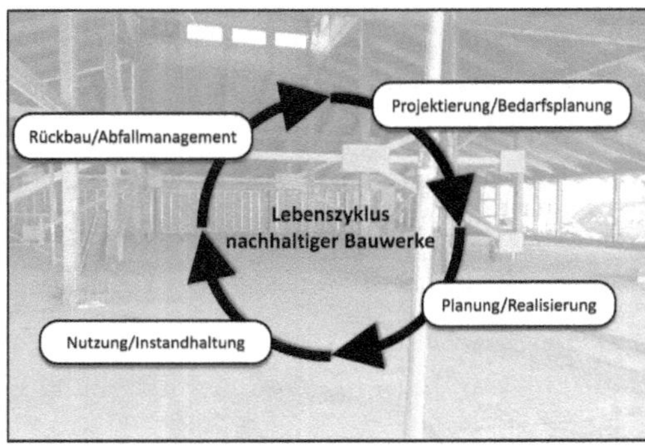

Bild 1.4 Lebenszyklus nachhaltiger Bauwerke

Langfristiger Nutzen ist für alle Beteiligten von großer Bedeutung, da sich Rahmenbedingungen der Planungs-, Bau-, Betriebs- und Rückbauwirtschaft insbesondere in Bezug auf Ressourcen- und Energieverbrauch, aber auch Umweltverträglichkeit, insbesondere als Abfallmenge und Emissionen, künftig stark verändern. Angesichts von Klimaschutzzielen und Ressourcenverknappung werden Vorgaben in Deutschland deutlich zunehmen.

In Deutschland ist neben neuen (allgemein) anerkannten Regeln der Technik insbesondere mit dem „Gütesiegel Nachhaltiges Bauen“ der DGNB auch ein System zur Zertifizierung und Bewertung der Nachhaltigkeit eines Bauwerks möglich. Nachhaltigkeits-Anforderungen an wertschöpfendes Instandhalten, Modernisieren und Abbrechen bzw. Rückbauen werden im Folgenden dargestellt.

Dimensionen der Nachhaltigkeit bei nachhaltigen Bauwerkslebenszyklen

Durch die Enquete-Kommission „Schutz des Menschen und der Umwelt - Ziele und Rahmenbedingungen einer nachhaltig zukunftsverträglichen Entwicklung“ des Deutschen Bundestages wurde für Deutschland das Leitbild einer nachhaltig zukunftsverträglichen Entwicklung herausgearbeitet. Basierend auf diesen Zielen wurde das Handlungsprinzip zum „Leitbild Nachhaltigkeit“ formuliert, bei dem durch eine nachhaltige Entwicklung die Bedürfnisse der jetzigen Generation erfüllt werden sollen, ohne dabei die Möglichkeit späterer Generationen einzuschränken, ihre Bedürfnisse ebenfalls befriedigen zu können.

Aus diesem Handlungsprinzip ergeben sich vielfältige Nachhaltigkeits-Anforderungen zu wertschöpfendem Instandhalten, Modernisieren und Abbrechen in Bauwerkslebenszyklen, die in drei Hauptkategorien gegliedert werden können:

- ökonomische Dimension der Nachhaltigkeit,
- ökologische Dimension der Nachhaltigkeit sowie
- soziale und kulturelle Dimension der Nachhaltigkeit.

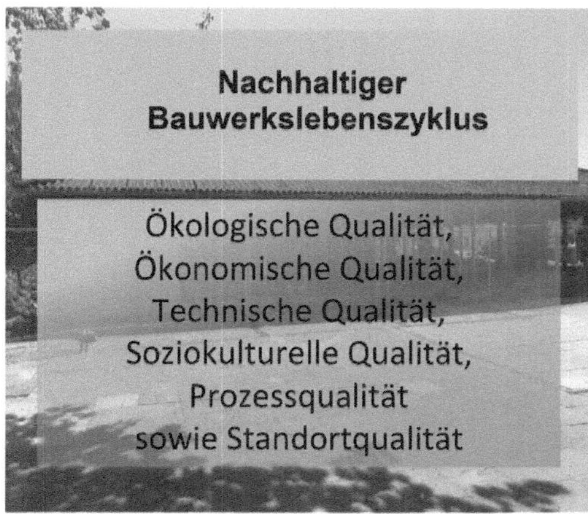

Bild 1.5 Qualitätskriterien im nachhaltigen Bauwerkslebenszyklus

Für nachhaltige Bauwerkslebenszyklen lassen sich aus diesen Dimensionen verschiedene Schutzziele ableiten. Dabei wird im Rahmen einer Lebenszyklusbetrachtung die Optimierung sämtlicher Einflussfaktoren über den gesamten Lebenszyklus eines Bauwerks, also von Rohstoffgewinnung, Planung, Errichtung, Instandhaltung, Modernisierung und Abbruch bzw. Rückbau, angestrebt.

Lebenszyklusbetrachtung zu Bauwerken

Bauwerke werden üblicherweise über lange Zeiträume genutzt. Daher kann erst die theoretische Betrachtung über die gesamten Lebenszyklen, über 50 Jahre bei Nichtwohn-Bauwerken bzw. 80 Jahren bei Wohn-Bauwerken, Aufschluss über tatsächliche nachhaltige Qualitäten und wertschöpfendes Instandhalten, Modernisieren und Abbrechen geben.

Die Lebenszyklusphasen von Bauwerken müssen im Hinblick auf die unterschiedlichen Aspekte der Nachhaltigkeit analysiert und in ihrem Zusammenwirken optimiert werden. Ziel ist das Erreichen einer hohen Bauwerksqualität mit möglichst geringen Umweltbeeinträchtigungen sowie Kosten bei hoher Nutzungsgerechtigkeit.

Die Beurteilungs- bzw. Bewertungsmaßstäbe für die aus den drei Dimensionen der Nachhaltigkeit abgeleiteten Schutzziele müssen sich also stets an diesen Zeiträumen orientieren.

Hinsichtlich wertschöpfendem Instandhalten, Modernisieren und Abbruch gliedert sich die Lebenszyklusbetrachtung von Bauwerken in folgende Einzelphasen:

- nachhaltige Bauwerkslebenszyklus-Planung,
- Instandhaltung bzw. Modernisierung sowie
- Abbruch bzw. Rückbau.

Die Einschätzung der Lebens- bzw. Nutzungsdauern von Bauwerken, der Baustoffe, Baustoffteile und -elemente ist bei der Bewertung der Nachhaltigkeit von besonderer Bedeutung.

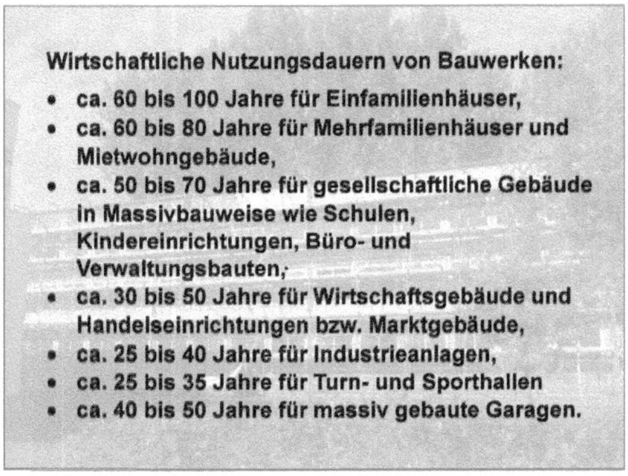

Wirtschaftliche Nutzungsdauern von Bauwerken:

- **ca. 60 bis 100 Jahre für Einfamilienhäuser,**
- **ca. 60 bis 80 Jahre für Mehrfamilienhäuser und Mietwohngebäude,**
- **ca. 50 bis 70 Jahre für gesellschaftliche Gebäude in Massivbauweise wie Schulen, Kindereinrichtungen, Büro- und Verwaltungsbauten,**
- **ca. 30 bis 50 Jahre für Wirtschaftsgebäude und Handelseinrichtungen bzw. Marktgebäude,**
- **ca. 25 bis 40 Jahre für Industrieanlagen,**
- **ca. 25 bis 35 Jahre für Turn- und Sporthallen**
- **ca. 40 bis 50 Jahre für massiv gebaute Garagen.**

Bild 1.6 Wirtschaftliche Nutzungsdauern von Bauwerken

Wertschöpfende Dimensionen in nachhaltigen Bauwerkslebenszyklen

Im Zusammenhang mit Instandhaltung, Modernisierung und Abbruch bzw. Rückbau sind folgende drei wertschöpfende Dimensionen in nachhaltigen Bauwerkslebenszyklen insbesondere zu beachten.

Ökonomische Dimension der Wertschöpfung

Bei der ökonomischen Dimension der Wertschöpfung beim Instandhalten, Modernisieren und Abbrechen in nachhaltigen Bauwerkslebenszyklen werden über die Investitions-, Planungs-, Anschaffungs-, Instandhaltungs- sowie Modernisierungskosten hinausgehend insbesondere auch die Baufolgekosten als Lebenszyklus- und Nutzungs- bis Abbruch- bzw. Rückbaukosten betrachtet, die über die gesamte Nutzungs- bzw. Lebensdauer der Bauwerke anfallen. Wie Beispiele zeigen, können die Baufolgekosten die Planungs- und Baukosten um ein Mehrfaches überschreiten.

Durch eine umfangreiche Lebenszyklus- und Nutzungskostenanalyse lassen sich hier zur Wertschöpfung zum Teil erhebliche Einspar- und Optimierungspotenziale identifizieren.

Folgende Lebenszykluskosten für Bauwerke werden folgend betrachtet:

- Bauwerkslebenszyklus-Planungskosten:

  Bedarfsermittlungskosten, Honorare, Dokumentationskosten, zusätzliche Qualitätssicherungskosten, Steuern, Gebühren, Notarkosten, Nebenkosten usw.;

- Instandhaltungs- und Modernisierungskosten:

  Grundstückskosten, Instandhaltungskosten, Modernisierungskosten Bauüberwachungskosten, Dokumentationskosten, Versicherungskosten usw.;

- Nutzungskosten:

  Kapitalkosten, Objektmanagementkosten, Betriebskosten sowie Instandsetzungskosten;

- Abbruch- und Rückbaukosten:

  Abrisskosten, Transportkosten, Wiederverwendung bzw. -verwertungskosten, Entsorgungskosten, Abfallmanagementkosten usw.

Ökologische Dimension der Wertschöpfung

Bei der ökologischen Dimension der Wertschöpfung beim Instandhalten, Modernisieren und Abbrechen bzw. Rückbauen in nachhaltigen Bauwerkslebenszyklen wird eine Ressourcenschonung durch einen optimierten Einsatz von Baumaterialien und Bauprodukten und eine Minimierung der Medienverbräuche, z. B. Heizen, Strom, Wasser und Abwasser, Abfall usw., angestrebt. Damit ist in der Regel gleichzeitig eine Minimierung der Umweltbelastungen, z. B. Treibhauspotenzial bezüglich der Klimaveränderung, Versäuerungspotenzial bezüglich des sauren Regens usw., verbunden.

Bild 1.7 Beispiel Gewerbegebäude als Passivhaus mit hoher Energieeffizienz

Da das Instandhalten, Modernisieren, Abbrechen und auch der Rückbau von Bauwerken die Umwelt belastet, stellt sich die Frage, wie Instandhaltungs-, Modernisierungs- und Abbruch-Varianten in ökologischer Hinsicht objektiv bewertet und optimiert werden können.

Hierzu sind Indikatoren für Bauwerke festzulegen, die die unterschiedlichen Umweltauswirkungen beschreiben.

Aktuell werden insbesondere folgende quanti- und qualifizierbare Indikatoren für die ökologische Wertschöpfung in nachhaltigen Bauwerkslebenszyklen identifiziert:

- Flächeninanspruchnahme im Hinblick auf „Ressourceneinsparung“,
- Energieaufwand und -effizienz im Hinblick auf „Energieeinsparung“,
- Treibhauspotenzial im Hinblick auf die „Erderwärmung“,
- Ozonzerstörungspotenzial im Hinblick auf das „Ozonloch“,
- Versäuerungspotenzial im Hinblick auf den „Sauren Regen“,
- Überdüngungspotenzial im Hinblick auf die „Gewässer- und Grundwasserüberdüngung“,
- Ozonbildungspotenzial im Hinblick auf den „Sommersmog“,
- Wasserinanspruchnahme im Hinblick auf „Ressourceneinsparung“,
- Materialinanspruchnahme im Hinblick auf „Ressourceneinsparung“,
- Inanspruchnahme nachwachsender Rohstoffe im Hinblick auf „Ressourceneinsparung“,
- Inanspruchnahme regenerativer Energien im Hinblick auf „Energieeinsparung“ usw.

Soziokulturelle Dimension der Wertschöpfung

Bei der sozialen und kulturellen Dimension der Wertschöpfung beim Instandhalten, Modernisieren und Abbrechen bzw. Rückbauen in nachhaltigen Bauwerkslebenszyklen werden neben den Fragen der Bedarfs- und Nutzungsgerechtigkeit, Kultur, Ästhetik und Gestaltung insbesondere die Aspekte des Sicherheits-, Gesundheits- und Arbeitsschutzes sowie Komfort und Behaglichkeit betrachtet.

Bild 1.8 Behaglichkeitskriterien für Bauwerkslebenszyklen

Innerhalb der sozialen und kulturellen Dimension der Wertschöpfung werden insbesondere Schutzziele zu folgenden Bereichen von Bauwerkslebenszyklen definiert:

- **Bedarfs- und Nutzungsgerechtigkeit:**

  Durch Optimierung der Bedarfs- und Nutzungsplanung auch beim wertschöpfenden Instandhalten, Modernisieren und Abbrechen lassen sich soziokulturelle Aspekte nachhaltig erfüllen.

  Bauwerke sind flexibel und variabel, wenn sie leicht an sich ändernde Randbedingungen der Nutzungen über die Bauwerkslebenszyklen anpassbar sind.

  Nutzerzufriedenheit und gesellschaftliche Akzeptanz wirken im Sinne der Nachhaltigkeit und führen zu einer nachhaltigen Wertschätzung und Wertbeständigkeit der Bauwerke.

- **Kultur, Ästhetik und Gestaltung:**

  Fragen der (Bau-)Kultur, Identität, Akzeptanz, Ästhetik sowie architektonischen, städtebaulichen und landschaftsplanerischen Gestaltungsqualitäten sind schwer quantifizierbar, aber qualitativ beschreibbar.

- **Sicherheits-, Gesundheits- und Arbeitsschutz:**

  Sicherheit und Barrierefreiheit haben direkten Einfluss auf die optimale Nutzbarkeit von Bauwerken. Beide erhöhen für Nutzer die Sicherheit und Behaglichkeit und reduzieren die Gesundheitsgefährdung z. B. hinsichtlich Sturzgefahr.

  Gefährdungen der Gesundheit durch Problemstoffe oder durch Einwirkungen aus der Umwelt oder aus dem Gebäude (z. B. Lärm, Schadstoffe, unzureichende Beleuchtung usw.) müssen zuverlässig ausgeschlossen werden.

  Durch eine gezielte Baustoffauswahl lassen sich mögliche gesundheitliche Beeinträchtigungen der Nutzer reduzieren. Arbeitsschutz in nachhaltigen Bauwerkslebenszyklen ist eines der wichtigen Ziele.

Bild 1.9 Arbeitsplatz in einem Gewerbegebäude

- **Komfort und Behaglichkeit:**

  Jedes Industrie- und Gewerbegebäude beispielsweise muss optimal auf die Produktion der Unternehmen über die nachhaltigen Bauwerkslebenszyklen ausgerichtet sein.

  Optimaler Komfort durch ein Bauwerk bedeutet auch für die unterschiedlichen Nutzer ganzheitliche Komfortlösungen anzubieten.

  Behaglichkeit in Bauwerken als thermische Behaglichkeit (Raumtemperatur, Raumluftfeuchte usw.), hygienische Behaglichkeit (Raumluftqualität, Luftbewegung, usw.), akustische Behaglichkeit (Bauakustik, Lärm, usw.), optische und visuelle Behaglichkeit (Beleuchtung und Belichtung), odorische Behaglichkeit (Gerüche, Emissionen usw.), haptische Behaglichkeit (Fühlen, Tasten, Oberflächen usw.), psychische und physische Behaglichkeit (Raumempfindungen, körperliche Belastungen usw.) hat eine große Bedeutung für Nutzungen.

  Winterlicher wie sommerlicher Wärme- und Feuchteschutz tragen ebenso zur Behaglichkeit bei wie beispielsweise der Schall- und Brandschutz usw.

  Beim wertschöpfenden Instandhalten, Modernisieren und Abbrechen ist möglichst auf Komfort- und Behaglichkeitsbewahrung der Nutzer zu achten.

Qualitäten von wertschöpfendem Instandhalten, Modernisieren und Abbrechen in nachhaltigen Bauwerkslebenszyklen

Im Folgenden werden nachhaltige Qualitäten mit Instandhaltungs-, Modernisierungs- und Abbruch-Relevanz dargestellt.

Die folgenden Qualitäten basieren wissenschaftlich auf dem Kriterienkatalog zur Betrachtung und Bewertung von Nachhaltigkeitsaspekten für Gebäude entwickelt vom Bundesministerium für Verkehr, Bau und Stadtentwicklung, wissenschaftlich begleitet durch das Bundesinstitut für Bau-, Stadt- und Raumforschung in kooperativer Zusammenarbeit mit der Deutschen Gesellschaft für Nachhaltiges Bauen e.V. (DGNB).

Mit folgenden Qualitäten können auch Betrachtungen zur Nachhaltigkeit von Bauwerkslebenszyklen erfolgen. Diese Betrachtungen zeichnen sich durch ganzheitliche Betrachtungen des gesamten Lebenszyklus unter Berücksichtigung der ökonomischen und soziokulturellen Qualität und sowohl den technischen als auch prozessualen Aspekten, Standortmerkmalen sowie ökologischen Qualitäten aus.

Ökonomische Qualitäten von wertschöpfendem Instandhalten, Modernisieren und Abbrechen in nachhaltigen Bauwerkslebenszyklen:

- Wertschöpfende Lebenszykluskosten, z. B. wirtschaftliche Bauwerkslebenszyklus-Kosten.
- Wertentwicklungen, z. B. Wertstabilität und -zuwachs.

Ökologische Qualitäten vom wertschöpfenden Instandhalten, Modernisieren und Abbrechen in nachhaltigen Bauwerkslebenszyklen:

- Qualitäten geringer Auswirkungen von Instandhaltung, Modernisierung und Abbruch auf globale und lokale Umwelten sind z. B.:
  - Treibhauspotenzial,
  - Ozonschichtabbaupotenzial,
  - Ozonbildungspotenzial,
  - Versäuerungspotenzial,
  - Überdüngungspotenzial,
  - Risiken für die lokale Umwelt,
  - sonstige Wirkungen auf die lokale Umwelt,
  - sonstige Wirkungen auf die globale Umwelt und
  - Mikroklima.
- Qualitäten geringer Ressourceninanspruchnahmen vom wertschöpfenden Instandhalten, Modernisieren und Abbrechen in nachhaltigen Bauwerkslebenszyklen:
  - Gesamtprimärenergiebedarf,
  - Anteile erneuerbarer Energien am Gesamtprimärenergiebedarf,
  - Verbrauch nicht erneuerbarer Ressourcen,
  - Abfälle nach Abfallkategorien,
  - Frischwasserverbrauch Nutzungsphase und
  - Flächeninanspruchnahmen.

Soziokulturelle und funktionale Qualitäten von wertschöpfendem Instandhalten, Modernisieren und Abbrechen in nachhaltigen Bauwerkslebenszyklen:

- Qualitäten wie Gesundheit, Behaglichkeit und Nutzerzufriedenheit, z. B.:
  - thermischer Komfort im Sommer,
  - thermischer Komfort im Winter,
  - Innenraumluftqualitäten,
  - akustischer Komfort,
  - visueller Komfort,
  - Einflussnahmen der Nutzer,
  - gebäudebezogene Außenraumqualität und
  - Sicherheiten sowie Störfallrisiken.

- Funktionale Qualitäten, z. B.:
  - Barrierefreiheiten,
  - Flächeneffizienzen,
  - Umnutzungsfähigkeiten,
  - öffentliche Zugänglichkeiten und
  - Fahrradkomfort.
- Gestalterische Qualitäten, z. B.:
  - Sicherung der gestalterischen und städtebaulichen Qualitäten sowie
  - Kunst an Bauwerken.

Technische Qualitäten von wertschöpfendem Instandhalten, Modernisieren und Abbrechen in nachhaltigen Bauwerkslebenszyklen:

- Qualitäten der technischen Ausführungen, z. B.:
  - Brandschutz,
  - Schallschutz,
  - wärme- und feuchteschutztechnische Qualitäten der Bauwerkshüllen,
  - Ergänzungsmöglichkeiten technischer Bauwerksausrüstungen,
  - Bedienbarkeiten der technischen Bauwerksausrüstungen,
  - Ausstattungsqualitäten der technischen Bauwerksausrüstungen,
  - Dauerhaftigkeit der Bauwerke,
  - Reinigungs- und Instandhaltungsfreundlichkeit der Bauwerke,
  - Widerstandsfähigkeiten gegen Hagel, Sturm und Hochwasser und
  - Rückbaubarkeit sowie Recyclingfreundlichkeit der Bauwerke.

Prozessqualitäten von wertschöpfendem Instandhalten, Modernisieren und Abbrechen in nachhaltigen Bauwerkslebenszyklen:

- Qualitäten der Planungen sind z. B.:
  - Qualität der Projektvorbereitungen und Bedarfsermittlungen,
  - integrale Planungen,
  - Nachweise der Optimierungen und Komplexitäten der Planungsmethodik,
  - Sicherungen der Nachhaltigkeitsaspekte in Ausschreibung/Vergabe und
  - Schaffung von Voraussetzungen für optimale Nutzungen/Bewirtschaftungen.

Schon zu Beginn der Projektentwicklung von nachhaltigen Bauwerkslebenszyklen müssen die unterschiedlichen Aspekte von wertschöpfendem Instandhalten, Modernisieren und Abbrechen berücksichtigt werden.

Wertschöpfende Modernisierung von Bauwerken hält diese auf dem neuesten Stand der Technik und darüber hinaus schafft sie nachhaltige Verbesserungen.

Ziel nachhaltiger Bauwerkslebenszyklen ist eine hohe planerische Qualität mit langfristig gut durchdachten Konzepten unter Berücksichtigung der Wirkungen auf Umwelt und Gesellschaft sowie einer genauen Abschätzung der Bauwerkslebenszyklus-Wertschöpfung zur Nachhaltigkeit.

Die frühe iterative und integrale Zusammenarbeit von allen Beteiligten im Life-Cycle-Engineering und eine richtige Dokumentation des Planungsablaufs sind dafür unerlässlich.

Für freiwillige Zertifizierungen von Bauwerken zur Nachhaltigkeit müssen die benötigten Daten von Bauherren, Planern, Fachplanern usw. zur Verfügung gestellt werden. Mithilfe einheitlicher Datengrundlagen und aufgrund definierter Kriterien und Bewertungsregeln werden dann von entsprechend ausgebildeten Zertifizierern die Bauwerke bewertet.

Dabei werden für die einzelnen Kriterien nach klaren Regeln Punkte vergeben.

Über die jeweiligen Bedeutungszahlen und die Gewichtung der Kriteriengruppen zueinander wird die Gesamtpunktzahl gebildet. Im Verhältnis von erreichter zur erreichbaren Gesamtpunktzahl ergibt sich ein Erfüllungsgrad.

Am Ende der Bemühungen zu nachhaltigen Bauwerken steht eine Gesamtnote, die ökologische, ökonomische und soziokulturelle Belange berücksichtigt und gleichzeitig die technische und planerische Leistung bewertet.

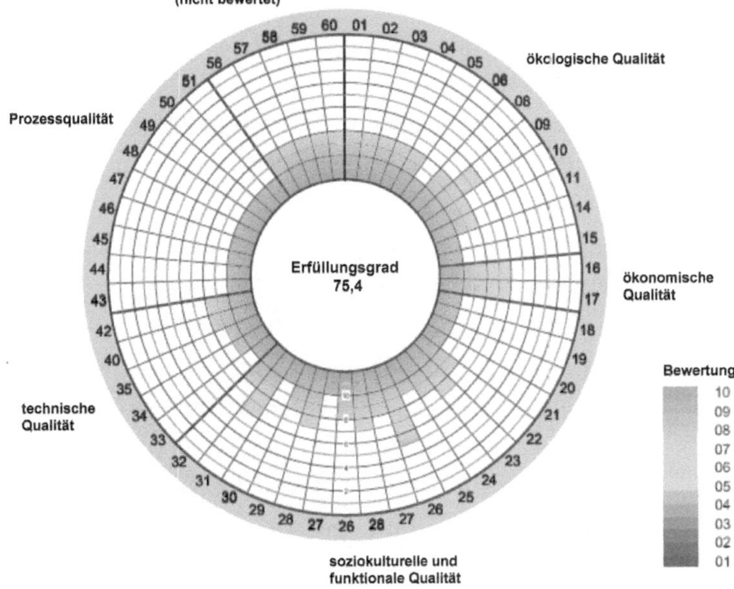

Bild 1.10 Beispielhafter Erfüllungsgrad zur Nachhaltigkeit eines Bauwerkes

1.2 Nachhaltige Bauwerkslebenszyklen

Bauwerke, Bauelemente, Bauteile und Baustoffe haben bestimmte Lebensdauern mit -zyklen, diese können von wenigen Jahren mit wenigen Zyklen (z. B. bei industriellen, gewerblichen oder militärischen Anlagen usw.) bis über viele Jahrhunderte mit vielen Zyklen (z. B. Kirchen, Burgen, Rathäuser usw.) oder gar Jahrtausende hinweg (z. B. Tempelanlagen, Pyramiden, Große Mauer in China usw.) reichen.

Dabei wird unterschieden in verschiedene Formen der Lebens- oder Nutzungsdauern über Bauwerkslebenszyklen.

Bild 1.11 Ägyptische Pyramide

Bautechnische Lebensdauern

Bautechnische Lebensdauern sind u. a. abhängig von der Beschaffenheit der Baustoffe, der Bauteile, der Bauelemente, der Bauwerke bis zur gesamten Liegenschaft sowie insbesondere Klima-, Umwelt-, Nutzungs-, Wirtschaftlichkeits- sowie Instandhaltungseinflüsse. Diese Lebensdauern können zwischen Null und über 80 Jahre betragen.

Sehr wesentlich ist in diesem Zusammenhang wertschöpfendes Instandhalten, Modernisieren und Abbrechen in nachhaltigen Bauwerkslebenszyklen.

Finanztechnische und steuerlich ansetzbare Abschreibungszeiten

Jedes Bauwerk hat bestimmte Anschaffungswerte. Die Kosten dieser Werte können z. B. von Unternehmen in Deutschland über einen bestimmten Zeitraum (als AfA, in Prozent usw.) abgeschrieben werden. Die maximale lineare Abschreibungsdauer bei Gebäuden in den letzten Jahren betrug 50 Jahre und damit 2,0 % pro Jahr.

Die steuerlich anerkannten Abschreibungszeiträume, die Nutzungsdauern bei Bauwerken können jedoch deutlich kürzer sein, wenn z. B. ein wirtschaftlicher Verbrauch vorzeitig nachgewiesen wird.

Dabei ist auch nach Art und Intensität der Nutzung zu unterscheiden, die z. B. bei einer chemischen Produktionsanlage nur 10 Jahre (z. B. mit 10 % AfA) betragen kann, bei einer Straßenbrücke 30 Jahre und bei einem Wohnhaus 50 Jahre. Die AfA-Werte sind eine umfangreiche Liste und in der einschlägigen Steuerfachliteratur nachzulesen.

Wirtschaftliche Nutzungsdauern

Wirtschaftliche Nutzungsdauern von Bauwerken werden auf die Rentabilitäten bezogen. Solange ein Bauwerk eine Nutzung besitzt, welche einen Ertrag bringt, wird es betrieben.

Entfällt die Grundlage der Wirtschaftlichkeit (z. B. durch mangelhafte Vermietbarkeit, Ausfall der Mieter, ungünstige Raumaufteilung, zu hohe Bewirtschaftungskosten durch Heizungen, Klimatisierungen, Aufzugsanlagen, Sicherheitsmaßnahmen, usw.), muss von den Eigentümern oder Betreibern ein neues, tragfähiges Bewirtschaftungskonzept erstellt werden (falls erforderlich mit Antrag auf Nutzungsänderung). Hierbei werden wertschöpfende Instandhaltungs-, Modernisierungs- und Abbruchmaßnahmen erforderlich.

Die hier möglichen Nutzungszeiten können sich erheblich von bautechnischen und der finanztechnischen Lebensdauern unterscheiden.

Funktionale Lebensdauern

Funktionale Lebensdauern von Bauwerken richten sich insbesondere nach den vorhandenen Randbedingungen und sind nur schwer zu beeinflussen. Außergewöhnliche Einflüsse sind z. B. Überschwemmungskatastrophen, Zerstörungen durch Brandeinwirkungen, Kriege, Erdbeben usw.

Bei militärischen Bauanlagen etwa kann die übergeordnete strategische Konzeption geändert werden, sodass die Funktionsnotwendigkeit nicht mehr gegeben ist. Hier wird vor einer Niederlegung die Möglichkeit z. B. der Konversion geprüft, d. h. z. B. weitgehende Nutzung des Baubestandes für andere Zwecke.

Ende der Lebens- und Nutzungsdauern von Bauwerken

Alle einmal errichteten Bauwerke werden, sofern sie z. B. nicht unter Denkmalschutz oder anderen Schutzmaßnahmen stehen, irgendwann einmal beseitigt oder niedergelegt.

Hier setzt idealerweise der stufenweise, materialtrennende und ressourcenschonende (u. a. durch Separierung der Baustoffe usw.) selektive Abbruch oder Rückbau ein, das heißt u. a.:

- eine verstärkte stoffliche Separierung bewirkt, dass deutlich weniger Bauabfälle zu entsorgen sind und
- dass die gesetzlichen Vorgaben sowie ggf. begrenzte Deponiekapazitäten in Deutschland zu Restriktionen bei der Abfallentsorgung von Baustoffen, Bautei-

len und Bauelementen führen, womit hierbei das Baustoffrecycling an Bedeutung gewinnt.

Der deutsche Gesetzgeber hat u.a. die Abfallgesetze dahingehend durch Verordnungen ergänzt, dass Wiederverwendungen von Bauabfällen Priorität einzuräumen ist. Die Abfallbilanz z.B. eines deutschen Bundeslandes gibt einen genauen Aufschluss über Abfall-, Entstehungs- und Entsorgungsarten.

Eine Steigerung der Verwertungsquoten ist nur durch Änderungen der Bauverfahren möglich. Ziel ist es hier, die Wiederverwendungs- bzw. Recyclingquoten maximal zu erhöhen. Hier wäre als positives Beispiel die Wiederverwendung von Baustählen zu erwähnen, wo die deutsche Recyclingquote heute bereits bei ca. 95% liegt.

Die „Niederlegung" von Bauwerken in Form vom stufenweisen Gebäuderückbau mit stofflicher Separierung durch Abfallmanagement im baulichen Bestand bringt erhebliche Vorteile gegenüber konventionellen Abbrüchen, insbesondere in Bezug auf Wirtschaftlichkeit und Umweltschutz.

Bild 1.12 Abbruch des Fachwerkhauses der Hochschule Hannover

Umweltschutzaspekte beim wertschöpfenden Instandhalten, Modernisieren und Abbrechen in nachhaltigen Bauwerkslebenszyklen

Umweltschutz ist die Sicherung und Gesunderhaltung der natürlichen Umwelt. Das bedeutet insbesondere Schutz vor Verunreinigungen von Wasser und Luft, vor unsachgemäßer Nutzung und Vernichtung (z.B. Boden, Wald usw.), vor chemischen Mitteln, vor Strahlung und Lärm (z.B. Umwelthygiene usw.), sowie Erhaltung und Schutz elementarer Naturbestandteile.

Der Umweltschutz erfordert ein Zusammenwirken aller wissenschaftlichen, politischen und wirtschaftlichen Kräfte. In fast allen Industriestaaten wurden in den letzten 50 Jahren neue Gesetze und Maßregeln für den Umweltschutz gefordert, vorbereitet und vielfach bereits erlassen.

Die hohe Bevölkerungszahl, steigender Wohlstand, aber auch neue Gewohnheiten wie z. B. Einwegverpackungen haben in Deutschland die Abfallmengen stark anwachsen lassen. Abfälle können in Deutschland beispielsweise in Deponien abgelagert, thermisch und/oder physikalisch behandelt oder kompostiert werden. Bereits heute hat die wertschöpfende Wiederverwendung von Altstoffen (z. B. Recycling-Stoffe, Sekundär-Rohstoffe usw.) eine erhöhte Bedeutung erlangt. Die Rohstoffvorräte werden damit geschont und das Abfallaufkommen verringert.

Umweltschutz kann unterschieden werden in:

- ökologischen Umweltschutz (z. B. Naturschutz, Landschaftspflege usw.) sowie
- technischen Umweltschutz (z. B. Reinhaltungen von Luft, Schutz vor Lärm, Abfallbeseitigungen, Strahlenschutz, Boden- und Gewässerschutz, usw.).

Im Umweltschutz sollte das Verursacherprinzip gelten. Die Kosten für die Vermeidung und die Behebung von Umweltbelastungen tragen die Verursacher, sofern diese zweifelsfrei als Urheber der Beeinträchtigungen festgestellt werden.

Bei Instandhaltungs-, Modernisierungs-, Abbruch und Rückbau-Maßnahmen ergeben sich u. a. folgende Auswirkungen:

- Lärmentwicklungen,
- Staubanfälle (z. B. mit oder ohne Gefahrstoffpotenzialen usw.),
- Erschütterungen (z. B. durch Arbeitsgeräte oder fallende Massen usw.),
- Wasseranfall und Feuchte,
- Streu- und Funkenflüge sowie
- Abgase, Dämpfe usw.

Umweltgerechter Abbruch und Rückbau

Bisher wird der Vorgang „Niederlegung eines Bauwerkes" kurz mit „Abbruch" bezeichnet. Aufgrund einer insbesondere zunehmend komplexen Bautechnik kann der herkömmliche Abbruch, bei dem die Abfallstoffe des Bauwerks völlig unsortiert abtransportiert werden, nicht mehr als „Stand der Technik" bezeichnet werden.

Hier bietet der Begriff Rückbau, definiert als „Abbrucharbeiten" eine differenzierte und umweltschonende Ergänzung der Bauausführung. Auch der Rückbau als selektiver Abbruch führt zur vollständigen Niederlegung und Beseitigung eines Bauwerkes, jedoch wird er in Stufen durchgeführt, die sowohl sicherheitstechnisch wie auch umweltbezogen von Vorteil sind. Durch z. B. stufenweisen Rückbau mit Abfallmanagement im baulichen Bestand können vorhandene Baustoffe schonend getrennt werden. Mit Materialtrennung erfolgt ein Sortieren nach möglichen Verwendungszwecken.

Eine der Arbeitsphasen ist auch die Demontage. Diese ist insbesondere die Zerlegung oder das Auseinandernehmen von Anlageteilen und maschinellen oder betriebstechnischen Konstruktionen.

Wird bei Bauwerksaufnahmen oder im Verlauf der Arbeiten festgestellt, dass in oder an Bauwerken Schadstoffe oder Gefahrstoffe frei werden, müssen zum Schutz der Beschäftigten und der Nachbarschaft insbesondere Schadstoffmessungen durchgeführt werden. Ergeben die Messwerte schädliche Konzentrationen, muss ein Arbeitsschutzkonzept erstellt werden, nach dem weitergearbeitet werden kann. Unter Einhaltung der behördlichen Vorschriften erfolgt dann z.B. die Beseitigung der Gefährdungen, der „Schadstoffausbau“.

Nach vollständiger Entfernung aller Einbauten und möglichen Schadstoffen kann das wertschöpfende Niederlegen des Bauwerkes erfolgen. Hierbei können die bekannten und sicherheitstechnisch unbedenklichen Abbruchtechniken angewandt werden.

Bild 1.13 Abfallmanagement beim wertschöpfenden Abbruch

■ 1.3 Ausgewählte Gesetze, Verordnungen, Regeln und Stand der Technik

In diesem Abschnitt werden ausgewählte Gesetze, Verordnungen, Anleitungen, Regeln usw. zum wertschöpfenden Instandhalten, Modernisieren, Abbrechen und Rückbauen für Konzepte zu nachhaltigen Bauwerkslebenszyklen dargestellt.

Kreislaufwirtschaftsgesetz (KrWG)

Im Folgenden werden ausgewählte Aspekte des Kreislaufwirtschaftsgesetzes dargestellt.

Basisdaten zum Kreislaufwirtschaftsgesetz	
Titel:	Gesetz zur Förderung der Kreislaufwirtschaft und Sicherung der umweltverträglichen Bewirtschaftung von Abfällen
Kurztitel:	Kreislaufwirtschaftsgesetz
Abkürzung:	KrWG
Art:	Bundesgesetz
Geltungsbereich:	Bundesrepublik Deutschland
Rechtsmaterie:	Besonderes Verwaltungsrecht, Umweltrecht
Inkrafttreten der letzten Änderung:	29. Juli 2017 (Art. 4 G vom 20. Juli 2017)

Bild 1.14 Ausgewählte Basisdaten zum KrWG

Das Kreislaufwirtschaftsgesetz (KrWG) ist das zentrale Bundesgesetz des deutschen Abfallrechts und damit auch für das Abfallmanagement in nachhaltigen Bauwerkslebenszyklen. Zweck des Gesetzes ist es, auch im Rahmen des Abfallmanagements beim wertschöpfenden Instandhalten, Modernisieren, Abbrechen und Rückbauen die Kreislaufwirtschaft zur Schonung der natürlichen Ressourcen zu fördern und den Schutz von Mensch und Umwelt bei der Erzeugung und Bewirtschaftung von Abfällen sicherzustellen sowie insbesondere das Recycling und die sonstige stoffliche Verwertung von Abfällen zu fördern.

Auszug aus dem Inhaltsverzeichnis des KrWG

1. Ziel des Gesetzes
2. Gliederung des Gesetzes
3. Geltungsbereich
4. Geschichte
   - 4.1 Europäische Einflüsse
   - 4.2 Der wesentliche Inhalt des Kreislaufwirtschafts- und Abfallgesetzes 1996
   - 4.3 Anforderungen des KrW- / AbfG 1996 an Entsorgungsmaßnahmen
   - 4.4 Fortentwicklung des Abfallrechts durch das Kreislaufwirtschaftsgesetz 2012
5. Rechtlicher Rahmen
   - 5.1 Rechtsverordnungen
   - 5.2 Verwaltungsvorschriften
   - 5.3 Landesrecht
6. Struktur des Entsorgungssektors
7. Literatur
8. Weblinks
9. Einzelnachweise

Bild 1.15 Abfall auf einer Baustelle der Hochschule Hannover

Ziele und Gliederung des KrWG zum wertschöpfenden Abfallmanagement

Nach § 1 des KrWG ist der Zweck des Gesetzes die Förderung der Kreislaufwirtschaft in Deutschland zur Schonung der natürlichen Ressourcen und Sicherung der umweltverträglichen Bewirtschaftung von Abfällen, hier insbesondere im Abfallmanagement beim wertschöpfenden Instandhalten, Modernisieren und Abbrechen in nachhaltigen Bauwerkslebenszyklen.

Ziel des Kreislaufwirtschaftsgesetzes ist es, Abfälle auch in nachhaltigen Bauwerkslebenszyklen zu reduzieren, insbesondere die zu deponierenden Abfälle. An erster Stelle steht hier die Vermeidung von Abfällen im Rahmen des Abfallmanagements, zum Beispiel, indem auf Verpackungen verzichtet wird oder diese mehrfach benutzt werden. Da Verpackungen in vielen Fällen erforderlich sind, z.B. um eine Lagerung zu erleichtern, sollen notwendige Verpackungen verwertet werden. Rohstoffe werden so möglichst lange im Kreislauf geführt und nachhaltig bewirtschaftet, um Ressourcen und Umwelt in Deutschland zu schonen.

Der Begriff Kreislaufwirtschaftsgesetz erweckt den Eindruck, dass die Verwertung nicht vermiedener Abfälle Priorität hat; was aber nicht der Fall ist.

Die notwendige Gefahrenabwehr gebietet es aber zuerst Schadstoffe in Abfällen zu vernichten oder aus den Abfällen heraus zu bringen und sicher, i.d.R. getrennt von der Umwelt zu lagern. Eine wichtige Methode in Deutschland, Schadstoffe im Rahmen des Abfallmanagements zu vernichten, ist die Abfallverbrennung. Dabei werden organische Schadstoffe vernichtet, Schwermetalle landen in den Filterstäuben und werden als Sonderabfälle deponiert.

In manchen Regionen sind biologisch-mechanische Abfallbehandlungsanlagen in Betrieb, die aber immer wieder Probleme bereiten, die technischen Anforderungen an das zu deponierende Material zu erfüllen.

Die Abfallbehandlung dient nicht nur der Schadstoffvernichtung auch auf Baustellen. Da nicht verwertbare, behandelte Abfälle in Deponien zu beseitigen sind, schont die deutliche Reduzierung der sogenannten Restabfälle auch die Landschaft.

Die letzte Novelle zum Kreislaufwirtschaftsgesetz ergänzte die Zielhierarchie für den Umgang mit Abfällen. Entsprechend den Vorgaben einer neuen EU-Abfallrichtlinie wurde auch die Vorbereitung der Wiederverwendung berücksichtigt. Die stoffliche Verwertung hat nun als „Recycling" Vorrang vor der energetischen Verwertung von Abfällen. Daraus ergibt sich beim Umgang mit Abfällen auch für das Abfallmanagement im baulichen Bestand folgende Zielhierarchie:

- Vermeidung von Abfall,
- Vorbereitung zur Wiederverwendung von Abfall,
- Recycling, wie z.B. stoffliche Verwertung von Abfall,
- sonstige Verwertung, insbesondere energetische Verwertung und Verfüllung von Abfall,
- Beseitigung.

Es handelt sich hier um Prioritäten, die aus Gründen des Umweltschutzes in Deutschland flexibel zu handhaben sind. So ist immer ein Nachweis möglich, dass das bei bestimmten Abfällen das Abweichen von der Zielhierarchie notwendig ist.

Verwertungsmaßnahmen müssen beispielsweise technisch möglich und wirtschaftlich vertretbar sein. Im Mittelpunkt der Diskussion steht deshalb immer auch beim Abfallmanagement die Frage, welche Instrumente einzusetzen sind, um die gesetzlichen Ziele zu erreichen.

Bild 1.16 Recyclinganlage für Baustellen

Das KrWG ist in neun Teile und vier Anlagen untergliedert:

1. Allgemeine Vorschriften
2. Grundsätze und Pflichten der Erzeuger und Besitzer von Abfällen sowie der öffentlich-rechtlichen Entsorgungsträger
3. Produktverantwortung
4. Planungsverantwortung
5. Absatzförderung und Abfallberatung
6. Überwachung
7. Entsorgungsfachbetriebe
8. Betriebsorganisation, Betriebsbeauftragter für Abfall und Erleichterungen für auditierte Unternehmensstandorte
9. Schlussbestimmungen

- Anlage 1: Beseitigungsverfahren
- Anlage 2: Verwertungsverfahren
- Anlage 3: Kriterien zur Bestimmung des Standes der Technik
- Anlage 4: Beispiele für Abfallvermeidungsmaßnahmen nach § 33

Bild 1.17 Kraftwerk für Abfallverbrennung der EEW Energy from Waste GmbH, Hannover

Gesetz zur Förderung der Kreislaufwirtschaft und Sicherung der umweltverträglichen Bewirtschaftung von Abfällen

Im Folgenden wird der Inhalt des Gesetzes zur Förderung der Kreislaufwirtschaft und Sicherung der umweltverträglichen Bewirtschaftung von Abfällen auch für nachhaltige Bauwerkslebenszyklen detaillierter dargestellt.

- Inhaltsübersicht
- Teil 1

  Allgemeine Vorschriften
    - § 1 Zweck des Gesetzes
    - § 2 Geltungsbereich
    - § 3 Begriffsbestimmungen
    - § 4 Nebenprodukte
    - § 5 Ende der Abfalleigenschaft
- Teil 2

  Grundsätze und Pflichten der Erzeuger und Besitzer von Abfällen sowie der öffentlich-rechtlichen Entsorgungsträger
  - Abschnitt 1

    Grundsätze der Abfallvermeidung und Abfallbewirtschaftung
    - § 6 Abfallhierarchie
  - Abschnitt 2

    Kreislaufwirtschaft
    - § 7 Grundpflichten der Kreislaufwirtschaft
    - § 8 Rangfolge und Hochwertigkeit der Verwertungsmaßnahmen
    - § 9 Getrennthalten von Abfällen zur Verwertung, Vermischungsverbot
    - § 10 Anforderungen an die Kreislaufwirtschaft
    - § 11 Kreislaufwirtschaft für Bioabfälle und Klärschlämme
    - § 12 Qualitätssicherung im Bereich der Bioabfälle und Klärschlämme
    - § 13 Pflichten der Anlagenbetreiber
    - § 14 Förderung des Recyclings und der sonstigen stofflichen Verwertung
  - Abschnitt 3

    Abfallbeseitigung
    - § 15 Grundpflichten der Abfallbeseitigung
    - § 16 Anforderungen an die Abfallbeseitigung
  - Abschnitt 4

    Öffentlich-rechtliche Entsorgung und Beauftragung Dritter
    - § 17 Überlassungspflichten
    - § 18 Anzeigeverfahren für Sammlungen
    - § 19 Duldungspflichten bei Grundstücken
    - § 20 Pflichten der öffentlich-rechtlichen Entsorgungsträger
    - § 21 Abfallwirtschaftskonzepte und Abfallbilanzen
    - § 22 Beauftragung Dritter

- Teil 3

  Produktverantwortung

  - § 23 Produktverantwortung
  - § 24 Anforderungen an Verbote, Beschränkungen und Kennzeichnungen
  - § 25 Anforderungen an Rücknahme- und Rückgabepflichten
  - § 26 Freiwillige Rücknahme
  - § 27 Besitzerpflichten nach Rücknahme
- Teil 4

  Planungsverantwortung

  - Abschnitt 1

    Ordnung und Durchführung der Abfallbeseitigung

    - § 28 Ordnung der Abfallbeseitigung
    - § 29 Durchführung der Abfallbeseitigung
  - Abschnitt 2

    Abfallwirtschaftspläne und Abfallvermeidungsprogramme

    - § 30 Abfallwirtschaftspläne
    - § 31 Aufstellung von Abfallwirtschaftsplänen
    - § 32 Beteiligung der Öffentlichkeit bei der Aufstellung von Abfallwirtschaftsplänen, Unterrichtung der Öffentlichkeit
    - § 33 Abfallvermeidungsprogramme
  - Abschnitt 3

    Zulassung von Anlagen, in denen Abfälle entsorgt werden

    - § 34 Erkundung geeigneter Standorte
    - § 35 Planfeststellung und Genehmigung
    - § 36 Erteilung, Sicherheitsleistung, Nebenbestimmungen
    - § 37 Zulassung des vorzeitigen Beginns
    - § 38 Planfeststellungsverfahren und weitere Verwaltungsverfahren
    - § 39 Bestehende Abfallbeseitigungsanlagen
    - § 40 Stilllegung
    - § 41 Emissionserklärung
    - § 42 Zugang zu Informationen
    - § 43 Anforderungen an Deponien
    - § 44 Kosten der Ablagerung von Abfällen

- Teil 5

  Absatzförderung und Abfallberatung
  - § 45 Pflichten der öffentlichen Hand
  - § 46 Abfallberatungspflicht
- Teil 6

  Überwachung
  - § 47 Allgemeine Überwachung
  - § 48 Abfallbezeichnung, gefährliche Abfälle
  - § 49 Registerpflichten
  - § 50 Nachweispflichten
  - § 51 Überwachung im Einzelfall
  - § 52 Anforderungen an Nachweise und Register
  - § 53 Sammler, Beförderer, Händler und Makler von Abfällen
  - § 54 Sammler, Beförderer, Händler und Makler von gefährlichen Abfällen
  - § 55 Kennzeichnung der Fahrzeuge
- Teil 7

  Entsorgungsfachbetriebe
  - § 56 Zertifizierung von Entsorgungsfachbetrieben
  - § 57 Anforderungen an Entsorgungsfachbetriebe, technische Überwachungsorganisationen und Entsorgergemeinschaften
- Teil 8

  Betriebsorganisation, Betriebsbeauftragter für Abfall und Erleichterungen für auditierte Unternehmensstandorte
  - § 58 Mitteilungspflichten zur Betriebsorganisation
  - § 59 Bestellung eines Betriebsbeauftragten für Abfall
  - § 60 Aufgaben des Betriebsbeauftragten für Abfall
  - § 61 Anforderungen an Erleichterungen für auditierte Unternehmensstandorte
- Teil 9

  Schlussbestimmungen
  - § 62 Anordnungen im Einzelfall
  - § 63 Geheimhaltung und Datenschutz
  - § 64 Elektronische Kommunikation
  - § 65 Umsetzung von Rechtsakten der Europäischen Union

- § 66 Vollzug im Bereich der Bundeswehr
- § 67 Beteiligung des Bundestages beim Erlass von Rechtsverordnungen
- § 68 Anhörung beteiligter Kreise
- § 69 Bußgeldvorschriften
- § 70 Einziehung
- § 71 Ausschluss abweichenden Landesrechts
- § 72 Übergangsvorschrift

- Anlage 1: Beseitigungsverfahren
- Anlage 2: Verwertungsverfahren
- Anlage 3: Kriterien zur Bestimmung des Standes der Technik
- Anlage 4: Beispiele für Abfallvermeidungsmaßnahmen nach § 33

Bild 1.18 Wertstoffsammlung auf einer Baustelle der Hochschule Hannover

Bundes-Immissionsschutzgesetz (BImSchG)

Im Folgenden werden zum wertschöpfenden Instandhalten, Modernisieren und Abbrechen in nachhaltigen Bauwerkslebenszyklen ausgewählte Aspekte des Bundes-Immissionsschutzgesetzes dargestellt.

Das deutsche Bundes-Immissionsschutzgesetz regelt ein wichtiges Teilgebiet des Umweltrechts, das Immissionsschutzrecht, und ist ein praxisrelevantes Regelwerk dieses Rechtsgebietes für wertschöpfendes Instandhalten, Modernisieren und Abbrechen in nachhaltigen Bauwerkslebenszyklen. Es regelt den Schutz von Menschen, Tieren, Pflanzen, Böden, Wasser, Atmosphäre und Kulturgütern vor Immissionen und Emissionen.

Basisdaten des Bundes-Immissionsschutzgesetzes	
Titel:	Gesetz zum Schutz vor schädlichen Umwelteinwirkungen durch Luftverunreinigungen, Geräusche, Erschütterungen und ähnlichen Vorgängen
Kurztitel:	Bundes-Immissionsschutzgesetz
Abkürzung:	BImSchG
Art:	Bundesgesetz
Geltungsbereich:	Bundesrepublik Deutschland
Rechtsmaterie:	Besonderes Verwaltungsrecht, Umweltrecht
Letzte Neufassung vom:	26. September 2002 (BGBl. I S. 3830)
Inkrafttreten der Neufassung am:	4. Oktober 2002
Letzte Änderung durch:	Art. 3 G vom 18. Juli 2017 (BGBl. I S. 2771, 2773)
Inkrafttreten der letzten Änderung:	29. Juli 2017 (Art. 5 G vom 18. Juli 2017)

Bild 1.19 Ausgewählte Basisdaten zum Bundes-Immissionsschutzgesetz

Auszug aus dem Inhaltsverzeichnis vom Bundes-Immissionsschutzgesetz

1. Geschichte und Ansatzpunkt des Gesetzes
2. Regelungsansatz
3. Genehmigungsverfahren
4. Die Dynamik des Immissionsschutzrechts
5. Implementierung – das Vollzugsdefizit
6. Weitere Zwecke und Inhalte des Gesetzes
7. Entwicklung durch EU-Richtlinien
8. Durchführungsverordnungen
   - 8.1 1. BImSchV
   - 8.2 4. BImSchV
   - 8.3 9. BImSchV
   - 8.4 10. BImSchV
   - 8.5 11. BImSchV
   - 8.6 12. BImSchV
   - 8.7 13. BImSchV
   - 8.8 16. BImSchV
   - 8.9 17. BImSchV
   - 8.10 18. BImSchV
   - 8.11 20. BImSchV
   - 8.12 21. BImSchV
   - 8.13 26. BImSchV

Ansatzpunkt des Gesetzes in sind bestimmte Formen der Umwelteinwirkung, die als „Luftverunreinigungen, Geräusche, Erschütterungen und ähnliche Vorgänge" definiert werden. Aus der Sicht von Umweltschutz erscheint diese Definition des Gesetzes willkürlich, sie erklärt sich aber aus dem bürgerlichen Recht. § 906 Abs. 1 S. 1 Bürgerliches Gesetzbuch (BGB) lautet: „Der Eigentümer eines Grundstücks kann die Zuführung von Gasen, Dämpfen, Gerüchen, Rauch, Ruß, Wärme, Geräusch, Erschütterungen und ähnliche von einem anderen Grundstück ausgehende Einwirkungen insoweit nicht verbieten, als die Einwirkung die Benutzung seines Grundstücks nicht oder nur unwesentlich beeinträchtigt. Eine unwesentliche Beeinträchtigung liegt in der Regel vor, wenn die in Gesetzen oder Rechtsverordnungen festgelegten Grenz- oder Richtwerte von den nach diesen Vorschriften ermittelten und bewerteten Einwirkungen nicht überschritten werden." Das aufgrund der grundsätzlichen Konzentrierung auf imponderabile Einwirkungen früher eher medial auf die Luft bezogene deutsche Gesetz dient heute, nachdem es infolge ganzheitlicher Umweltschutzansätze der Europäischen Union ergänzt wurde, auch dem ganzheitlichen Umweltschutz beim wertschöpfenden Instandhalten, Modernisieren und Abbrechen in nachhaltigen Bauwerkslebenszyklen. Dies zeichnet es aus gegenüber vielen anderen Umweltgesetzen, die noch immer an bestimmten Umweltmedien orientiert sind.

Mithilfe des Bundes-Immissionsschutzgesetzes als Genehmigungsrecht sollen schädliche Umwelteinwirkungen durch Emissionen in Luft, Wasser und Boden unter Einbeziehung der Abfallwirtschaft vermieden und vermindert werden. Ziel ist ein hohes Schutzniveau für die Umwelt zu erreichen. Immissionen lassen sich vorrangig dadurch begrenzen, dass Emissionen begrenzt werden. Die gesetzliche Begrenzung von Emissionen ist immer ein Eingriff in die Handlungsfreiheit. Deswegen dürfen sie nicht „um ihrer selbst willen" begrenzt werden, sondern nur, nach dem Verhältnismäßigkeitsprinzip, analog zu ihrer Schädlichkeit, das heißt ihrer Einwirkung auf die Umwelt und die menschliche Gesundheit. Das deutsche Gesetz bezweckt die Abwehr bestehender oder bevorstehender Gefahren und beruht sowohl auf dem Verursacherprinzip als auch, insbesondere bei genehmigungsbedürftigen Anlagen, auf dem Vorsorgeprinzip. Unter die Nummer 3 des Gesetzes fällt zum Beispiel eine Baustelle, wenn sie von gewisser Dauer ist. Bestimmte Anlagen unterliegen wegen ihres erhöhten Gefahrenpotenzials einer Genehmigungspflicht mit erhöhten Anforderungen (genehmigungsbedürftige Anlagen, § 4 Abs. 1 BImSchG).

Bild 1.20 Instandgehaltene Heizung der Hochschule Hannover

Durchführungsverordnungen zum BImSchG

Das Bundes-Immissionsschutzgesetz selbst regelt nur die grundsätzlichen Anforderungen. Die für die Praxis beim wertschöpfenden Instandhalten, Modernisieren und Abbrechen in nachhaltigen Bauwerkslebenszyklen wesentlichen, überwiegend technischen Einzelheiten sind in zahlreichen Durchführungsverordnungen (BImSchV) geregelt, die konkrete Anforderungen z. B. an bestimmte Typen von Anlagen definieren sowie Einzelheiten zum Genehmigungsverfahren und zur Überwachung von Anlagen enthalten.

Von den Durchführungsverordnungen zum BImSchG sind im Laufe der Zeit einige wieder aufgehoben worden, zum Thema sind die Folgenden von besonderer Bedeutung:

1. BImSchV

Die Verordnung über kleine und mittlere Feuerungsanlagen (1. BImSchV) gilt für die Errichtung, die Beschaffenheit und den Betrieb von Feuerungsanlagen, die keiner Genehmigung nach § 4 BImSchG bedürfen.

4. BImSchV

Verordnung über genehmigungsbedürftige Anlagen (4. BImSchV): Die in § 1 getroffenen Festlegungen über Anlagenumfang und Nebenanlagen (über § 3 Abs. 5 des Gesetzes hinaus) haben Bedeutung für die Entscheidung, ob eine Anlage nach diesem Gesetz genehmigungsbedürftig ist oder nicht.

9. BImSchV

Laut der Verordnung über das Genehmigungsverfahren (9. BImSchV) bedürfen Errichtung und Betrieb einer im Anhang der 4. BImSchV aufgeführten Anlage einer Genehmigung durch die zuständige Behörde nach § 4 (neue Anlage), § 15 (Änderung) oder § 16 (wesentliche Änderung) BImSchG.

11. BImSchV

Die Verordnung über Emissionserklärungen (11. BImSchV) gilt für die meisten genehmigungsbedürftigen Anlagen und regelt Inhalt, Umfang und Form der Emissionserklärung.

12. BImSchV

Die Störfall-Verordnung (12. BImSchV) regelt Maßnahmen zur Verhütung von Störfällen und zur Begrenzung von deren Auswirkungen im Bereich des Umgangs mit gefährlichen Stoffen.

13. BImSchV

Die Verordnung über Großfeuerungs- und Gasturbinenanlagen (13. BImSchV) gilt mit einigen Ausnahmen für die Errichtung, die Beschaffenheit und den Betrieb von Feuerungsanlagen einschließlich Gasturbinenanlagen sowie Gasturbinenanlagen zum Antrieb von Arbeitsmaschinen mit einer Feuerungswärmeleistung von 50 Megawatt oder mehr für den Einsatz fester, flüssiger oder gasförmiger Brennstoffe.

16. BImSchV

Die Verkehrslärmschutzverordnung (16. BImSchV) definiert unter anderem Immissionsgrenzwerte zum Schutz vor Verkehrslärm. Bei den Grenzwerten wird unterschieden, welche Gebiete (z. B. Wohngebiete) betroffen sind.

17. BImSchV

Die Verordnung über die Verbrennung und die Mitverbrennung von Abfällen (17. BImSchV) gilt für die Errichtung, die Beschaffenheit und den Betrieb von Verbrennungs- oder Mitverbrennungsanlagen. Ausnahmen sind in der Verordnung nachzulesen.

26. BImSchV

Die Verordnung über elektromagnetische Felder (26. BImSchV) enthält Anforderungen zum Schutz der Allgemeinheit vor schädlichen Umwelteinwirkungen und zur Vorsorge gegen schädliche Wirkungen durch elektromagnetische Felder im Rahmen der Elektromagnetischen Umweltverträglichkeit - EMVU.

32. BImSchV

Die Geräte- und Maschinenlärmschutzverordnung (32. BImSchV) enthält die immissionsschutzrechtlichen Bestimmungen von 57 im Anhang genannten Geräte-

und Maschinenarten wie Baumaschinen und Gartengeräte zur Benutzung im Freien zur Reduzierung der damit verbundenen umweltbelastenden Geräuschemissionen.

39. BImSchV

Die Verordnung über Luftqualitätsstandards und Emissionshöchstmengen (39. BImSchV) enthält einzuhaltende Grenzwerte für eine Reihe von üblichen Schadstoffen. Erstmals ist hier auch der Feinstaub geregelt. Ziel ist die Verbesserung der Luftqualität.

Bild 1.21 Baumaschine mit hohen Geräuschemissionen

Sofern in den Durchführungsverordnungen keine Grenzwerte für Emissionen bzw. Immissionen festgelegt sind, gelten die Werte aus den bundeseinheitlichen Verwaltungsvorschriften wie die TA Luft (Technische Anleitung zur Reinhaltung der Luft) und die TA Lärm (Technische Anleitung zum Schutz gegen Lärm).

Für den Immissionsbereich „Licht“ besteht derzeit noch keine ausführende Bundesverordnung, hierfür gilt jedoch in den Bundesländern die „Licht-Richtlinie“ der Bund/Länder-Arbeitsgemeinschaft für Immissionsschutz (LAI).

Auszug aus dem Inhalt: Gesetz zum Schutz vor schädlichen Umwelteinwirkungen durch Luftverunreinigungen, Geräusche, Erschütterungen und ähnliche Vorgänge

Im Folgenden werden zum wertschöpfenden Instandhalten, Modernisieren und Abbrechen in nachhaltigen Bauwerkslebenszyklen Inhalte des Gesetzes zum Schutz vor schädlichen Umwelteinwirkungen durch Luftverunreinigungen, Geräusche, Erschütterungen und ähnliche Vorgänge dargestellt.

- Erster Teil

  Allgemeine Vorschriften

  - § 1 Zweck des Gesetzes
  - § 2 Geltungsbereich
  - § 3 Begriffsbestimmungen

- Zweiter Teil

  Errichtung und Betrieb von Anlagen

  - Erster Abschnitt

    Genehmigungsbedürftige Anlagen

    - § 4 Genehmigung
    - § 5 Pflichten der Betreiber genehmigungsbedürftiger Anlagen
    - § 6 Genehmigungsvoraussetzungen
    - § 7 Rechtsverordnungen über Anforderungen an genehmigungsbedürftige Anlagen
    - § 8 Teilgenehmigung
    - § 8a Zulassung vorzeitigen Beginns
    - § 9 Vorbescheid
    - § 10 Genehmigungsverfahren
    - § 11 Einwendungen Dritter bei Teilgenehmigung und Vorbescheid
    - § 12 Nebenbestimmungen zur Genehmigung
    - § 13 Genehmigung und andere behördliche Entscheidungen
    - § 14 Ausschluss von privatrechtlichen Abwehransprüchen
    - § 14a Vereinfachte Klageerhebung
    - § 15 Änderung genehmigungsbedürftiger Anlagen
    - § 16 Wesentliche Änderung genehmigungsbedürftiger Anlagen
    - § 16a Störfallrelevante Änderung genehmigungsbedürftiger Anlagen
    - § 17 Nachträgliche Anordnungen
    - § 18 Erlöschen der Genehmigung
    - § 19 Vereinfachtes Verfahren
    - § 20 Untersagung, Stilllegung und Beseitigung
    - § 21 Widerruf der Genehmigung

  - Zweiter Abschnitt

    Nicht genehmigungsbedürftige Anlagen

    - § 22 Pflichten der Betreiber nicht genehmigungsbedürftiger Anlagen

- § 23 Anforderungen an die Errichtung, die Beschaffenheit und den Betrieb nicht genehmigungsbedürftiger Anlagen
- § 23a Anzeigeverfahren für nicht genehmigungsbedürftige Anlagen, die Betriebsbereich oder Bestandteil eines Betriebsbereichs sind
- § 23b Störfallrechtliches Genehmigungsverfahren
- § 23c Betriebsplanzulassung nach dem Bundesberggesetz
- § 24 Anordnungen im Einzelfall
- § 25 Untersagung
- § 25a Stilllegung und Beseitigung nicht genehmigungsbedürftiger Anlagen, die Betriebsbereich oder Bestandteil eines Betriebsbereichs sind

- Dritter Abschnitt

  Ermittlung von Emissionen und Immissionen, sicherheitstechnische Prüfungen

  - § 26 Messungen aus besonderem Anlass
  - § 27 Emissionserklärung
  - § 28 Erstmalige und wiederkehrende Messungen bei genehmigungsbedürftigen Anlagen
  - § 29 Kontinuierliche Messungen
  - § 29a Anordnung sicherheitstechnischer Prüfungen
  - § 29b Bekanntgabe von Stellen und Sachverständigen
  - § 30 Kosten der Messungen und sicherheitstechnischen Prüfungen
  - § 31 Auskunftspflichten des Betreibers

- Dritter Teil

  Beschaffenheit von Anlagen, Stoffen, Erzeugnissen, Brennstoffen, Treibstoffen und Schmierstoffen; Treibhausgasminderung bei Kraftstoffen

  - Erster Abschnitt

    Beschaffenheit von Anlagen, Stoffen, Erzeugnissen, Brennstoffen, Treibstoffen und Schmierstoffen

    - § 32 Beschaffenheit von Anlagen
    - § 33 Bauartzulassung
    - § 34 Beschaffenheit von Brennstoffen, Treibstoffen und Schmierstoffen
    - § 35 Beschaffenheit von Stoffen und Erzeugnissen
    - § 36 Ausfuhr
    - § 37 Erfüllung von zwischenstaatlichen Vereinbarungen und Rechtsakten der Europäischen Gemeinschaften oder der Europäischen Union

  - Zweiter Abschnitt

    Treibhausgasminderung bei Kraftstoffen

    - § 37a Mindestanteil von Biokraftstoffen an der Gesamtmenge des in Verkehr gebrachten Kraftstoffs; Treibhausgasminderung
    - § 37b Begriffsbestimmungen und Anrechenbarkeit von Biokraftstoffen
    - § 37c Mitteilungs- und Abgabepflichten
    - § 37d Zuständige Stelle, Rechtsverordnungen
    - § 37e Gebühren und Auslagen; Verordnungsermächtigung
    - § 37f Berichte über Kraftstoffe und Energieerzeugnisse
    - § 37g Bericht der Bundesregierung

- Vierter Teil

  Beschaffenheit und Betrieb von Fahrzeugen, Bau und Änderung von Straßen und Schienenwegen

    - § 38 Beschaffenheit und Betrieb von Fahrzeugen
    - § 39 Erfüllung von zwischenstaatlichen Vereinbarungen und Rechtsakten der Europäischen Gemeinschaften oder der Europäischen Union
    - § 40 Verkehrsbeschränkungen
    - § 41 Straßen und Schienenwege
    - § 42 Entschädigung für Schallschutzmaßnahmen
    - § 43 Rechtsverordnung der Bundesregierung

- Fünfter Teil

  Überwachung und Verbesserung der Luftqualität, Luftreinhalteplanung, Lärmminderungspläne

    - § 44 Überwachung der Luftqualität
    - § 45 Verbesserung der Luftqualität
    - § 46 Emissionskataster
    - § 46a Unterrichtung der Öffentlichkeit
    - § 47 Luftreinhaltepläne, Pläne für kurzfristig zu ergreifende Maßnahmen, Landesverordnungen

- Sechster Teil

  Lärmminderungsplanung

    - § 47a Anwendungsbereich des Sechsten Teils
    - § 47b Begriffsbestimmungen
    - § 47c Lärmkarten

  - § 47d Lärmaktionspläne
  - § 47e Zuständige Behörden
  - § 47f Rechtsverordnungen
- Siebenter Teil
  Gemeinsame Vorschriften
  - § 48 Verwaltungsvorschriften
  - § 48a Rechtsverordnungen über Emissionswerte und Immissionswerte
  - § 48b Beteiligung des Bundestages beim Erlass von Rechtsverordnungen
  - § 49 Schutz bestimmter Gebiete
  - § 50 Planung
  - § 51 Anhörung beteiligter Kreise
  - § 51a Kommission für Anlagensicherheit
  - § 51b Sicherstellung der Zustellungsmöglichkeit
  - § 52 Überwachung
  - § 52a Überwachungspläne, Überwachungsprogramme für Anlagen nach der Industrieemissions-Richtlinie
  - § 52b Mitteilungspflichten zur Betriebsorganisation
  - § 53 Bestellung eines Betriebsbeauftragten für Immissionsschutz
  - § 54 Aufgaben
  - § 55 Pflichten des Betreibers
  - § 56 Stellungnahme zu Entscheidungen des Betreibers
  - § 57 Vortragsrecht
  - § 58 Benachteiligungsverbot, Kündigungsschutz
  - § 58a Bestellung eines Störfallbeauftragten
  - § 58b Aufgaben des Störfallbeauftragten
  - § 58c Pflichten und Rechte des Betreibers gegenüber dem Störfallbeauftragten
  - § 58d Verbot der Benachteiligung des Störfallbeauftragten, Kündigungsschutz
  - § 58e Erleichterungen für auditierte Unternehmensstandorte
  - § 59 Zuständigkeit bei Anlagen der Landesverteidigung
  - § 60 Ausnahmen für Anlagen der Landesverteidigung
  - § 61 Berichterstattung an die Europäische Kommission
  - § 62 Ordnungswidrigkeiten
  - §§ 63 bis 65 (weggefallen)

- Achter Teil

  Schlussvorschriften

  - § 66 Fortgeltung von Vorschriften
  - § 67 Übergangsvorschrift
  - § 67a Überleitungsregelung aus Anlass der Herstellung der Einheit Deutschlands
  - §§ 68 bis 72 (Änderung von Rechtsvorschriften, Überleitung von Verweisungen, Aufhebung von Vorschriften)
  - § 73 Bestimmungen zum Verwaltungsverfahren
- Anlage (zu § 3 Abs. 6): Kriterien zur Bestimmung des Standes der Technik

Betriebssicherheitsverordnung (BetriSichV)

Im Folgenden werden zum wertschöpfenden Instandhalten, Modernisieren und Abbrechen in nachhaltigen Bauwerkslebenszyklen ausgewählte Aspekte der Betriebssicherheitsverordnung dargestellt.

Basisdaten der Betriebssicherheitsverordnung	
Titel:	Verordnung über Sicherheit und Gesundheitsschutz bei der Verwendung von Arbeitsmitteln
Kurztitel:	Betriebssicherheitsverordnung
Früherer Titel:	Verordnung über Sicherheit und Gesundheitsschutz bei der Bereitstellung von Arbeitsmitteln und deren Benutzung bei der Arbeit, über Sicherheit beim Betrieb überwachungsbedürftiger Anlagen und über die Organisation des betrieblichen Arbeitsschutzes
Abkürzung:	BetrSichV
Art:	Bundesrechtsverordnung
Geltungsbereich:	Bundesrepublik Deutschland
Rechtsmaterie:	Besonderes Verwaltungsrecht, Arbeitsschutzrecht
Fundstellennachweis:	805-3-14
Ursprüngliche Fassung vom:	27. September 2002 (BGBl. I S. 3777)
Inkrafttreten am:	3. Oktober 2002
Letzte Neufassung vom:	3. Februar 2015 (BGBl. I S. 49)
Inkrafttreten der Neufassung am:	1. Juni 2015 (Art. 3 G vom 3. Februar 2015)
Letzte Änderung durch:	Art. 147 G vom 29. März 2017 (BGBl. I S. 626, 648)
Inkrafttreten der letzten Änderung:	5. April 2017 (Art. 183 G vom 29. März 2017)

Bild 1.22 Ausgewählte Basisdaten der Betriebssicherheitsverordnung

Die Betriebssicherheitsverordnung (BetrSichV) ist die deutsche Umsetzung der Arbeitsmittelrichtlinie 89/655/EWG, später ersetzt durch Richtlinie 2009/104/EG. Die BetrSichV regelt in Deutschland die Bereitstellung von Arbeitsmitteln durch den Arbeitgeber, die Benutzung von Arbeitsmitteln durch die Beschäftigten bei der Arbeit sowie den Betrieb von überwachungsbedürftigen Anlagen im Sinne des Arbeitsschutzes. Das in ihr enthaltene Schutzkonzept ist auf alle von Arbeitsmitteln ausgehenden Gefährdungen auch beim wertschöpfenden Instandhalten, Modernisieren und Abbrechen in nachhaltigen Bauwerkslebenszyklen anwendbar.

Grundbausteine des Schutzkonzeptes der Betriebssicherheitsverordnung sind:

- einheitliche Gefährdungsbeurteilung der Arbeitsmittel,
- sicherheitstechnische Bewertung für den Betrieb überwachungsbedürftiger Anlagen,
- „Stand der Technik" als einheitlicher Sicherheitsmaßstab,
- geeignete Schutzmaßnahmen und Prüfungen,
- Mindestanforderungen für die Beschaffenheit von Arbeitsmitteln, soweit sie nicht durch harmonisierte europäische Richtlinien, zum Beispiel die Druckgeräterichtlinie, ATEX-Produktrichtlinie oder Aufzugsrichtlinie geregelt sind.

Überwachungsbedürftige Anlagen

Anlagen beim wertschöpfenden Instandhalten, Modernisieren und Abbrechen in nachhaltigen Bauwerkslebenszyklen von denen spezielle Gefährdungen wie Absturz, Explosion, Brand oder Druck ausgehen, gelten nach der Betriebssicherheitsverordnung als überwachungsbedürftige Anlagen.

Für überwachungsbedürftige Anlagen sind neben den gemeinsamen Vorschriften für Arbeitsmittel nach Abschnitt 2 zusätzlich die besonderen Vorschriften nach Abschnitt 3 der BetrSichV zu beachten. Insbesondere werden dort die Prüfung vor Inbetriebnahme sowie die wiederkehrenden Prüfungen von bestimmten überwachungsbedürftigen Anlagen gefordert. Einige überwachungsbedürftige Anlagen stehen unter einem Erlaubnisvorbehalt durch die zuständigen Überwachungsbehörden.

Zu überwachungsbedürftigen Anlagen gehören:

- Dampfkesselanlagen,
- Druckbehälteranlagen,
- Füllanlagen,
- Aufzugsanlagen,
- Anlagen in explosionsgefährdeten Bereichen,
- Lageranlagen,
- Füllstellen,
- Tankstellen und Flugbetankungsanlagen,

- Entleerstellen sowie
- Feuerlöscher.

Die Betriebssicherheitsverordnung schreibt in den § 15 (Prüfung vor Inbetriebnahme) und § 16 (wiederkehrende Prüfungen) Prüfungen vor, die durch zugelassene Überwachungsstellen vorzunehmen sind.

Bild 1.23 Dampfkessel der Hochschule Hannover

Technische Regeln für Betriebssicherheit

Die Technischen Regeln für Betriebssicherheit (TRBS) geben in Deutschland den Stand der Technik, der Arbeitsmedizin und Hygiene für die Bereitstellung und Benutzung von Arbeitsmitteln sowie den Betrieb überwachungsbedürftiger Anlagen wieder. Sie werden vom Ausschuss für Betriebssicherheit erarbeitet und lösen sukzessive die in den bisherigen technischen Regeln vorhandenen Betriebsvorschriften wie TRA, TRB, TRR und TRD ab.

Biostoffverordnung (BioStoffV)

Im Folgenden werden zum wertschöpfenden Instandhalten, Modernisieren und Abbrechen in nachhaltigen Bauwerkslebenszyklen ausgewählte Aspekte der Biostoffverordnung dargestellt.

Die Biostoffverordnung (BioStoffV) ist eine Verordnung zum Schutz von Arbeitnehmern bei Tätigkeiten mit biologischen Arbeitsstoffen. Sie wurde erstmals 1999 erlassen und diente der Umsetzung der Richtlinie 90/679/EWG des Rates der Europäischen Union vom 26. November 1990 über den Schutz der Arbeitnehmer gegen Gefährdung durch biologische Arbeitsstoffe bei der Arbeit. Sie wurde seitdem mehrfach geändert.

Basisdaten zur Biostoffverordnung	
Titel:	Verordnung über Sicherheit und Gesundheitsschutz bei Tätigkeiten mit Biologischen Arbeitsstoffen
Kurztitel:	Biostoffverordnung
Abkürzung:	BioStoffV
Art:	Bundesrechtsverordnung
Geltungsbereich:	Bundesrepublik Deutschland
Erlassen aufgrund von:	Arbeitsschutzgesetz
Rechtsmaterie:	Arbeitsrecht
Ursprüngliche Fassung vom:	27. Januar 1999 (BGBl. I S. 50)
Inkrafttreten am:	1. April 1999
Letzte Neufassung vom:	15. Juli 2013 (BGBl. I S. 2514)
Inkrafttreten der Neufassung am:	16. Juli 2013
Letzte Änderung durch:	Art. 146 G vom 29. März 2017 (BGBl. I S. 626, 648)
Inkrafttreten der letzten Änderung:	5. April 2017 (Art. 183 G vom 29. März 2017)

Bild 1.24 Ausgewählte Basisdaten zur Biostoffverordnung

Auszug aus dem Inhalt der Biostoffverordnung

1. Allgemeine Informationen zur Biostoffverordnung
2. Inhalt der Biostoffverordnung
   - 2.1 Erster Abschnitt – Anwendungsbereich, Begriffsbestimmungen und Risikogruppeneinstufung
     - 2.1.1 Anwendungsbereich – § 1 BioStoffV
     - 2.1.2 Begriffsbestimmungen – § 2 BioStoffV
     - 2.1.3 Risikogruppeneinstufung – § 3 BioStoffV
   - 2.2 Zweiter Abschnitt – Gefährdungsbeurteilung, Schutzstufenzuordnung, Dokumentations- und Aufzeichnungspflichten
     - 2.2.1 Gefährdungsbeurteilung – § 4 BioStoffV
     - 2.2.2 Tätigkeiten mit Schutzstufenzuordnung – § 5 BioStoffV
     - 2.2.3 Tätigkeiten ohne Schutzstufenzuordnung – § 6 BioStoffV
     - 2.2.4 Dokumentation der Gefährdungsbeurteilung und Aufzeichnungspflichten – § 7 BioStoffV
   - 2.3 Dritter Abschnitt – Grundpflichten und Schutzmaßnahmen
     - 2.3.1 Grundpflichten – § 8 BioStoffV
     - 2.3.2 Allgemeine Schutzmaßnahmen – § 9 BioStoffV

- 2.3.3 Zusätzliche Schutzmaßnahmen - § 10 und 11 BioStoffV
- 2.3.4 Arbeitsmedizinische Vorsorge - § 12 BioStoffV
- 2.3.5 Betriebsstörungen, Unfälle - § 13 BioStoffV
- 2.3.6 Betriebsanweisung und Unterweisung der Beschäftigten - § 14 BioStoffV

- 2.4 Vierter Abschnitt - Erlaubnis- und Anzeigepflichten
  - 2.4.1 Erlaubnispflicht - § 15 BioStoffV
  - 2.4.2 Anzeigepflicht - § 16 BioStoffV
- 2.5 Fünfter Abschnitt - Vollzugsregelungen und Ausschuss für Biologische Arbeitsstoffe
  - 2.5.1 Unterrichtung der Behörde - § 17 BioStoffV
  - 2.5.2 Behördliche Ausnahmen - § 18 BioStoffV
  - 2.5.3 Ausschuss für Biologische Arbeitsstoffe - § 19 BioStoffV
- 2.6 Sechster Abschnitt - Ordnungswidrigkeiten, Straftaten und Übergangsvorschriften

- Anhang I bis III der BioStoffV

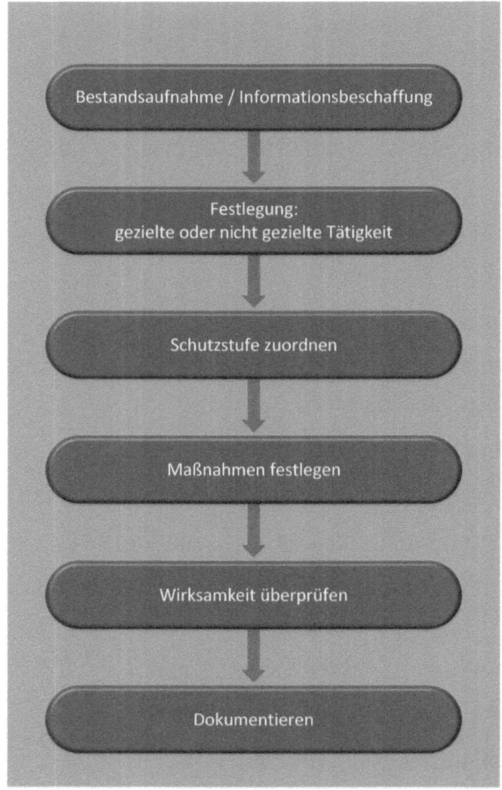

Bild 1.25 Biostoffumgang in nachhaltigen Bauwerkslebenszyklen

Inhaltsauszüge der Biostoffverordnung

Erster Abschnitt – Anwendungsbereich, Begriffsbestimmungen und Risikogruppeneinstufung

Anwendungsbereich – § 1 BioStoffV

Die Biostoffverordnung gilt in Deutschland für Tätigkeiten mit Biologischen Arbeitsstoffen, diese werden im Verordnungstext auch mit der Abkürzung BA oder mit dem synonymen Begriff Biostoff bezeichnet.

Das Ziel ist der Schutz von Sicherheit und Gesundheit der Beschäftigten, die mit biologischen Arbeitsstoffen umgehen. Die Verordnung legt fest, welche Maßnahmen dazu nötig sind. Auch bei Tätigkeiten, die dem Gentechnikrecht zugeordnet werden, muss die Biostoffverordnung beachtet werden. Falls in den Rechtsvorgaben strengere Regelungen vorhanden sind, so müssen diese beachtet werden.

Ausgewählte Begriffsbestimmungen nach § 2 BioStoffV

Im zweiten Paragrafen der Verordnungen werden Begriffe definiert, die für das Verständnis des Rechtstextes von Bedeutung sind, dies sind u. a.

- Biostoff (Biologischer Arbeitsstoff),
- Mikroorganismen,
- Zellkulturen,
- Toxine,
- Tätigkeiten: Sie sind möglichst umfassend formuliert, dazu gehört auch das Befördern oder Entsorgen der BA. Die Neufassung von 2013 berücksichtigt ebenfalls die berufliche Arbeit mit Menschen, Tieren, Pflanzen und vielem mehr, falls aufgrund dieser Arbeiten BA auftreten können, die die Beschäftigten möglicherweise gefährden können,
- gezielte Tätigkeiten: Diese Definition ist von Bedeutung für die Gefährdungsbeurteilung und die Wahl der Schutzmaßnahme. „Gezielte Tätigkeiten liegen vor, wenn 1. die Tätigkeiten auf einen oder mehrere Biostoffe unmittelbar ausgerichtet sind, 2. der Biostoff oder die Biostoffe mindestens der Spezies nach bekannt sind und 3. die Exposition der Beschäftigten im Normalbetrieb hinreichend bekannt oder abschätzbar ist." (§ 2 Abs. 8 Biostoffverordnung von 15. Juli 2013) (Falls nur einer der oben genannten Punkte nicht zutrifft, handelt es sich um eine nicht gezielte Tätigkeit) und
- Arbeitgeber.

Risikogruppeneinstufung – § 3 BioStoffV

Dieser Paragraf regelt die Einstufung der Biologischen Arbeitsstoffe in vier Risikogruppen. Die Einstufung erfolgt nach Infektionsrisiko, vereinfacht gesagt, je gefährlicher ein Biostoff ist, desto höher ist die Risikogruppe. Für die Einstufung wird in der Biostoffverordnung auf Anhang III der Richtlinie 2000/54/EG verwiesen, zudem erfolgt die Einstufung durch das Bundesministerium für Arbeit und Soziales nach Beratung mit dem Ausschuss für Biologische Arbeitsstoffe (ABAS). In den Technischen Regeln für Biostoffe ist nachzulesen, in welcher Risikogruppe ein bestimmter BA, z. B. ein Bakterium oder ein Virus eingestuft ist.

Zweiter Abschnitt – Gefährdungsbeurteilung, Schutzstufenzuordnung, Dokumentations- und Aufzeichnungspflichten

Gefährdungsbeurteilung – § 4 BioStoffV

Der Begriff der Gefährdungsbeurteilung basiert auf dem Arbeitsschutzgesetz. Arbeitgeber in Deutschland haben fachkundig zu beurteilen, welche Gefährdung der Beschäftigten von den Biostoffen ausgeht. Sind sie selber dazu nicht in der Lage, müssen sie sich fachkundig beraten lassen.

Bild 1.26 Gefährdungsbeurteilung von Biostoffen

Für eine Gefährdungsbeurteilung ist beispielsweise zu klären:

- Identität, Risikogruppeneinstufung und Übertragungswege der Biologischen Arbeitsstoffe,
- mögliche sensibilisierenden sowie toxische Wirkungen,
- Aufnahmepfade (Aufnahmewege) in Körper,
- Art der Tätigkeit mit den BA,
- Art, Dauer und Häufigkeit der Exposition der Beschäftigten sowie
- Substitutionsprüfung: Es ist zu prüfen, ob es nicht Biostoffe, Arbeitsverfahren oder Arbeitsmitteln gibt, die zu keiner oder einer geringeren Gefährdung der Beschäftigten führen würden.

Auf Grundlage der Gefährdungsbeurteilung müssen dann Schutzmaßnahmen auch im baulichen Bestand festgelegt werden.

Tätigkeiten mit Schutzstufenzuordnung nach § 5 BioStoffV

- Tätigkeiten in einem mikrobiologischen Labor
- Tätigkeiten in der Biotechnologie
- Tätigkeiten im Gesundheitsdienst

Tätigkeiten ohne Schutzstufenzuordnung nach § 6 BioStoffV

- Tätigkeiten in der Veterinärmedizin
- Tätigkeiten in der Landwirtschaft
- Tätigkeiten in der Forstwirtschaft
- Tätigkeiten in der Abwasserwirtschaft
- Tätigkeiten in der Abfallwirtschaft
- Tätigkeiten in Schlachtbetrieben

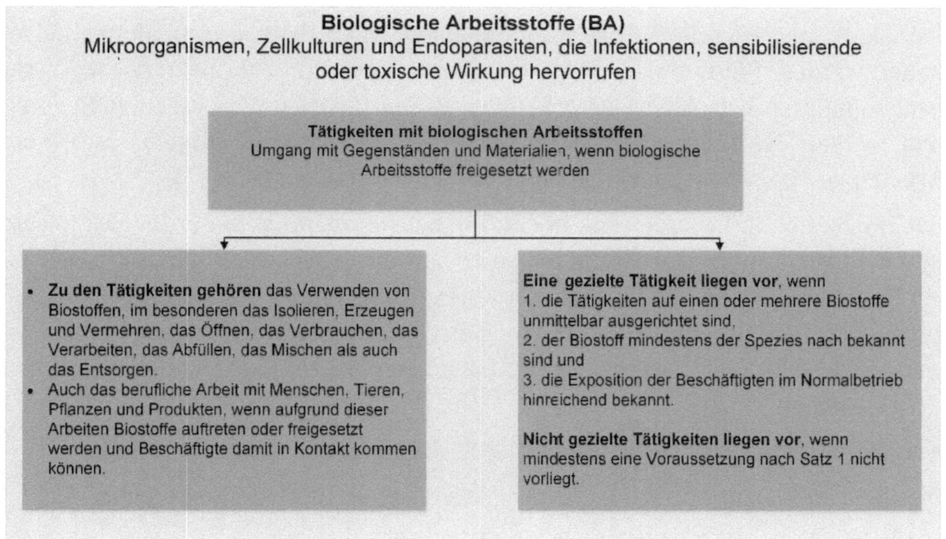

Bild 1.27 Tätigkeiten mit biologischen Arbeitsstoffen

Falls es sich um Tätigkeiten in anderen Bereichen als in § 5 BioStoffV aufgeführt handelt, entfällt die Zuordnung der Tätigkeiten zu einer Schutzstufe. Zu diesen Tätigkeiten gehören beispielsweise Reinigungs- und Modernisierungsarbeiten sowie Tätigkeiten in der Abfallwirtschaft.

Dokumentation der Gefährdungsbeurteilung und Aufzeichnungspflichten nach § 7 BioStoffV

Gefährdungsbeurteilungen sind durch Arbeitgeber zu dokumentieren. Dies muss vor Aufnahme der Tätigkeiten erfolgen, die Pflicht ist unabhängig davon, wie viele

Beschäftigte vorhanden sind. Die Zuordnung der Schutzstufe und zu ergreifende Schutzmaßnahmen sind als Ergebnis der Gefährdungsbeurteilung ebenso Bestandteil der Dokumentationspflicht. Zudem muss ein Biostoffverzeichnis erstellt werden, eine Liste aller verwendeten oder auftretenden Biostoffe. Falls Tätigkeiten der Schutzstufe 3 oder 4 durchgeführt werden, muss der Arbeitgeber zusätzlich ein Verzeichnis der dabei beteiligen Beschäftigten führen.

Dritter Abschnitt – Grundpflichten und Schutzmaßnahmen

Grundpflichten nach § 8 BioStoffV

In diesem Paragrafen wird die Bedeutung des Arbeitsschutzes hervorgehoben. Arbeitgeber müssen die dafür nötigen personellen, finanziellen und organisatorischen Voraussetzungen schaffen. Auch die Vertretung der Beschäftigten soll daran beteiligt werden. Ein weiteres wichtiges Ziel ist es, dass Mitarbeiter ein Sicherheitsbewusstsein entwickeln.

Allgemeine Schutzmaßnahmen nach § 9 BioStoffV

Bei allen Tätigkeiten mit BA müssen die allgemeinen Hygienemaßnahmen eingehalten werden. Diese umfassen bauliche, technische und organisatorische Vorgaben, so müssen beispielsweise Arbeitsplätze und Arbeitsmittel regelmäßig gereinigt werden, es müssen Waschgelegenheiten für die Beschäftigten sowie vom Arbeitsplatz getrennte Umkleidemöglichkeiten vorhanden sein.

Bei Tätigkeiten in Laboratorien, in der Versuchstierhaltung, in der Biotechnologie und in Einrichtungen des Gesundheitsdienstes müssen darüber hinaus die speziellen Hygienemaßnahmen eingehalten werden. Diese sind in den vom ABAS herausgegebenen Technischen Regeln für Biologische Arbeitsstoffe enthalten, beispielsweise in der TRBA 500: Grundlegende Maßnahmen bei Tätigkeiten mit biologischen Arbeitsstoffen.

Arbeitsmedizinische Vorsorge nach § 12 BioStoffV

Die Verordnung zur arbeitsmedizinischen Vorsorge muss beachtet werden.

Betriebsstörungen, Unfälle nach § 13 BioStoffV

Bei Tätigkeiten der Schutzstufen 2 bis 4 müssen vor Beginn dieser Tätigkeiten alle erforderlichen Maßnahmen für einen Notfall festgelegt werden. Diese Maßnahmen sollen bei Betriebsstörungen oder Unfällen helfen, dass es möglichst geringe Auswirkungen auf die Sicherheit und Gesundheit der Beschäftigten, aber auch anderer Personen gibt und dass normale Betriebsabläufe baldmöglichst wiederhergestellt werden. Erforderliche Maßnahmen sind Bestandteil der Betriebsanweisungen. Für Tätigkeiten der Schutzstufe 3 oder 4 sind noch darüber hinausgehende Maßnahmen festzulegen, um alles Mögliche beizutragen, die Freisetzung der Biostoffe zu verhindern.

Betriebsanweisung und Unterweisung der Beschäftigten nach § 14 BioStoffV

Auf Grundlage der Gefährdungsbeurteilungen müssen schriftliche Betriebsanweisungen erstellt werden. Sie müssen sich entweder auf Arbeitsbereiche oder Biologische Arbeitsstoffe beziehen und müssen in einer für Mitarbeiter verständlich verfasst sein.

Bei Tätigkeiten mit BA der Risikogruppe 1 muss normalerweise keine Betriebsanweisung erstellt werden. Betriebsanweisungen müssen aktualisiert werden, wenn es wichtige Veränderungen der Arbeitsbedingungen gibt. Für Tätigkeiten der Schutzstufen 3 und 4 müssen zusätzlich zur Betriebsanweisung auch Arbeitsanweisungen erstellt werden, die an den Arbeitsplätzen vorliegen müssen.

Arbeitgeber sind dafür verantwortlich, dass Beschäftige anhand der Betriebsanweisungen über alle Gefährdungen und die erforderlichen Schutzmaßnahmen mündlich unterwiesen werden. Unterweisungen sind so durchzuführen, dass bei den Beschäftigten Sicherheitsbewusstsein geschaffen wird. Unterweisungen müssen vor Aufnahme der Beschäftigung und danach mindestens jährlich durchgeführt und dokumentiert werden.

Vierter Abschnitt – Erlaubnis- und Anzeigepflichten

Erlaubnispflicht nach 15 § BioStoffV

Für Tätigkeiten der Schutzstufe 3 oder 4 müssen von zuständigen Behörden eine Erlaubnis eingeholt werden. Bei Tätigkeiten mit Biostoffen der Risikogruppe 3, die mit (**) gekennzeichnet sind, ist diese Erlaubnis nicht notwendig.

Anzeigepflicht nach § 16 BioStoffV

Gezielte Tätigkeiten mit Biostoffen der Risikogruppe 2 und der Risikogruppe 3 müssen Arbeitgeber i. d. R. bei zuständigen Behörden anzeigen. In diesen Anzeigen müssen Namen und Anschriften der Arbeitgeber, Beschreibungen der vorgesehenen Tätigkeiten, Ergebnisse der Gefährdungsbeurteilungen, die Art des BA und Maßnahmen zum Schutz der Sicherheit und Gesundheit der Beschäftigten enthalten sein.

Fünfter Abschnitt – Vollzugsregelungen und Ausschuss für Biologische Arbeitsstoffe

Unterrichtung der Behörde nach § 17 BioStoffV

Falls bei Tätigkeiten mit Biostoffen der Risikogruppe 3 oder 4 Unfälle oder Betriebsstörungen erfolgen, müssen Arbeitgeber zuständige Behörden sofort darüber unterrichten. Auch wenn Krankheits- und Todesfälle bei Beschäftigen auftreten, die auf deren Tätigkeit mit den BA zurückzuführen sind, müssen zuständige Behörden unterrichtet werden.

Behördliche Ausnahmen nach § 18 BioStoffV

Falls ein entsprechender Antrag des Arbeitgebers vorliegt, können zuständige Behörden in gewissem Umfang Ausnahmen von den Vorschriften ermöglichen. Dies betrifft die allgemeinen und zusätzlichen Schutzmaßnahmen und Maßnahmen bei Betriebsstörungen und Unfällen. Solche Ausnahmen sind möglich, wenn die Einhaltung der Vorschrift ansonsten zu einer unverhältnismäßigen Härte führen würde. Jedenfalls muss der Schutz der betroffenen Beschäftigten gewährleistet sein.

Ausschuss für Biologische Arbeitsstoffe nach § 19 BioStoffV

Beim Bundesministerium für Arbeit und Soziales gibt es einen Ausschuss für Biologische Arbeitsstoffe (ABAS). Dieser Ausschuss ist bei der Bundesanstalt für Arbeitsschutz und Arbeitsmedizin (BAuA) eingerichtet worden.

Die Aufgaben des ABAS beinhalten u. a.:

- Ermittlung von gesicherten Erkenntnissen für Tätigkeiten mit BA. Solche gesicherten Erkenntnisse werden als Stand der Technik, Stand der Wissenschaft, Stand der Arbeitsmedizin usw. bezeichnet.
- Veröffentlichung von darauf basierenden Empfehlungen.
- Erstellung von Regeln, die dabei helfen, die in der Biostoffverordnung genannten Anforderungen umzusetzen. Dies erfolgt durch Herausgabe der Technischen Regeln für Biostoffe (TRBA).
- Wissenschaftlichen Bewertungen von BA und deren Einstufung in Risikogruppen, auch dies erfolgt durch Herausgabe der TRBA.
- Beratung des Bundesministeriums für Arbeit und Soziales in Fragen der biologischen Sicherheit.

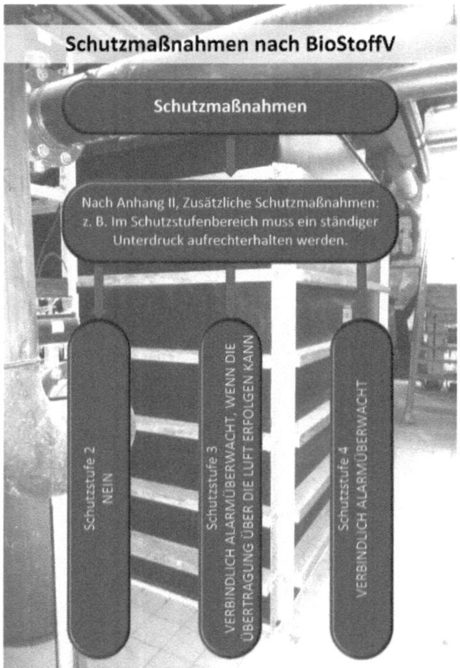

Bild 1.28 Schutzmaßnahme nach Biostoffverordnung

Sechster Abschnitt – Ordnungswidrigkeiten, Straftaten und Übergangsvorschriften

- Ordnungswidrigkeiten – § 20 BioStoffV
- Straftaten – § 21 BioStoffV
- Übergangsvorschriften – § 22 BioStoffV

Anhang I bis III der BioStoffV

- Anhang I: Symbol für Biogefährdung
- Anhang II: Zusätzliche Schutzmaßnahmen bei Tätigkeiten in Laboratorien und vergleichbaren Einrichtungen sowie in der Versuchstierhaltung
- Anhang III: Zusätzliche Schutzmaßnahmen bei Tätigkeiten in der Biotechnologie

Strahlenschutzverordnung (StrlSchV)

Im Folgenden werden zum wertschöpfenden Instandhalten, Modernisieren und Abbrechen in nachhaltigen Bauwerkslebenszyklen ausgewählte Aspekte der Strahlenschutzverordnung dargestellt.

Basisdaten zur Strahlenschutzverordnung	
Titel:	Verordnung über den Schutz vor Schäden durch ionisierende Strahlen
Kurztitel:	Strahlenschutzverordnung
Abkürzung:	StrlSchV
Art:	Bundesrechtsverordnung
Geltungsbereich:	Bundesrepublik Deutschland
Erlassen aufgrund von:	überw. § 54 AtG
Rechtsmaterie:	Wirtschaftsverwaltungsrecht, Umweltrecht
Ursprüngliche Fassung vom:	24. Juni 1960 (BGBl. 1960 I S. 430)
Inkrafttreten am:	1. September 1960
Neubekanntmachung vom:	30. Juni 1989 (BGBl. I S. 1321, ber. S. 1926)
Letzte Neufassung vom:	20. Juli 2001 (BGBl. I S. 1714; ber. BGBl. 2002 I S. 1459)
Inkrafttreten der Neufassung am:	1. August 2001 bzw. 1. Januar 2004
Letzte Änderung durch:	Art. 6 G vom 27. Januar 2017 (BGBl. I S. 114, 125)
Inkrafttreten der letzten Änderung:	16. Juni 2017 (Art. 10 G vom 27. Januar 2017)

Bild 1.29 Ausgewählte Basisdaten zur Strahlenschutzverordnung

Die Strahlenschutzverordnung (StrlSchV) ist eine deutsche Verordnung innerhalb des Atomrechts. Rechtsgrundlage ist § 54 Atomgesetz. Sie stammt aus dem Jahr 1960 und wurde seitdem mehrfach novelliert, wesentliche Änderungen erfolgten im Jahre 2004.

Der Zweck der Verordnung wird in § 1 beschrieben. Dort heißt es:

Zweck dieser Verordnung ist es, zum Schutz des Menschen und der Umwelt vor der schädlichen Wirkung ionisierender Strahlung Grundsätze und Anforderungen für Vorsorge- und Schutzmaßnahmen zu regeln, die bei der Nutzung und Einwirkung radioaktiver Stoffe und ionisierender Strahlung zivilisatorischen und natürlichen Ursprungs Anwendung finden. Hierzu legt die Strahlenschutzverordnung Strahlenschutzgrundsätze, beispielsweise maximal zulässige Strahlenbelastungen durch künstliche Strahlenquellen für beruflich Strahlenexponierte und die Bevölkerung und konkrete Schutzvorschriften fest. Beruflich Strahlenexponierte sind alle, die beruflich Umgang mit radioaktiven Stoffen haben oder anderweitig beruflich ionisierender Strahlung ausgesetzt sind. Dazu zählen das Betriebspersonal in kerntechnischen Anlagen sowie Beschäftigte in Forschung, bestimmten Bereichen der Industrie und fliegendes Personal. Insbesondere Bau- und Werkstoffprüfer unterliegen häufig zusätzlich der Röntgenverordnung.

Inhaltsauszug der Strahlenschutzverordnung

- Teil 1: Allgemeine Vorschriften
- Teil 2: Schutz von Mensch und Umwelt vor radioaktiven Stoffen oder ionisierender Strahlung aus der zielgerichteten Nutzung bei Tätigkeiten
  - Kapitel 1: Strahlenschutzgrundsätze, Grundpflichten und allgemeine Grenzwerte
  - Kapitel 2: Genehmigungen, Zulassungen, Freigabe
  - Kapitel 3: Anforderungen bei der Nutzung radioaktiver Stoffe und ionisierender Strahlung
  - Kapitel 4: Besondere Anforderungen bei der medizinischen Anwendung radioaktiver Stoffe und ionisierender Strahlung
  - Kapitel 5: Anwendung radioaktiver Stoffe oder ionisierender Strahlung in der Tierheilkunde
- Teil 3: Schutz von Mensch und Umwelt vor natürlichen Strahlungsquellen bei Arbeiten
  - Kapitel 1: Grundpflichten
  - Kapitel 2: Anforderungen bei terrestrischer Strahlung an Arbeitsplätzen
  - Kapitel 3: Schutz der Bevölkerung bei natürlich vorkommenden radioaktiven Stoffen
  - Kapitel 4: Kosmische Strahlung
  - Kapitel 5: Betriebsorganisation
- Teil 4: Schutz des Verbrauchers beim Zusatz radioaktiver Stoffe zu Produkten
- Teil 5: Gemeinsame Vorschriften
  - Kapitel 1: Berücksichtigung von Strahlenexpositionen

- Kapitel 2: Befugnisse der Behörde
- Kapitel 3: Formvorschriften
- Kapitel 4: Ordnungswidrigkeiten
- Kapitel 5: Schlussvorschriften

- Anlagen
  - Anlage I - Genehmigungsfreie Tätigkeiten
  - Anlage II - Erforderliche Unterlagen zur Prüfung von Genehmigungsanträgen
  - Anlage III - Freigrenzen, Freigabewerte für verschiedene Freigabearten, Werte der Oberflächenkontamination, Liste der Radionuklide im radioaktiven Gleichgewicht
  - Anlage IV - Festlegungen zur Freigabe
  - Anlage V - Voraussetzungen für die Bauartzulassung von Vorrichtungen
  - Anlage VI - Dosimetrische Größen, Gewebe- und Strahlungs-Wichtungsfaktoren
  - Anlage VII - Annahmen bei der Ermittlung der Strahlenexposition
  - Anlage VIII - Ärztliche Bescheinigung
  - Anlage IX - Strahlenzeichen
  - Anlage X - Radioaktive Abfälle: Benennung, Buchführung, Transportmeldung
  - Anlage XI - Arbeitsfelder, bei denen erheblich erhöhte Expositionen durch natürliche terrestrische Strahlungsquellen auftreten können
  - Anlage XII - Verwertung und Beseitigung überwachungsbedürftiger Rückstände
  - Anlage XIII - Information der Bevölkerung
  - Anlage XIV - Leitstellen des Bundes für die Emissions- und Immissionsüberwachung
  - Anlage XV - Standarderfassungsblatt für hochradioaktive Strahlenquellen (HRQ)
  - Anlage XVI - Liste der nicht gerechtfertigten Tätigkeitsarten.

Abfallverzeichnis-Verordnung (AVV Abfall)

Im Folgenden werden zum wertschöpfenden Instandhalten, Modernisieren und Abbrechen in nachhaltigen Bauwerkslebenszyklen ausgewählte Aspekte der Abfallverzeichnis-Verordnung dargestellt.

Basisdaten der AVV Abfall	
Titel:	Verordnung über das Europäische Abfallverzeichnis
Kurztitel:	Abfallverzeichnis-Verordnung
Abkürzung:	AVV
Art:	Bundesrechtsverordnung
Geltungsbereich:	Bundesrepublik Deutschland
Erlassen aufgrund von:	§§ 8, 19 f., 41, 48, 50, 57 KrW-/AbfG, § 10 Abs. 10 BImSchG
Rechtsmaterie:	Umweltrecht, Abfallrecht
Erlassen am:	10. Dezember 2001 (BGBl. I S. 3379)
Inkrafttreten am:	1. Januar 2002
Letzte Änderung durch:	Art. 2 VO vom 17. Juli 2017 (BGBl. I S. 2644, 2646)
Inkrafttreten der letzten Änderung:	1. August 2017 (Art. 4 VO vom 17. Juli 2017)

Bild 1.30 Ausgewählte Basisdaten zur Abfallverzeichnis-Verordnung

Die Abfallverzeichnis-Verordnung (AVV) dient zur Bezeichnung von Abfällen und der Einstufung von Abfällen nach ihrer Überwachungsbedürftigkeit. Sie wurde am 10. Dezember 2001 zur Umsetzung des Europäischen Abfallartenkatalogs (EAK) erlassen. Das Europäische Abfallverzeichnis stellt einen Bezugs-Katalog dar, mit dem eine gemeinsame Terminologie für die gesamte Europäische Gemeinschaft festgelegt wird. Daher muss dieser Katalog wortgleich rechtsverbindlich in nationales Recht umgesetzt werden.

Die wesentliche Neuerung des EAK ist, dass die Einstufung als „gefährlich" bei vielen Abfällen vom Gehalt gefährlicher Stoffe abhängig gemacht wird. Hierzu wird auf das EG-Gefahrstoffrecht Bezug genommen. Im Zuge der Einführung der AVV in Deutschland mussten Entsorgungsnachweise, Anlagengenehmigungen, Transportgenehmigungen, Abfallwirtschaftskonzepte und -bilanzen sowie Zertifikate auf das neue Abfallverzeichnis umgestellt werden.

Die AVV hat eine Anlage Abfallverzeichnis. Die Abfall-Liste der Anlage I umfasst dabei insgesamt 232 Abfallarten. Die verbleibenden 173 als „gefährlich" bezeichneten Abfallarten liegen als sogenannte „Spiegeleinträge" vor, bei denen „gefährlichen" „nicht gefährliche" Abfallarten gegenübergestellt sind. Im Anhang II sind diese Spiegeleinträge aufgelistet. Jedem „gefährlichen" Spiegeleintrag wird mindestens eine als „nicht gefährlich" bestimmte Abfallart gegenübergestellt.

§ 1 regelt den Anwendungsbereich. Die Verordnung gilt für die „Bezeichnung von Abfall" und die „Einstufung des Abfalls nach seiner Gefährlichkeit". Bezeichnungen erfolgen nach § 2 in Verbindung mit dem Abfallverzeichnis durch die Zuweisung eines Abfalls zu einer Abfallart, die mit einem sechsstelligen Abfallschlüssel bezeichnet ist.

Die Zuweisung erfolgt nach Kapiteln, Gruppen sowie Abfallarten. Innerhalb von § 3 werden die Gefährlichkeitskriterien benannt und beschrieben sowie die Abfälle hinsichtlich ihrer Gefährlichkeit eingestuft. Diese Einstufung hat Geltung für § 41 Kreislaufwirtschafts- und Abfallgesetz. Die Einstufung erfolgt nach der Herkunft der Abfälle.

Die Einführung der AVV hatte vor allem Auswirkungen auf die Abgrenzung von „besonders überwachungsbedürftigen Abfällen" zu „nicht überwachungsbedürftigen Abfällen". Das Europäische Recht kennt jedoch weder diese Begrifflichkeiten noch die im deutschen Abfallrecht verankerte Abstufung zwischen „besonders überwachungsbedürftigen", „überwachungsbedürftigen" und „nicht überwachungsbedürftigen" Abfällen. Das EU-Recht unterscheidet nur zwischen „nicht gefährlichen"" und „gefährlichen Abfällen". Die Abgrenzung gefährlicher Abfälle von nicht gefährlichen erfolgt hierbei auf Grundlage des Chemikalien-/Gefahrstoffrechtes.

Die Prüfung einer Abfallart kann aufgrund der Herkunfts- oder Entstehungsbezeichnung sowie Angaben zu stofflichen Eigenschaften erfolgen. Ist der Abfall einer Abfallart zuzuordnen, die Teil eines Spiegeleintrags ist, wird anhand der einschlägigen Gefährlichkeitsmerkmale geprüft, ob der Abfall als „gefährliche" oder „nicht gefährliche" Abfallart kategorisiert wird.

Auszug aus Liste der Spiegeleinträge gemäß Anhang II AVV:

- 03 Abfälle aus der Holzbearbeitung und der Herstellung von Platten, Möbeln, Zellstoffen, Papier und Pappe
- 08 Abfälle aus HZVA von Beschichtungen (Farben, Lacke, Email), Klebstoffen, Dichtmassen und Druckfarben
- 10 Abfälle aus thermischen Prozessen
- 11 Abfälle aus der chemischen Oberflächenbearbeitung und Beschichtung von Metallen und anderen Werkstoffen
- 12 Abfälle aus Prozessen der mechanischen Formgebung sowie der physikalischen und mechanischen Oberflächenbearbeitung von Metallen und Kunststoffen
- 13 Ölabfälle und Abfälle aus flüssigen Brennstoffen (außer Speiseöle und Ölabfälle, die unter 05, 12 und 19 fallen)
- 14 Abfälle aus organischen Lösemitteln, Kühlmitteln und Treibgasen (außer 07 u. 08)
- 15 Verpackungsabfall, Aufsaugmassen, Wischtücher, Filtermaterialien und Schutzkleidung (a. n. g.)
- 16 Abfälle, die nicht anderswo im Verzeichnis aufgeführt sind

- 17 Bau- und Abbruchabfälle (einschließlich Aushub von verunreinigten Standorten)
- 19 Abfälle aus Abfallbehandlungsanlagen, öffentlichen Abwasserbehandlungsanlagen sowie der Aufbereitung von Wasser für den menschlichen Gebrauch und Wasser für industrielle Zwecke
- 20 Siedlungsabfälle (Haushaltsabfälle und ähnliche gewerbliche und industrielle Abfälle sowie Abfälle aus Einrichtungen), einschließlich getrennt gesammelter Fraktionen.

AVV Baustellenlärm

Im Folgenden werden zum wertschöpfenden Instandhalten, Modernisieren und Abbrechen in nachhaltigen Bauwerkslebenszyklen ausgewählte Aspekte der AVV Baulärm dargestellt.

Baustellenlärm ist Lärm, der an Baustellen im Zusammenhang mit der Beseitigung und Errichtung baulicher Anlagen entsteht.

Grundlage für Lärmimmissionen ist in Deutschland das Bundes-Immissionsschutzgesetz. Dieses enthält Regeln für genehmigungsbedürftige und nicht genehmigungsbedürftige Anlagen, § 5 und § 22 BImSchG. Lärm von Baustellen fällt nicht in den Anwendungsbereich der TA Lärm, sondern der AVV Baulärm, wie § 66 Abs. 2 BImSchG ausdrücklich vorgibt.

Baustellen sind so zu betreiben, dass:

- schädliche Umwelteinwirkungen verhindert werden, die nach dem Stand der Technik verhinderbar sind,
- nach dem Stand der Technik unvermeidbare schädliche Umwelteinwirkungen auf ein Mindestmaß zu beschränken sind.

Wann eine „schädliche Umwelteinwirkung“ vorliegt, ergibt sich aus § 3 BImSchG. Dies sind „Immissionen, die nach Art, Ausmaß oder Dauer geeignet sind, Gefahren, erhebliche Nachteile oder erhebliche Belästigungen für die Allgemeinheit oder die Nachbarschaft herbeizuführen.“ Die Erheblichkeit der Immission wird grundsätzlich vermutet, wenn die Richtwerte aus der AVV Baulärm - Allgemeine Verwaltungsvorschrift zum Schutz gegen Baulärm (Geräuschimmissionen - AVV Baulärm) vom 19. August 1970, Beilage zum Bundesanzeiger Nr.160 vom 1. September 1970 - überschritten werden. Die Richtwerte sind nach Baugebieten sortiert, ähnlich der TA Lärm. Die AVV Baulärm enthält auch Vorgaben zum Messverfahren und zeigt Lärmreduzierungsmaßnahmen für Deutschland auf.

Ansprüche gegen erhebliche Immissionen, auch Lärm, ergeben sich aus den zivilrechtlichen Vorschriften der §§ 906, 1004 BGB für Eigentümer und § 862 BGB für Besitzer. Wenn der Lärm nicht zulässig oder vermeidbar war, erheblich belästigt oder die Gesundheit schädigen kann, liegt eventuell eine Ordnungswidrigkeit vor,

§ 117 OWiG. Wenn der Lärm geeignet ist, die Gesundheit zu gefährden, kann auch eine Umweltstraftat vorliegen, § 325 a StGB.

Besonders lärmintensiv sind z. B.:

- Presslufthammer,
- Innenrüttler, Rüttelplatten, Vibrationsstampfer,
- dieselmotorgetriebene Betonmischer,
- Sägen und Bohrer, Trennschleifer sowie
- Abbruchgeräte.

Technische Anleitung zum Schutz gegen Lärm (TA Lärm)

Im Folgenden werden zum wertschöpfenden Instandhalten, Modernisieren und Abbrechen in nachhaltigen Bauwerkslebenszyklen ausgewählte Aspekte der TA Lärm dargestellt.

Basisdaten der TA Lärm	
Titel:	Sechste Allgemeine Verwaltungsvorschrift zum Bundes-Immissionsschutzgesetz
Kurztitel:	Technische Anleitung zum Schutz gegen Lärm
Abkürzung:	TA Lärm
Art:	Allgemeine Verwaltungsvorschrift
Geltungsbereich:	Bundesrepublik Deutschland
Erlassen aufgrund von:	§ 48 BImSchG
Rechtsmaterie:	Umweltrecht
Ursprüngliche Fassung vom:	16. Juli 1968 (Beil. zum BAnz. Nr. 137 vom 26. Juli 1968)
Inkrafttreten am:	9. August 1968
Letzte Neufassung vom:	26. August 1998 (GMBl. S. 503)
Inkrafttreten der Neufassung am:	1. November 1998
Letzte Änderung durch:	1. Juni 2017 (BAnz AT 08.06.2017 B5)
Inkrafttreten der letzten Änderung:	9. Juni 2017

Bild 1.31 Ausgewählte Basisdaten zur TA Lärm

Die Technische Anleitung zum Schutz gegen Lärm, kurz TA Lärm, ist eine Allgemeine Verwaltungsvorschrift in der Bundesrepublik Deutschland, die dem Schutz der Allgemeinheit und der Nachbarschaft vor schädlichen Umwelteinwirkungen durch Geräusche dient.

Bedeutung hat die TA Lärm für Genehmigungsverfahren von Gewerbe- und Industrieanlagen sowie zur nachträglichen Anordnung bei bereits bestehenden genehmigungsbedürftigen Anlagen. Sie ist nicht anzuwenden bei Straßenverkehrslärm, Schienenverkehrslärm, Fluglärm oder Sportlärm, nicht genehmigungsbedürftigen landwirtschaftlichen Anlagen, Tagebauen, Seehäfen, Anlagen für soziale Zwecke, Baustelle.

Der maßgebliche Ort der Immission ist die Messstelle, z. B. ein baulicher Bestand, an welchem der von einer Anlage verursachte Lärm beurteilt wird. Dieses kann z. B. das einem baulichen Bestand nächstgelegene Wohnhaus sein und dort kann dann das vom Lärm am stärksten betroffene Wohnraumfenster maßgebend sein. Der Einwirkungsbereich einer Anlage ist dabei der Bereich, in dem der Beurteilungspegel weniger als 10 dB unter dem geltenden Immissionsrichtwert liegt.

Der maßgebliche Immissionsort liegt:

1. bei bebauten Flächen 0,5 m außerhalb vor der Mitte des geöffneten Fensters des vom Geräusch am stärksten betroffenen schutzbedürftigen Raumes,
2. bei unbebauten Flächen oder bebauten Flächen, die keine Gebäude mit schutzbedürftigen Räumen enthalten, an dem am stärksten betroffenen Rand der Fläche, wo nach dem Bau- und Planungsrecht Gebäude mit schutzbedürftigen Räumen erstellt werden dürfen,
3. bei mit der zu beurteilenden Anlage baulich verbundenen schutzbedürftigen Räumen, bei Körperschallübertragung sowie bei der Einwirkung tieffrequenter Geräusche in dem am stärksten betroffenen schutzbedürftigen Raum.

Die Messungen der Lärmbelastung vor dem geöffneten Fenster hat in Genehmigungsverfahren zur Folge, dass sogenannte passive Lärmschutzmaßnahmen als Lärmminderungsmaßnahme bei Industrielärm nicht zulässig sind. Ein baulicher Bestand kann also sein Lärmproblem nicht dadurch lösen, dass er dem nächstgelegenen Anwohner neue Fenster bezahlt. Diese Möglichkeit zum passiven Schallschutz besteht hingegen, wenn der Nachbar eines lauten baulichen Bestandes ein Fenster dauerhaft verschließen lässt und damit ein maßgeblicher Immissionsort entfällt.

Immissionsrichtwerte der TA Lärm

Die jeweils einzuhaltenden Immissionsrichtwerte (IRW) sind nach dem Schutzanspruch der Nachbarschaft gestaffelt.

Der Schutzanspruch eines Immissionsortes ergibt sich z. B. durch Ausweisungen in einem Bebauungsplan.

Einzelne kurzzeitige Geräuschspitzen dürfen die Immissionsrichtwerte am Tage um nicht mehr als 30 dB und in der Nacht um nicht mehr als 20 dB überschreiten. In Gemengelagen kann der für die zum Wohnen dienenden Gebiete geltende Immissionsrichtwert auf einen geeigneten Zwischenwert der für die aneinandergrenzenden Gebietskategorien geltenden Werte erhöht werden.

Tabelle 1.1 Immissionsrichtwerte für den Beurteilungspegel für Immissionsorte außerhalb von Gebäuden

Ziffer TA Lärm	Ausweisung	Immissionsrichtwert tags (6:00 bis 22:00 Uhr)	Immissionsrichtwert nachts (22:00 bis 6:00 Uhr)
6.1 a	Industriegebiete	70 dB(A)	70 dB(A)
6.1 b	Gewerbegebiete	65 dB(A)	50 dB(A)
6.1 c	Urbane Gebiete	63 dB(A)	45 dB(A)
6.1 d	Kern-, Dorf- und Mischgebiete	60 dB(A)	45 dB(A)
6.1 e	Allgemeine Wohngebiete	55 dB(A)	40 dB(A)
6.1 f	Reine Wohngebiete	50 dB(A)	35 dB(A)
6.1 g	Kurgebiete, Krankenhäuser und Pflegeanstalten	45 dB(A)	35 dB(A)

Bei Geräuschübertragungen innerhalb von Gebäuden betragen die Immissionsrichtwerte für den Beurteilungspegel für betriebsfremde schutzbedürftige Räume unabhängig von der Gebietseinstufung des Gebäudes:

- tags 35 dB(A) sowie
- nachts 25 dB(A).

Einzelne kurzzeitige Geräuschspitzen dürfen diese Immissionsrichtwerte (Geräuschübertragungen innerhalb von Gebäuden) um nicht mehr als 10 dB(A) überschreiten.

Unter Punkt 3.2.1 sieht die TA Lärm vor, dass eine neu geplante Anlage auch dann genehmigungsfähig ist, wenn die Immissionsrichtwerte an einem Immissionsort bereits überschritten sind, und zwar dann, wenn der zusätzliche Lärmbeitrag der neu geplanten Anlage nicht relevant für die Gesamtbelastung ist. Dies ist nach TA Lärm in der Regel der Fall, wenn der Lärmbeitrag der neu geplanten Anlage die o.g. Immissionsrichtwerte um mindestens 6 dB(A) unterschreitet. In der Praxis wird bei neu zu genehmigenden Anlagen diese Unterschreitung um 6 dB(A) von Behörden häufig gefordert, wenn ein Immissionsort eindeutig vorbelastet ist, die Höhe dieser Vorbelastung jedoch unbekannt ist und eine exakte Bestimmung der Vorbelastung zu aufwendig wäre oder nicht möglich ist.

Bei Vorgaben aus Bebauungsplänen zu immissionswirksamen flächenbezogenen Schallleistungspegeln (IFSP) wird eine planerisch mögliche Vorbelastung ermittelt, die im Einzelfall die tatsächliche Vorbelastung erheblich überschreiten kann.

Seltene Ereignisse der TA Lärm

Die TA Lärm sieht unter Abschnitt 7.2 Bestimmungen für sogenannte „Seltene Ereignisse“ vor, das sind voraussehbare Besonderheiten beim Betrieb einer Anlage, z.B. auf einer Baustelle, bei denen es trotz Einhaltung des Standes der Technik nicht möglich ist, die Immissionsrichtwerte einzuhalten. Die Überschreitung der

Immissionsrichtwerte darf jedoch an nicht mehr als 10 Tagen oder Nächten eines Kalenderjahres und an nicht mehr als 2 aufeinanderfolgenden Wochenenden auftreten.

Für seltene Ereignisse gelten als Immissionsrichtwerte in den unter 6.1 b bis 6.1 g genannten Gebieten:

- tags 70 dB(A) sowie
- nachts 55 dB(A).

Diese Immissionsrichtwerte dürfen durch einzelne, kurze Geräuschspitzen:

- in Gewerbegebieten um maximal 25 dB (tags) bzw. 15 dB (nachts) sowie
- in den o. g. Gebieten 6.1 c bis 6.1 g um maximal 20 dB (tags) bzw. 10 dB (nachts)

überschritten werden.

Beurteilungspegel der TA Lärm

Ermittelt und mit den Immissionsrichtwerten verglichen wird der sogenannte Beurteilungspegel (Lr). Dieser ist nicht identisch mit dem mittels eines Schallpegelmessers ermittelten Schalldruckpegel.

Der Beurteilungspegel wird in Anlehnung an DIN 45 645-1 unter Einbeziehung folgender Aspekte gebildet:

- wirksame Laufzeit der Anlage innerhalb des Beurteilungszeitraumes,
- meteorologische Korrektur,
- Zuschlag für Informationshaltigkeit des Anlagengeräusches,
- Zuschlag für Tonhaltigkeit des Anlagengeräusches,
- Zuschlag für Impulshaltigkeit sowie
- Zuschlag für Tageszeiten mit erhöhter Empfindlichkeit.

Beurteilungszeiträume der TA Lärm

Die TA Lärm sieht folgende Beurteilungszeiträume vor:

- „tags“ (6:00 bis 22:00 Uhr) sowie
- „nachts“ (22:00 bis 6:00 Uhr).

Für folgende Zeiten ist in Gebieten nach Buchstaben 6.1 d bis 6.1 f bei der Ermittlung des Beurteilungspegels die erhöhte Störwirkung von Geräuschen durch einen Zuschlag von 6 dB (sog. „Ruhezeitenzuschlag“) zu berücksichtigen:

- an Werktagen 06:00–07:00 Uhr, 20:00–22:00 Uhr sowie
- an Sonn- und Feiertagen 06:00–09:00 Uhr, 13:00–15:00 Uhr, 20:00–22:00 Uhr.

Im Beurteilungszeitraum „tags“ wird ein Beurteilungspegel über 16 Stunden gebildet. Dieses bedeutet, dass über 16 Stunden gemittelt wird, auch wenn die zu beurteilende Anlage weniger als 16 Stunden Lärm erzeugt. Im Beurteilungszeitraum

„nachts“ wird dagegen nur die volle Stunde mit dem höchsten Beurteilungspegel, die sogenannte „lauteste Stunde“ betrachtet. Es wird also nur über eine Stunde gemittelt. Die Nachtzeit kann bis zu einer Stunde hinausgeschoben oder vorverlegt werden, soweit dieses wegen der besonderen örtlichen oder wegen zwingender betrieblicher Verhältnisse erforderlich ist. Die Lärmbelastung wird anhand des gemessenen Lärmbeurteilungspegels bestimmt. Allerdings werden bei behördlich angeordneten Überwachungsmessungen von diesem Lärmbeurteilungspegel 3 dB abgezogen („Messabschlag“). Der Messabschlag geht auf die TA Lärm von 1968 zurück und sollte ein Ausgleich für die Messunsicherheit sein. Bei der letzten Novellierung der TA Lärm 1998 wurde dieser Wert unverändert übernommen.

Technische Anleitung zur Reinhaltung der Luft (TA Luft)

Im Folgenden werden zum wertschöpfenden Instandhalten, Modernisieren, und Abbrechen in nachhaltigen Bauwerkslebenszyklen ausgewählte Aspekte der TA Luft dargestellt.

Basisdaten zur TA Luft	
Titel:	Erste Allgemeine Verwaltungsvorschrift zum Bundes-Immissionsschutzgesetz
Kurztitel:	Technische Anleitung zur Reinhaltung der Luft
Früherer Titel:	Allgemeine Verwaltungsvorschriften über genehmigungsbedürftige Anlagen nach §16 der Gewerbeordnung
Abkürzung:	TA Luft
Art:	Allgemeine Verwaltungsvorschrift
Geltungsbereich:	Bundesrepublik Deutschland
Erlassen aufgrund von:	§ 48 BImSchG
Rechtsmaterie:	Umweltrecht
Ursprüngliche Fassung vom:	8. September 1964 (GMBl. S. 433)
Inkrafttreten am:	28. September 1964
Letzte Neufassung vom:	24. Juli 2002 (GMBl. S. 511)
Inkrafttreten der Neufassung am:	1. Oktober 2002

Bild 1.32 Ausgewählte Basisdaten zur TA Luft

Die Technische Anleitung zur Reinhaltung der Luft (TA Luft) ist die „Erste Allgemeine Verwaltungsvorschrift zum Bundes-Immissionsschutzgesetz“ der deutschen Bundesregierung. Sie enthält unter anderem Berechnungsvorschriften für wesentliche Luftschadstoffe und schafft bundeseinheitliche, gesetzliche Anforderungen für Anlagen, die gemäß der Verordnung über genehmigungsbedürftige Anlagen genehmigungsbedürftig sind und sie richtet sich vor allem an die Genehmigungsbehörden für industrielle und gewerbliche Anlagen. Anhand der Anforderungen der TA Luft erstellen die Behörden angepasste Auflagen, die vom Anlagenbetreiber zu erfüllen sind. Auch Altanlagen müssen innerhalb gewisser Übergangsfristen den Stand der Technik erreichen und den Schadstoffausstoß reduzieren.

Immissionsanforderungen der TA Luft

Die Immissionsanforderungen der TA Luft dienen in Deutschland dem Schutz von Mensch und Umwelt vor schädlichen Umwelteinwirkungen. Sie schreibt vor, dass durch die zu genehmigende Anlage die über die Luft eingetragenen Schadstoffe bestimmte Werte nicht überschreiten dürfen. Immissionsanforderungen bestehen zum Schutz der menschlichen Gesundheit, zum Schutz vor erheblichen Belästigungen oder erheblichen Nachteilen und zum Schutz von Ökosystemen und der Vegetation.

Beispiele für Immissionswerte sind u. a.:

- Schwebstaub (PM10): 40 $\mu g/m^3$ (Jahresmittelwert), 50 $\mu g/m^3$ (24-Stunden-Mittelwert) (Werte zum Schutz der menschlichen Gesundheit),
- Staubniederschlag: 0,35 $g/(m^2 \cdot d)$ (Mittelungszeitraum: ein Jahr; Schutz vor erheblichen Nachteilen und Belästigungen),
- Schwefeldioxid: 20 $\mu g/m^3$ (im Jahr und vom 1. Oktober bis 31. März; Schutz von Ökosystemen und der Vegetation),
- Stickstoffoxide (angegeben als Stickstoffdioxid): 30 $\mu g/m^3$ (im Jahr; Schutz von Ökosystemen und der Vegetation),
- Fluorwasserstoff und gasförmige anorganische Fluorverbindungen (angegeben als Fluor): 0,4 $\mu g/m^3$ (im Jahr; Schutz vor erheblichen Nachteilen).

Wenn Immissionswerte in der TA Luft nicht festgelegt sind, ist bei ausreichenden Anhaltspunkten eine Prüfung nötig, ob schädliche Umwelteinwirkungen entstehen können. Es muss untersucht werden, ob und inwieweit die Depositionen im Umfeld einer Anlage bei der derzeitigen oder geplanten Nutzung zu schädlichen Umwelteinwirkungen führen können. Die Prüfung gilt für die Schädigung von Menschen, Tieren und Pflanzen sowie mögliche Schäden für Lebensmittel oder Tierfutter.

Für die Anlagengenehmigung sind die Immissionswerte von Bedeutung, wenn die Möglichkeit besteht, dass durch eine Anlage die festgelegten Werte überschritten werden. In die Betrachtung geht die Vorbelastung im entsprechenden Gebiet ein.

Emissionsanforderungen der TA Luft

Die TA Luft enthält allgemeine Emissionsanforderungen für bestimmte Luftschadstoffe. Sie dienen der Vorsorge vor schädlichen Umwelteinwirkungen und konkretisieren den Stand der Technik, dessen Einhaltung im Bundes-Immissionsschutzgesetz gefordert wird. Die allgemeinen Anforderungen gelten für alle zu genehmigenden Anlagen, wenn nicht konkrete Regelungen für eine Anlagenart getroffen wurden.

Beispiele für Emissionswerte der TA Luft

- Gesamtstaub, einschließlich Feinstaub: 20 mg/m^3
- Staubförmige anorganische Stoffe, z. B. Schwermetalle: drei Stoffklassen, 0,05 mg/m^3, 0,5 mg/m^3 bzw. 1 mg/m^3
- Gasförmige anorganische Stoffe, z. B. Schwefeloxide, Stickstoffoxide: 0,35 g/m^3
- Organische Stoffe: 50 mg/m^3, geringere Werte für bestimmte Einzelverbindungen
- Krebserzeugende, erbgutverändernde oder reproduktionstoxische Stoffe sowie schwer abbaubare, leicht anreicherbare und hochtoxische organische Stoffe: drei Stoffklassen, 0,05 mg/m^3, 0,5 mg/m^3 bzw. 1 mg/m^3
- Geruchsintensive Stoffe
- Bodenbelastende Stoffe

Neben den allgemeinen Emissionsanforderungen werden davon abweichende, besondere Anforderungen an bestimmte Anlagenarten benannt:

- Wärmeerzeugung, Bergbau, Energie,
- Steine und Erden, Glas, Keramik, Baustoffe,
- Stahl, Eisen und sonstige Metalle einschließlich Verarbeitung,
- chemische Erzeugnisse, Arzneimittel, Mineralölraffination und Weiterverarbeitung,
- Oberflächenbehandlung mit organischen Stoffen (z. B. Drucken, Lackieren),
- Herstellung von bahnenförmigen Materialien aus Kunststoffen und sonstige Verarbeitung von Harzen und Kunststoffen,
- Holz, Zellstoff,
- Nahrungs-, Genuss- und Futtermittel sowie landwirtschaftliche Erzeugnisse,
- Verwertung und Beseitigung von Abfällen und sonstigen Stoffen,
- Lagerung, Be- und Entladung von Stoffen und Zubereitungen.

Für Altanlagen gelten nach einer Übergangsfrist in der Regel die gleichen Anforderungen wie für Neuanlagen. Wo eine Nachrüstung von bestimmten Anlagen unverhältnismäßig wäre, sind Ausnahmen möglich.

Technische Regeln für Arbeitsstätten (ASR)

Im Folgenden werden zum wertschöpfenden Instandhalten, Modernisieren und Abbrechen in nachhaltigen Bauwerkslebenszyklen ausgewählte Aspekte der ASR dargestellt. Die Technischen Regeln für Arbeitsstätten (ASR) konkretisieren die Anforderungen der Arbeitsstättenverordnung (ArbStättV).

Folgend wird eine Übersicht zu den bisher im Gemeinsamen Ministerialblatt (GMBl) bekannt gemachten Technischen Regeln für Arbeitsstätten (ASR) dargestellt. Die Angaben in diesen beiden ungültig gewordenen Arbeitsstätten-Richtlinien können als „Orientierungswerte" zur Konkretisierung der allgemeinen Schutzziele der Verordnung beim Einrichten und Betreiben von Arbeitsstätten verwendet werden. Dabei müssen Anwender aber beachten, dass die Inhalte dieser alten Arbeitsstätten-Richtlinien teilweise nicht mehr dem Stand der Technik entsprechen.

Tabelle 1.2 Bisher veröffentlichte Technische Regeln für Arbeitsstätten (ASR)

ASR	Bezeichnung
ASR V3	Gefährdungsbeurteilung
ASR V3a.2	Barrierefreie Gestaltung von Arbeitsstätten
ASR A1.2	Raumabmessungen und Bewegungsflächen
ASR A1.3	Sicherheits- und Gesundheitsschutzkennzeichnung
ASR A1.5/1,2	Fußböden
ASR A1.6	Fenster, Oberlichter, lichtdurchlässige Wände
ASR A1.7	Türen und Tore
ASR A1.8	Verkehrswege
ASR A2.1	Schutz vor Absturz und herabfallenden Gegenständen, Betreten von Gefahrenbereichen
ASR A2.2	Maßnahmen gegen Brände
ASR A2.3	Fluchtwege und Notausgänge, Flucht- und Rettungsplan
ASR A3.4	Beleuchtung
ASR A3.4/7	Sicherheitsbeleuchtung, optische Sicherheitsleitsysteme
ASR A3.5	Raumtemperatur
ASR A3.6	Lüftung
ASR A4.1	Sanitärräume
ASR A4.2	Pausen- und Bereitschaftsräume
ASR A4.3	Erste-Hilfe-Räume, Mittel und Einrichtungen zur Ersten Hilfe
ASR A4.4	Unterkünfte

Berufsgenossenschaftliche Regeln

Im Folgenden werden zum wertschöpfenden Instandhalten, Modernisieren und Abbrechen in nachhaltigen Bauwerkslebenszyklen ausgewählte Aspekte der BGR erwähnt. Die Berufsgenossenschaftlichen Regeln sind die von den deutschen Berufsgenossenschaften herausgegebenen Regeln und Empfehlungen zu Arbeitssicherheit und Gesundheitsschutz. Sie ergänzen die Berufsgenossenschaftlichen Vorschriften und geben dem Arbeitgeber Hinweise, wie er die Schutzziele der BG-Ven erreichen kann. Die Bezeichnungen BGR (Berufsgenossenschaftlichen Regeln) und BGV (Berufsgenossenschaftlichen Vorschriften) wurden durch neue Bezeichnungen der DGUV ersetzt, häufig wurden die Dokumente nur umetikettiert, sodass die alten Bezeichnungen noch in den Texten vorkommen.

Gewerbeabfallverordnung (GewAbfV)

Im Folgenden werden zum wertschöpfenden Instandhalten, Modernisieren und Abbrechen in nachhaltigen Bauwerkslebenszyklen ausgewählte Aspekte der GewAbfV dargestellt.

Basisdaten der GewAbfV	
Titel:	Verordnung über die Entsorgung von gewerblichen Siedlungsabfällen und von bestimmten Bau- und Abbruchabfällen
Kurztitel:	Gewerbeabfallverordnung
Abkürzung:	GewAbfV
Art:	Bundesrechtsverordnung
Geltungsbereich:	Bundesrepublik Deutschland
Rechtsmaterie:	Verwaltungsrecht, Umweltrecht
Ursprüngliche Fassung vom:	19. Juni 2002 (BGBl. I S. 1938)
Inkrafttreten am:	1. Januar 2003
Letzte Neufassung vom:	18. April 2017 (BGBl. I S. 896)
Inkrafttreten der Neufassung am:	überw. 1. August 2017
Letzte Änderung durch:	(neu:) Art. 2 G vom 5. Juli 2017 (BGBl. I S. 2234, 2260)
Inkrafttreten der letzten Änderung:	1. Januar 2019 (Art. 3 G vom 5. Juli 2017)

Bild 1.33 Ausgewählte Basisdaten zur GewAbfV

Die Gewerbeabfallverordnung (GewAbfV) schreibt vor, dass Gewerbebetriebe, so auch Baustellen, ihre Abfälle, wie Papier, Holz, Glas und Metalle, bereits an der Anfallstelle trennen, um eine möglichst hochwertige Verwertung der Abfälle zu gewährleisten. Sie gilt nicht für Abfälle, die dem Elektro- und Elektronikgerätegesetz oder dem Batteriegesetz unterliegen. Mit der Neufassung wurde eine 15 Jahre alte Verordnung modernisiert. Die Dokumentationspflicht ist nun umfangreicher und es besteht eine erweiterte Abfalltrennung Die bisherigen fünf Kategorien (Papier, Glas, Kunststoffe, Metalle, Bioabfälle) wurden um zwei weitere (Holz und Textilien) ergänzt. Ziel ist eine Senkung der Müllverbrennung beim Gewerbemüll. Die derzeitige Recyclingquote von 7 % in Deutschland soll auf mindestens 30 % ansteigen. Von der Getrennthaltung kann dann abgesehen werden, wenn das Abfallgemisch nachweislich einer zugelassenen Abfallsortieranlage zugeführt wird, in der die Abfälle getrennt und anschließend einer Verwertung zugeführt werden.

2 Anforderungen

Das zweite Hauptkapitel stellt ausgewählte Anforderungen zu wertschöpfendem Instandhalten, Modernisieren und Abbrechen in nachhaltigen Bauwerkslebenszyklen dar.

Im ersten Abschnitt werden Bedarfsplanungen zur Wertschöpfung insbesondere nach der DIN 18 205 behandelt. Im Rahmen einer Darstellung des Projektmanagements insbesondere nach der E DIN ISO 21 500 werden anschließend wichtige Aspekte zur Wertschöpfung erläutert. Es folgt das Energiemanagement insbesondere nach der DIN EN ISO 50 001.

Im vierten Abschnitt wird Gebäudemanagement insbesondere nach der DIN 32 736 ausgearbeitet. Das Nutzungskostenmanagement insbesondere nach der DIN 18 960 wird im fünften Abschnitt beschrieben. Der sechste Abschnitt stellt Abfallmanagement zur Wertschöpfung in nachhaltigen Bauwerkslebenszyklen dar. Final wird im siebten Abschnitt Umweltmanagement zur Wertschöpfung thematisiert.

2.1 Bedarfsplanung zur Wertschöpfung

Eine Bedarfsplanung mit der methodischen Ermittlung der wertschöpfenden Bedarfe ist bei Instandhaltungen, Modernisierungen, Abbruch und Rückbau für nachhaltige Bauwerkslebenszyklen von großer Bedeutung. Im Folgenden werden insbesondere nach der DIN 18 205:2016-11 mögliche methodische Bedarfsplanungen zu wertschöpfendem Instandhalten, Modernisieren und Abbrechen über nachhaltige Bauwerkslebenszyklen als Anforderungen dargestellt.

Ziel einer Bedarfsplanung ist es, die Bedürfnisse, Ziele und Anforderungen der Bedarfsträger: Bauherren, Planer oder Unternehmer, zum frühestmöglichen Zeitpunkt in einen Lösungsrahmen für den nachhaltigen Bauwerkslebenszyklus zusammenzustellen. Sie ist ergebnisoffen und muss in den gesamten Prozess der Umsetzung bei wertschöpfenden Instandhaltungen, Modernisierungen und Abbrüchen der formulierten Ziele einbezogen werden.

Die Bedarfsplanung ist ein iterativer Prozess, da mit der Konkretisierung der Aufgabe auch bislang unberücksichtigte Bedarfe erkennbar werden können. Bei großen Aufgaben kann es erforderlich sein, die Bedürfnisse in der Konkretisierung der baulichen und technischen Anlagen in den einzelnen Bauwerkslebenszyklusphasen in zunehmender Detailtiefe abzufragen. Aus einer Bedarfsplanung können aber auch z.B. Veränderungen der Organisation des nachhaltigen Bauwerkslebenszyklus beim wertschöpfenden Instandhalten, Modernisieren und Abbrechen abgeleitet werden.

Ein **Bedarfsplan**, als Ergebnis dieses Prozesses, bietet damit einen Maßstab für die Bewertung der planerischen, baulichen, technischen und organisatorischen Lösungen und dient somit der Qualitätssicherung über den gesamten nachhaltigen Bauwerkslebenszyklus hinweg mit möglichen Auswirkungen auf die unterschiedlichen Phasen der wertschöpfenden Instandhaltungen, Modernisierungen, Abbrüche und Rückbauten.

Die DIN 18 205:2016-11 kann dabei die Anwender beispielsweise darin unterstützen, die gestellte Aufgabe möglichst allumfassend und eindeutig zu bestimmen und zu beschreiben. Sie soll für alle Bedarfsträger anwendbar sein. Sie stellt ein Leistungsbild, als sogenannte „Phase 0", für die Bedarfsplanung dar, jedoch ohne eine Grundlage für eine mögliche Honorierung zu schaffen. Die Überarbeitung der Norm wurde u.a. erforderlich, um die inhaltlichen Veränderungen in DIN 276, DIN 277, DIN 18 960, DIN EN 15 643-1 sowie der Erarbeitung von ISO 19 208 zu berücksichtigen und somit der ganzheitlichen Betrachtung des Gebäudelebenszyklus Rechnung zu tragen. Diese Norm legt Begriffe fest, benennt erforderliche Prozessschritte und beschreibt die Vorgehensweise, die Inhalte und Struktur sowie die Dokumentation und Kommunikation der Bedarfsplanung. Sie gilt für alle Arten und Größen von Projekten im Bauwesen.

Eine Bedarfsplanung zur Wertschöpfung findet in der Regel über den gesamten nachhaltigen Bauwerkslebenszyklus statt und wird im weiteren Verlauf der wertschöpfenden Instandhaltungen, Modernisierungen und Abbrüche überprüft und ggf. angepasst. Sie ist wiederkehrend anzuwenden, sobald Veränderungen in den Anforderungen der Nutzung und des Betriebs dies erfordern.

Begriffe für wertschöpfende Bedarfsplanung

Für die Anwendung insbesondere der DIN 18 207:2016-11 für wertschöpfende Bedarfsplanung über nachhaltige Bauwerkslebenszyklen gelten folgende ausgewählte Begriffe:

Wertschöpfender Bedarf

Notwendigkeit von materiellen und immateriellen Ressourcen, hier zur Ermöglichung von wertschöpfenden Aktivitäten der Instandhaltung, Modernisierung und Abbrüche.

Wertschöpfende Bedarfsdeckung

Umsetzung eines festgestellten und anerkannten wertschöpfenden Bedarfs durch Maßnahmen organisatorischer und baulicher Art in nachhaltigen Bauwerkslebenszyklen.

Wertschöpfende Bedarfspläne

Arbeitsdokumente, die als Ergebnis der wertschöpfenden Bedarfsplanung zum frühestmöglichen Zeitpunkt die der Planung zugrundeliegenden Anforderungen sowie die verwendete Methode darstellen.

Bedarfsplaner

Person, Gruppe oder Organisation zur Aufstellung des Bedarfsplanes.

Wertschöpfende Bedarfsplanungen

Gesamte Prozesse der methodischen Ermittlung wertschöpfender Bedarfe, einschließlich der hierfür notwendigen Erfassung der maßgeblichen Informationen und Daten, und deren zielgerichtete Aufbereitung als quantitativer und qualitativer Bedarf.

Wertschöpfende Instandhaltungs-, Modernisierungs- und Abbruch-Bedarfe

Gegenstände der wertschöpfenden Bedarfsplanung, die in nachhaltigen Bauwerkslebenszyklen als wertschöpfende Bedarfe eindeutig bezeichnet und abgegrenzt und ggf. weiter untergliedert werden können.

Bild 2.1 Bedarfsplaner beim Rückbau der Mensa der Hochschule Hannover

Prozessschritte einer wertschöpfenden Bedarfsplanung

Der Prozess einer wertschöpfenden Bedarfsplanung zu Instandhaltung, Modernisierung, Abbruch und Rückbau in nachhaltigen Bauwerkslebenszyklen besteht im Wesentlichen aus vier normativen Teilschritten und dient der Ermittlung der projektspezifischen Inhalte. Der fünfte Prozessschritt dient der Variantenuntersuchung zur Bedarfsdeckung unmittelbar im Anschluss an die Bedarfsplanung.

Der nachfolgende sechste Teilschritt betont den ganzheitlichen Blick auf notwendige Aktivitäten in den weiteren Bauwerkslebenszyklushasen.

Bild 2.2 Wertschöpfende Bedarfsplanung bei Instandhaltung, Modernisierung und Abbruch im nachhaltigen Bauwerkslebenszyklus

Projektkontextklärung zur wertschöpfenden Bedarfsplanung nach der DIN 18 205:2016-11

Wertschöpfendes Projekt erfassen

Es werden die bedarfsauslösenden Gründe des Projekts nachhaltiger Bauwerkslebenszyklus aufgenommen, also der Anlass, die Notwendigkeit und die Zweckmäßigkeit der Bedarfsplanung mit den jeweiligen wertschöpfenden Instandhaltungen, Modernisierungen und Abbrüchen. Zudem werden übergeordnete Herausforderungen wie finanzielle und zeitliche Begrenzungen festgehalten.

Bedarfsträger zur wertschöpfenden Bedarfsplanung verstehen

Ausgehend von den strategischen Zielen und Visionen von Bauherren, Auftraggebern oder Nutzern werden erste Entwicklungsziele festgehalten, die möglicherweise Einfluss auf die wertschöpfende Bedarfsplanung über nachhaltige Bauwerkslebenszyklen haben.

Wertschöpfende Bedarfsplanung vorbereiten

In Kenntnis der spezifischen Ausgangssituation werden die Beteiligten der wertschöpfenden Bedarfsplanung ermittelt, sowie der organisatorische Ablauf festgelegt.

Projektzielfestlegung zur wertschöpfenden Bedarfsplanung nach der DIN 18 205:2016-11

Funktionale, technische, soziokulturelle und gestalterische Ziele klären

Ziele zur Funktionalität, zur technischen Qualität, zur Gestaltungsqualität und zur Sicherstellung von Gesundheit, Behaglichkeit sowie Zufriedenheit der Nutzer usw. werden in der wertschöpfenden Bedarfsplanung festgestellt.

Ökonomische und zeitliche Ziele setzen

Ökonomische Ziele zum nachhaltigen Bauwerkslebenszyklus, z.B. geplante Nutzungsdauern, Wirtschaftlichkeit, Wertstabilität usw. und den damit verknüpften Kosten und Terminen werden festgehalten.

Ökologische Ziele formulieren

Ökologische Ziele zum nachhaltigen Bauwerkslebenszyklus mit Schutz von natürlichen Ressourcen und des Ökosystems, Energieeffizienz sowie zur Umweltqualität usw. werden bestimmt.

Informationserfassung und -auswertung zur wertschöpfenden Bedarfsplanung nach der DIN 18 205:2016-11

Wertschöpfende Fakten sammeln und analysieren

Rahmenbedingungen zum Status quo der wertschöpfenden Bedarfsplanung über den nachhaltigen Bauwerkslebenszyklus werden durch Auswertung interner Unterlagen, Begehungen des Bauwerks, Beobachtungen usw. ermittelt und ausgewertet.

Qualitativ wertschöpfende Bedarfsangaben aufnehmen und analysieren

Wertschöpfende Informationen zu zukünftigen Nutzungen, den spezifischen Prozessen und Arbeitsweisen, Beziehungen und Bedürfnissen werden mit dialogorientierten Instrumenten, z.B. Befragungen, gesammelt. Diese Bedarfsangaben werden sortiert, strukturiert und zu qualitativen Anforderungen weiterentwickelt, z.B. als abstrakte Konzepte in Form von Funktionsdiagrammen oder Kommunikationsmustern. Dies betrifft verschiedene Maßstabsebenen (Standort, Gebäude als Ganzes, Funktionseinheit, Instandhaltung, Modernisierung, Abbruch usw.). Unklare Anforderungen, Widersprüche und offene Fragen werden aufgegriffen und von den Betroffenen bzw. Verantwortlichen geklärt.

Quantitativ wertschöpfende Bedarfsangaben erfassen und analysieren

Konkrete Zahlen zu Nutzeinheiten, Kennwerte zu Flächen, Kosten, Terminen usw. werden abgefragt. Die erfassten Bedarfsangaben werden ausgewertet und als quantitative Anforderungen zur Festlegung erster Wertschöpfungsansätze zusammengestellt.

Bedarfsplanerstellung zur wertschöpfenden Bedarfsplanung nach der DIN 18 205:2016-11

Wertschöpfende Inhalte und Prozesse dokumentieren

Neben den Zielen und Rahmenbedingungen werden die Anforderungen in schriftlicher Form allgemeinverständlich zusammengefasst, qualitative Anforderungen z.B. Instandhaltungs- Modernisierungs- und Abbruch-Programme, quantitative Anforderungen z.B. in harmonisierten Bedarfs-Intervallen über die nachhaltigen Bauwerkslebenszyklen. Darüber hinaus wird der Prozess der wertschöpfenden Bedarfsplanung nachvollziehbar dokumentiert.

Wertschöpfenden Bedarfsplan billigen und kommunizieren

Erstellte Arbeitsdokumente werden als wertschöpfender Bedarfsplan dem Bedarfsträger zur Billigung vorgelegt. Ein abgestimmter und gebilligter wertschöpfender Bedarfsplan wird den an der Bedarfsplanung Beteiligten präsentiert. Er ist für die weitere Planung von Instandhaltungen, Modernisierungen und Abbrüchen im nachhaltigen Bauwerkslebenszyklus verbindlich und wird an die nachfolgenden Planungsverantwortlichen frühzeitig kommuniziert.

Bedarfsdeckungsuntersuchung und -festlegung zur wertschöpfenden Bedarfsplanung nach der DIN 18 205:2016-11

Wertschöpfende Varianten untersuchen

Realisierbare Varianten zur Umsetzung des wertschöpfenden Bedarfsplans werden untersucht. Dies geschieht unter Berücksichtigung der baulichen, planungs- und baurechtlichen Anforderungen.

Wertschöpfung bewerten

Die Varianten werden anhand von Kennwerten kostenmäßig untersucht und ein erster Kostenrahmen ermittelt. Dabei werden die Grundsätze der Wertschöpfung berücksichtigt.

Art der wertschöpfenden Bedarfsdeckung festlegen

Die Varianten werden qualitativ und quantitativ bewertet. Es wird entschieden, ob die Maßnahmen weiterverfolgt werden. Im positiven Fall wird die Art der Bedarfsdeckung festgelegt, also welche Variante der weiteren Planung zugrunde gelegt wird.

Bedarfsplan- und Lösungsabgleichung zur wertschöpfenden Bedarfsplanung nach der DIN 18 205:2016-11

Wertschöpfenden Bedarfsplan fortschreiben

Im Rahmen des gebilligten Bedarfsplans werden die Anforderungen entsprechend ihrer Bedeutung und auf den jeweiligen Maßstabsebenen, sofern erforderlich, weiter detailliert.

Wertschöpfende Lösungen evaluieren

Die Planungen, die auf den Bedarfsplan antworten, werden kontinuierlich weitergehend geprüft und bewertet. Lösungen, die von den zugrundeliegenden Anforderungen abweichen, werden überarbeitet oder führen gegebenenfalls aufgrund geänderter Prioritäten zur Modifizierung der entsprechenden qualitativen und quantitativen Anforderungen.

Bild 2.3 PDCA-Zyklus mit KVP für wertschöpfende Bedarfsplanung

Wertschöpfende Leistungskriterien aktualisieren

Im Hinblick auf die Erfolgskontrolle im kontinuierlichen Verbesserungsprozess KVP werden die qualitativen und quantitativen Anforderungen in Form von Leistungskriterien ständig aktualisiert.

Inhalt, Struktur und Dokumentation der wertschöpfenden Bedarfsplanung nach der DIN 18 205:2016-11

Eine wertschöpfende Bedarfsplanung besteht normativ aus verschiedenen Komponenten:

- Bezeichnung des Projektes,
- Beschreibung der erfolgten Prozessschritte,
- Dokumentation der Projektziele, Art und Umfang der erfassten und ausgewerteten Informationen,
- Dokumentation und Kommunikation der Ergebnisse in Form eines Bedarfsplans sowie
- Dokumentation der Bedarfsplanung im weiteren Sinne in Hinblick auf Art der Bedarfsdeckung und Bewertung nachfolgender planerischer und baulicher Lösungen.

Wertschöpfender Bedarfsplan und wertschöpfende Bedarfsdeckung

Das Ergebnis einer wertschöpfenden Bedarfsplanung wird im Bedarfsplan festgehalten. Dieses Arbeitsdokument stellt neben den Projektzielen und -rahmenbedingungen die Anforderungen der Beteiligten vollständig und prüfbar in schriftlicher Form dar. Grafische Darstellungen fördern die Verständlichkeit des Bedarfsplans. Um die Bedarfsplanung übersichtlich zu halten, können bei großen Umfängen die gesammelten Informationen in Anhängen dokumentiert werden. Eine Nachvollziehbarkeit der Ergebnisse wird durch die Beschreibung des Arbeitsprozesses der Bedarfsplanung unterstützt.

Ein wertschöpfender Bedarfsplan wird an die Bedarfsträger und in Folge an die anderen Beteiligten kommuniziert. Er enthält keine Lösungen oder Lösungsansätze und ist eine Grundlage für alle weiteren Phasen, z. B. für die wertschöpfende Bedarfsdeckung. Während im wertschöpfenden Bedarfsplan die Anforderungen lösungs- und standortneutral formuliert sind, sind in der Dokumentation der wertschöpfenden Bedarfsdeckung anhand konkreter Lösungsansätze Möglichkeiten der Umsetzung dargestellt und bewertet. Grundlage der Bedarfsdeckung bilden Rahmenbedingungen im nachhaltigen Bauwerkslebenszyklus.

Die Möglichkeiten der Umsetzung werden in der Regel in Varianten erarbeitet. Dazu sind erste Kostenrahmen dokumentiert. Die Varianten sind entsprechend den Vorgaben und Anforderungen des wertschöpfenden Bedarfsplans bewertet. Die Ergebnisse der Bewertung realisierbarer Varianten zur Deckung des festgestellten wertschöpfenden Bedarfs sind ebenfalls zu dokumentieren. Die Erkenntnisse der Variantenbewertungen sind nachvollziehbar darzustellen und auf verständliche Weise an die Bedarfsträger zu kommunizieren. Ihre Entscheidungen über den weiteren Projektverlauf bzw. zur Art der wertschöpfenden Bedarfsdeckung sind in schriftlicher Form festzuhalten. Die gewählte Art der wertschöpfenden Bedarfsdeckung wird den weiteren Planungen der Instandhaltungen, Modernisierungen und Abbrüche zugrunde gelegt und an die Beteiligten kommuniziert. Die Bewertungsergebnisse planerischer und umsetzungsbezogener Lösungen sind nachvollziehbar über den nachhaltigen Bauwerkslebenszyklus zu dokumentieren. Lösungen, die von den zugrundeliegenden Anforderungen abweichen, werden überarbeitet oder führen aufgrund geänderter Prioritäten zur Modifizierung der Anforderungen.

Wertschöpfende Bedarfsplanung hat sowohl für die einzelnen Bauwerkslebenszyklen als auch für Folgeprojekte insgesamt und seine volkswirtschaftlichen Konsequenzen erhebliche Bedeutung im Rahmen der Nachhaltigkeit und Beratung im frühesten Stadium. Auf jeden Fall liegt die Bedarfsplanung wertschöpfender Instandhaltung, Modernisierung und Abbruch über nachhaltige Bauwerkslebenszyklen in den Verantwortungsbereichen der Bauherren bzw. der Eigentümer, gleich wie sie ihnen gerecht werden. Diese können damit Bedarfsplaner, Architekten, Ingenieure oder andere Fachleute beauftragen.

Zukünftig werden Instandhaltungen, Modernisierungen Abbrüche und Rückbauten über nachhaltige Bauwerkslebenszyklen immer komplexer, die Anzahl der Beteiligten wie die der Möglichkeiten steigt. Das macht es erforderlich, zu Beginn einer Planung von wertschöpfenden Instandhaltungen, Modernisierungen, Abbrüchen und Rückbauten die Aufgaben umfassend ganzheitlich zu definieren. Deshalb wird der wertschöpfenden Bedarfsplanung zunehmend steigende Beachtung geschenkt.

Checkliste 1 - Projektkontext	
Bezeichnung	**Bemerkung und Beispiel**
Projekt erfassen	
• Name	Projekttitel, Projektnummer, usw.
• Bedarfsauslösende Gründe	Anlass, Ursache, Notwendigkeit, usw.
• Finanzrahmen	maximal zur Verfügung stehendes Budget
• Zeitrahmen	Projektstart, Projektdauer, usw.
Bedarfsträger verstehen	
• Vision	abstrakte Absicht, Werte, usw.
• Strategische Ziele	maßgebende Ziele zur Umsetzung des Vorhabens, usw.
• Entwicklungsziele	Visionen, strategische Ziele, absehbare Entwicklungen und Synergien im Hinblick auf Möglichkeiten gemeinsamer Nutzungen usw.
Bedarfsplanung vorbereiten	
• wesentliche Beteiligte	Bauherren bzw. Auftraggeber, Nutzer, z. B. Bewohner, Projektmanager, Berater, Gutachter, usw.
• weitere Beteiligte	Regierung, nationale und internationale Organisationen, Verwaltung, Baubehörde, Finanzierer, Grundstückseigentümer oder Pächter, Nachbarn usw.
• Organisation	Zuständigkeiten, Entscheidungskompetenzen und -abläufe, Verantwortlichkeiten, Informationsbeziehungen, usw.
• Verfahren der Kommunikation	Fragebogen, Telefonkonferenz, Interview, Internetplattform, usw.
• Termin- und Zeitkontrolle	Abstimmungsintervalle, Entscheidungszyklen, Meilenstein, usw.

Bild 2.4 Normative Checkliste für wertschöpfende Bedarfsplanung

Checkliste 2 - Projektziele festlegen	
Teilziel	**Bemerkung und Beispiel**
Funktionale und technische Ziele	
• Gewährleistung der Funktionalität	Flächeneffizienz, Barrierefreiheit, Risiken am Mikrostandort Nutzungsangebote an die Öffentlichkeit, Mobilitätsinfrastruktur, usw.
• Sicherstellung der Qualität der technischen Ausführung	Schallschutz, Brandschutz, Belichtung und Beleuchtung Reinigungs- und Instandhaltungsfreundlichkeit, Anpassungsfähigkeit und Bedienbarkeit der technischen Systeme Rückbau- und Recyclingfreundlichkeit, usw.
Soziokulturelle und gestalterische Ziele	
• Sicherstellung von Gesundheit, Behaglichkeit und Nutzerzufriedenheit	thermischer, akustischer, visueller, olfaktorischer und haptischer Komfort individuelle Einflussnahme des Nutzers auf das Raumklima qualitativ hochwertige Aufenthaltsbereiche innen und außen Sicherheitsbedürfnis, usw.
• Sicherung der Gestaltungsqualität	städtebauliche Qualität gestalterische Qualität, usw.
Ökonomische und zeitliche Ziele	
• Optimierung der Lebenszykluskosten	verfügbare finanzielle Mittel Inanspruchnahme von Fördermitteln Zertifizierungen, Herstellungs-, Nutzungs- und Verwertungskosten, usw.
• usw.	.....

Bild 2.5 Normative Checkliste 2 für wertschöpfende Bedarfsplanung

Checkliste 3 - Informationen erfassen und auswerten	
Bemerkung	**Bemerkung und Beispiel**
Fakten sammeln und analysieren	
• usw.	.....

Checkliste 4 - Bedarfsplan erstellen	
Kategorien	**Bemerkung und Beispiel**
Ziele und Vorgaben	
• usw.	.....

Checkliste 5 - Bedarfsdeckung untersuchen und festlegen	
Kategorien	**Bemerkung und Beispiel**
Rahmenbedingungen	
• usw.	.....

Bild 2.6 Normative Checklisten 3 bis 5 für wertschöpfende Bedarfsplanung

2.2 Projektmanagement zur Wertschöpfung

Ein Projektmanagement mit vernetztem iterativem Management ist bei wertschöpfenden Instandhaltungen, Modernisierungen, Abbrüchen und Rückbauten konzeptionell für nachhaltige Bauwerkslebenszyklen von großer Bedeutung. Die DIN ISO 21 500 bietet Leitlinien zu den Begriffen und Prozessen des Projektmanagements, die auch für die wertschöpfende Durchführung von Instandhaltungen, Modernisierungen und Abbrüchen von Bedeutung sind und Auswirkungen darauf haben. Die Norm legt Leitlinien für das Projektmanagement fest und kann von Anwendern jeglicher Art auch auf nachhaltige Bauwerkslebenszyklen ungeachtet ihrer Komplexität, Größe oder Dauer angewendet werden. Weiterhin bietet die Norm eine allgemeine Beschreibung der Begriffe und Prozesse, die im Projektmanagement als bewährte Praxis gelten. Instandhaltungs-, Modernisierungs- und Abbruch-Projekte werden im Zusammenhang mit Programmen und Projektportfolios behandelt, allerdings bietet diese internationale Norm keine detaillierte Leitlinie für das Management von Programmen und Projektportfolios.

Ausgewählte Begriffe zum wertschöpfenden Projektmanagement

Vorgänge

Festgelegte Arbeitsaufgaben (Arbeitspaket) im Rahmen eines Plans, erforderlich für nachhaltige Bauwerkslebenszyklen.

Basispläne

Bezugsbasen für die Überwachung und das Controlling der Leistungserbringung in nachhaltigen Bauwerkslebenszyklen.

Änderungsanfragen

Dokumentationen, in denen eine vorgeschlagene Änderung des nachhaltigen Bauwerkslebenszyklus definiert wird.

Konfigurationsmanagement

Anwendung von Verfahren, um Dokumentationen, Spezifikationen und physische Merkmale zu steuern, miteinander zu korrelieren und zu aktualisieren.

Controlling

Vergleich der tatsächlichen mit den geplanten Daten, bei dem Abweichungen analysiert und gegebenenfalls geeignete Korrekturmaßnahmen und Vorbeugungsmaßnahmen ergriffen werden.

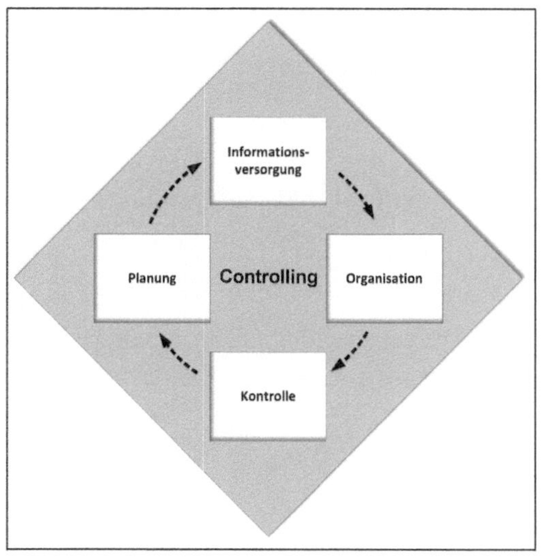

Bild 2.7 Controlling in nachhaltigen Bauwerkslebenszyklen

Korrekturmaßnahmen

Vorgabe und Vorgang zur Änderung der Leistungserbringung, um die Leistung mit dem Basisplan in Einklang zu bringen.

Kritische Pfade

Abfolge von seriellen Vorgängen, die den frühestmöglichen Termin für den Abschluss des Projekts oder der Projektphase in nachhaltigen Bauwerkslebenszyklen bestimmen.

Nachlaufzeiten

Merkmale in logischen Beziehungen, um den Beginn oder Abschluss eines Vorgangs aufzuschieben.

Vorlaufzeiten

Merkmale in logischen Beziehungen, um den Beginn oder Abschluss eines Vorgangs vorzuverlegen.

Vorbeugungsmaßnahmen

Vorgaben und Vorgänge zur Änderung der Leistungserbringung, um mögliche Leistungsabweichungen vom Basisplan zu verhindern oder zu verringern.

Projektlebenszyklen

Definierte Anzahl von Phasen von Instandhaltungs-, Modernisierungs- und Abbruch-Starts bis zu Instandhaltungs-, Modernisierungs- und Abbruch-Abschlüssen.

Risikoverzeichnisse

Dokumentationen der ermittelten Risiken, einschließlich der Ergebnisse der Risikoanalyse und der geplanten Maßnahmen zur Risikobewältigung.

Stakeholder/Projektumwelt

Person, Gruppe oder Organisation, die an irgendeinem Aspekt des nachhaltigen Bauwerkslebenszyklus interessiert ist oder diesen beeinflusst, davon betroffen ist oder sich davon betroffen fühlen kann.

Angebote

Dokumente in Form eines Angebots oder Kostenvoranschlags für die Lieferung eines Produkts, einer Dienstleistung oder Ergebnisses, das in der Regel auf eine Ausschreibung oder Anfrage hin übermittelt wird.

Projektstrukturplanbeschreibungen

Dokumente, in denen jedes Element des Projektstrukturplans beschrieben wird.

Projektmanagementmerkmale zur Wertschöpfung

Folgend werden Projektmanagementmerkmale beschrieben, die bei wertschöpfenden Instandhaltungs-, Modernisierungs- und Abbruch-Projekten in nachhaltigen Bauwerkslebenszyklen angewendet werden. Die Rahmen, in denen vorgenannte Projekte durchgeführt werden, werden ebenfalls normativ dargestellt. Bild 2.8 zeigt die Beziehungen zwischen den Projektmanagementmerkmalen.

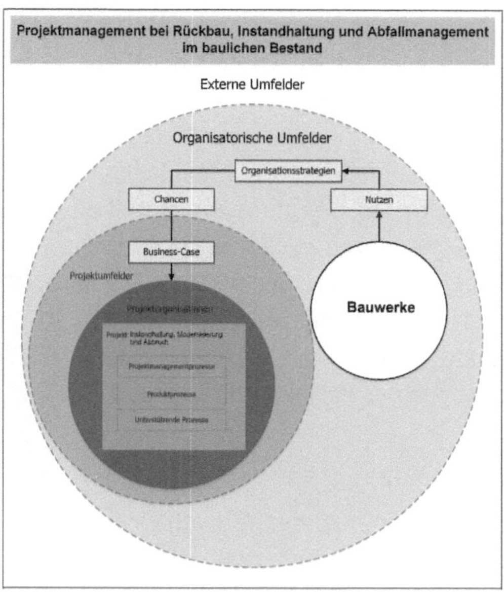

Bild 2.8 Übersicht über Projektmanagementmerkmale und ihre Beziehungen zueinander in nachhaltigen Bauwerkslebenszyklen

In der normativen Organisationsstrategie werden Chancen aufgezeigt, die bewertet und dokumentiert werden sollten. Ausgewählte Chancen werden weiter in einem Business Case oder in einer ähnlichen Dokumentation entwickelt und können zu einem oder mehreren Projekten führen, in denen Lieferobjekte erstellt werden. Aus den Lieferobjekten dieser Projekte kann Nutzen gezogen werden, der zur Verwirklichung und Weiterentwicklung der Organisationsstrategie beitragen kann.

Projektmerkmale

Projekte zu wertschöpfendem Instandhalten, Modernisieren und Abbrechen in nachhaltigen Bauwerkslebenszyklen bestehen aus einer Gruppe von Prozessen, die auf eine Zielsetzung ausgerichtete, koordinierte und gesteuerte Vorgänge mit Beginn- und Fertigstellungsterminen umfassen. Zur Erreichung der Projektziele ist die Bereitstellung von Objekten erforderlich, die spezifische Anforderungen erfüllen. Projekte der wertschöpfenden Instandhaltung, Modernisierung und des Abbruchs können mehreren Randbedingungen unterliegen.

Viele Instandhaltungs-, Modernisierungs- und Abbruch-Projekte weisen zwar Ähnlichkeiten auf, sind aber doch einzigartig. Unterschiede in Projekten können bedingt sein durch:

- erstellte Objekte,
- einflussnehmende Stakeholder,
- eingesetzte Ressourcen,
- Randbedingungen sowie
- die Art, wie Prozesse für die Erstellung der Lieferobjekte angepasst sind usw. Projekte haben einen konkreten Beginn und sind für gewöhnlich in Phasen unterteilt.

Projektmanagementmerkmale

Wertschöpfendes Projektmanagement ist in nachhaltigen Bauwerkslebenszyklen die Anwendung von nachhaltigen Methoden, Hilfsmitteln, Techniken und Kompetenzen in Projekten. Es umfasst das Zusammenwirken der verschiedenen Phasen der nachhaltigen Projektlebenszyklen. Wertschöpfendes Projektmanagement wird durch nachhaltige Prozesse umgesetzt. Die für ein bestimmtes Instandhaltungs-, Modernisierungs- und Abbruch-Projekt ausgewählten nachhaltigen Prozesse sollten aus systemischer Sicht aufeinander abgestimmt sein. Jeder Phase der nachhaltigen Projektlebenszyklen sollten spezifische Lieferobjekte zugeordnet sein. Diese Lieferobjekte sollten während des nachhaltigen Projektablaufes regelmäßig überprüft werden, um insbesondere Anforderungen des Projektauftraggebers, der Kunden und anderer Stakeholder zu erfüllen.

Organisationsstrategiemerkmale und Projekte

Organisationen legen grundsätzlich ihre Strategie insbesondere auf Grundlage ihres Leitbilds, ihrer Vision, ihrer Politik und Faktoren außerhalb ihrer Organisationsgrenzen fest. Häufig sind Projekte ein Mittel zur Erreichung strategischer Ziele. Ein Beispiel für Wertschöpfung von Projekten ist in Bild 2.9 dargestellt.

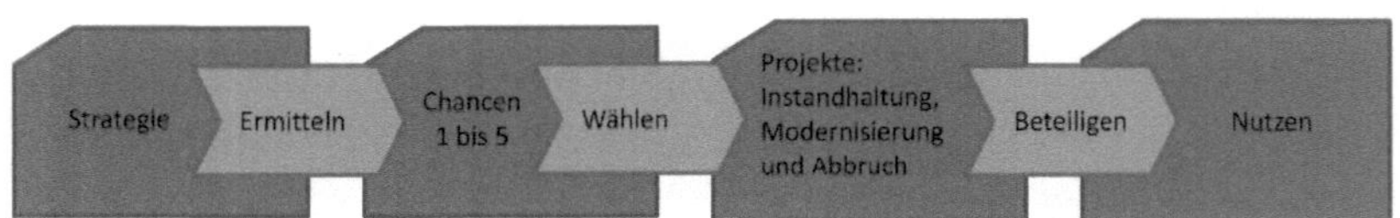

Bild 2.9 Beispiel für die Wertschöpfung bei Instandhaltung, Modernisierung und Abbruch

Strategische Ziele können richtungsweisend für das Erkennen und die Entwicklung von Chancen der Projekte bei Instandhaltung, Modernisierung und Abbruch in nachhaltigen Bauwerkslebenszyklen sein. Bei der Chancenauswahl werden verschiedene Faktoren abgewogen, zum Beispiel wie Wertschöpfung erzielt und Risiken beherrscht werden können. Ziel von wertschöpfenden Instandhaltungs-, Modernisierungs- und Abbruch-Projekten ist das Bereitstellen von messbarer Wertschöpfung, um zur Realisierung der ausgewählten Chancen beizutragen. Die Verwirklichung der Projekte trägt mittels der geforderten Lieferobjekte zur Erreichung der Projektziele bei. Die Projektziele werden erreicht, um die Wertschöpfung zu realisieren. Dies kann allerdings auch erst einige Zeit nach Erreichen der Projektziele der Fall sein.

Ermittlung von Chancen und Projektinitiierung

Chancen können bewertet werden, um fundierte Entscheidungen seitens des zuständigen Projektmanagements zu unterstützen. Machbare Projekte zu Instandhaltung, Modernisierung und Abbruch sollen identifiziert werden, die manche oder alle dieser Chancen in realisierte Wertschöpfung umwandeln. Diese Chancen können beispielsweise neue Nachfragen, aktueller Bedarf der nachhaltigen Bauwerkslebenszyklen oder neue rechtliche Anforderungen betreffen. Die Chancen werden häufig durch eine Reihe von Vorgängen bewertet, die zu formalen Genehmigungen von neuen Projekten führen. In nachhaltigen Bauwerkslebenszyklen sollten Projektauftraggeber benannt werden, die für die Projektziele und die erwartete Wertschöpfung aus diesen Projekten verantwortlich sind.

Die Ziele und die Wertschöpfung können zu einer Begründung für die Investition in die Projekte führen, z. B. in Form eines Business Case, was zur Priorisierung der einzelnen Chancen beitragen kann. Üblicherweise ist der Zweck dieser Begründung, die Zustimmung der Verantwortlichen und die Genehmigung für Investitionen in die ausgewählten Projekte zu erhalten. In solche normativen Bewertungsprozesse können mehrere Kriterien einfließen, einschließlich Verfahren der Investitionsrechnungen und qualitative Kriterien, z. B. strategische Ausrichtungen, soziale und ökologische Auswirkungen. Die Kriterien können sich projektbezogen unterscheiden.

Realisierung des Wertschöpfungs-Nutzen

Die Realisierung der Wertschöpfung von Instandhaltungs-, Modernisierungs- und Abbruch-Projekten liegt üblicherweise im Verantwortungsbereich derer, die die Wertschöpfung aus den Projektergebnissen gemäß ihren strategischen Zielen ziehen. Projektmanager sollten die Wertschöpfung und dessen Realisierung insoweit in Betracht ziehen, als diese die Entscheidungsfindung während der gesamten Projektlebenszyklen beeinflussen.

Projektumfelder

Projektumfelder können sich auf die Durchführung und den Erfolg von wertschöpfenden Instandhaltungs-, Modernisierungs- und Abbruch-Projekten auswirken. Projektteams sollten normativ insbesondere Folgendes in Erwägung ziehen:

- organisationsexterne Faktoren, z. B. sozioökonomische, geografische, politische, rechtliche, technologische und ökologische Faktoren sowie
- organisationsinterne Faktoren, z. B. Strategien, Technologien, Reifegrade des Projektmanagements, Verfügbarkeiten von Ressourcen, Organisationskulturen und -strukturen.

Organisationsexterne Faktoren

Organisationsexterne Faktoren können Auswirkungen auf wertschöpfende Instandhaltungs-, Modernisierungs- und Abbruch-Projekte in nachhaltigen Bauwerkslebenszyklen dadurch haben, indem Randbedingungen auferlegt werden oder Risiken auftreten, die die Projekte beeinflussen. Auch wenn diese Faktoren oftmals außerhalb des Einflussbereiches von Projektmanagern liegen, sollten sie dennoch berücksichtigt werden.

Organisationsinterne Faktoren

Wertschöpfende Instandhaltungs-, Modernisierungs- und Abbruch-Projekte werden oft in größeren Organisationen durchgeführt, zeitgleich mit anderen Vorgängen. In solchen Fällen bestehen Beziehungen zwischen den Projekten und ihren Umfeldern, der Unternehmensplanung und dem Betrieb. Zu den diesen den Projekten vor- und nachgelagerten Vorgängen können die Entwicklung des Business Case, die Durchführung von Machbarkeitsstudien und Überführungen in den Betrieb gehören. Projekte können in Programme und Projektportfolios eingebettet sein. Bild 2.10 veranschaulicht diese Beziehungen.

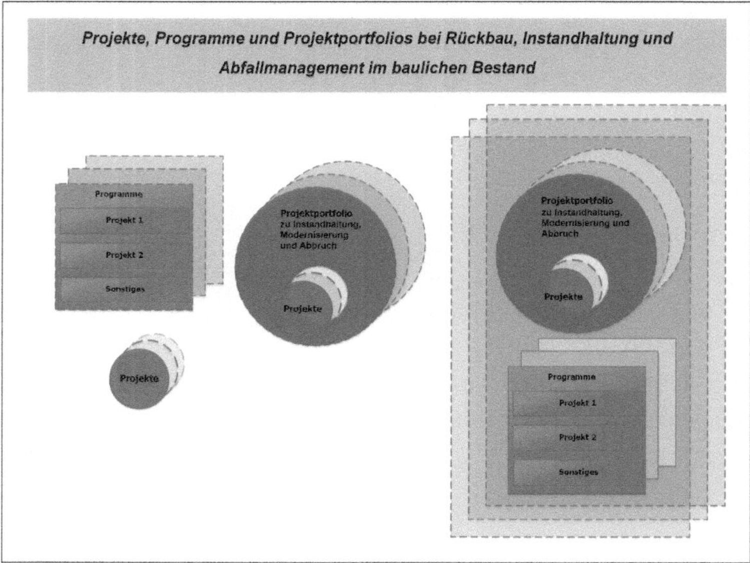

Bild 2.10 Projekte, Programme und Projektportfolios zu Instandhaltung, Modernisierung und Abbruch

Projektportfoliomanagement

Ein wertschöpfendes Projektportfoliomanagement zu nachhaltigen Bauwerkslebenszyklen besteht üblicherweise aus einer Anzahl von Instandhaltungs-, Modernisierungs- und Rückbau-Projekten und -Programmen sowie anderen Arbeiten, die zusammengefasst werden, um die wirkungsvolle Steuerung der Arbeiten zur Erreichung strategischer Ziele zu erleichtern. Wertschöpfendes Projektportfoliomanagement sorgt normativ für die zentralisierte Verwaltung eines oder mehrerer Projektportfolios und umfasst die Auswahl, die Priorisierung, die Genehmigung, die Koordination und das Controlling von Projekten, Programmen und anderen Arbeiten zur Erreichung spezifischer strategischer Ziele. Es kann wertschöpfend sein, die Ermittlung und Auswahl von Chancen sowie die Genehmigung und das Management von Projekten über ein Projektportfoliomanagementsystem durchzuführen.

Programmmanagement

Ein Programm ist üblicherweise eine Gruppe zusammenhängender Projekte und sonstiger Vorgänge, die auf strategische Ziele abgestimmt sind. Wertschöpfendes Programmmanagement umfasst zentralisierte und koordinierte Vorgänge zur Erreichung dieser Ziele.

Projekt-Governance

Die Governance bildet den Rahmen für die Führung und Steuerung einer Organisation bei wertschöpfendem Instandhalten, Modernisieren und Abbrechen. Ohne darauf beschränkt zu sein, umfasst die Projekt-Governance hier normativ Bereiche der Governance einer Organisation, die sich spezifisch auf Projektvorgänge in nachhaltigen Bauwerkslebenszyklen beziehen.

Eine wertschöpfende Projekt-Governance kann u. a. folgende Themen normativ beinhalten:

- Festlegung der Managementstruktur,
- anzuwendende Richtlinien, Prozesse und Methoden,
- Grenzen der Entscheidungsbefugnisse,
- Verantwortlichkeiten und Rechenschaftspflichten der Stakeholder sowie
- Interaktionen unter den Beteiligten usw.

Die Verantwortung für die Sicherstellung einer wertschöpfenden Projekt-Governance wird normativ entweder dem Projektauftraggeber oder einem Projektlenkungsausschuss übertragen.

Projekte und Betrieb

Ein Projektmanagement zu wertschöpfendem Instandhalten, Modernisieren und Abbrechen fügt sich in den Rahmen des nachhaltigen Bauwerkslebenszyklus-Managements ein. Projektmanagement unterscheidet sich von anderen Managementbereichen insbesondere durch den zeitlich begrenzten und einmaligen Charakter von Projekten.

In nachhaltigen Bauwerkslebenszyklen werden Arbeiten ausgeführt, um wertschöpfende Ziele zu erreichen. Im Prinzip können diese Arbeiten in betriebliche und projektspezifische Vorgänge unterteilt werden. Diese unterscheiden sich normativ in erster Linie dadurch:

- dass die betrieblichen Vorgänge von relativ stabilen Teams im Rahmen von laufenden, sich wiederholenden Prozessen ausgeführt werden und sich auf die Aufrechterhaltung der nachhaltigen Bauwerkslebenszyklen konzentrieren,
- dass Projekte von temporären Teams durchgeführt werden, sich nicht wiederholen und einzigartige Ergebnisse liefern.

Stakeholder und Projektorganisationen

Stakeholder von wertschöpfenden Instandhaltungs-, Modernisierungs- und Abbruch-Projekten, einschließlich der Projektorganisationen, sollten für erfolgreiche Abschlüsse der Projekte ausreichend detailliert beschrieben werden. Die Rollen und Verantwortlichkeiten der Stakeholder sollten auf der Grundlage der nachhaltigen Bauwerkslebenszyklen und der Projektziele festgelegt und kommuniziert werden. Typische Stakeholder von Projekten sind folgend dargestellt.

Die Beziehungen zu den Stakeholdern sollten innerhalb der Projekte über die Projektmanagementprozesse gestaltet werden. Projektverantwortlichkeiten sind zeitlich befristete Strukturen mit Projektrollen, Verantwortlichkeiten sowie Entscheidungsebenen und Abgrenzungen, die festgelegt und allen Stakeholdern der Projekte bekannt gegeben werden müssen. Projektorganisationen können von gesetzlichen, kommerziellen, abteilungsübergreifenden und anderen Vereinbarungen mit Stakeholdern der Projekte abhängen.

Verantwortliche Projektorganisationen können normativ folgende Rollen und Verantwortlichkeiten umfassen:

- Projektmanager führen und managen Projektvorgänge und sind für das Erreichen der Projektziele verantwortlich,
- Kernteams unterstützen die Projektmanager bei der Führung und dem Management von Projektvorgängen und die
- Projektteams führen Projektvorgänge aus.

Eine Projekt-Governance kann Folgendes normativ umfassen:

- Projektauftraggeber genehmigen Projekte, treffen wichtige Entscheidungen, lösen Probleme und schlichten Konflikte, die nicht von Projektmanagern bearbeitet werden können und
- Lenkungsausschüsse oder -kreise tragen durch hochrangige Beratung zu Projekten bei.

Bild 2.11 enthält auch einige weitere Stakeholder, wie z. B.:

- Bauherren, Eigentümer oder deren Vertreter, die durch die Spezifikationen der Projektanforderungen und die Abnahmen der Lieferobjekte zu Projekten beitragen,
- Lieferanten, die durch Bereitstellung von Ressourcen zu Projekten beitragen sowie
- Projektmanagement-Büros, die vielfältige Aufgaben, einschließlich Governance, Standardisierung, Weiterbildung im Projektmanagement sowie Projektplanungen und -überwachungen, übernehmen können.

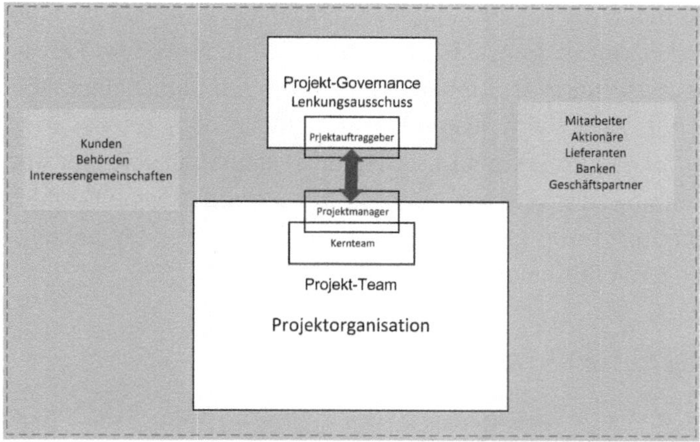

Bild 2.11 Stakeholder von wertschöpfenden Instandhaltungs-, Modernisierungs- und Abbruch-Projekten

Kompetenzen von Projektbeteiligten

Projektbeteiligte sollten Kompetenzen zu den Grundsätzen und Prozessen des Projektmanagements entwickeln, damit die Projektziele bei wertschöpfendem Instandhalten, Modernisieren und Abbrechen erreicht werden können. Für jedes Projektteam in nachhaltigen Bauwerkslebenszyklen sind kompetente Personen nötig, die ihr Wissen und ihre Erfahrung zur Fertigstellung mit Kompetenzniveaus des Projektteams einsetzen.

Mögliche Kategorien von Projektmanagementkompetenzen sind normativ:

- technische Kompetenzen zu strukturierten Durchführungen von Projekten, einschließlich der in der DIN ISO 21 500 definierten Projektmanagement-Terminologien, -Begriffe und -Prozesse,
- verhaltensbezogene Kompetenzen im Zusammenhang mit persönlichen Beziehungen innerhalb von festgelegten Projektgrenzen sowie
- kontextbezogene Kompetenzen im Zusammenhang mit dem Management der Projekte innerhalb der Organisationsumfelder sowie der externen Umfelder.

Kompetenzen sollten ständig organisationsintern oder organisationsextern, weiterentwickelt werden.

Projektlebenszyklen

Projekte werden für gewöhnlich in Abhängigkeit von Governance- und Controlling-Erfordernissen in Phasen unterteilt. Diese Phasen sollten logische Abfolgen mit Beginn und Ende folgen und Ressourcen zu wertschöpfendem Instandhalten, Modernisieren und Abbrechen in nachhaltigen Bauwerkslebenszyklen nutzen.

Um Projekte während der gesamten Projektlebenszyklen effizient zu leiten und zu steuern, sollte in jeder Phase eine Reihe von Vorgängen durchgeführt werden. Projektphasen werden zusammen als der Projektlebenszyklus bezeichnet. Projektlebenszyklen erstrecken sich vom Beginn der Projekte bis zu deren Ende. Phasen werden durch Entscheidungspunkte als Meilensteine, die sich unterscheiden können, voneinander getrennt. Entscheidungspunkte erleichtern die Projekt-Governance. Bis zum Ende der letzten Projektphase sollten alle Leistungen geleistet worden sein. Zum Management von Projekten während der gesamten Lebenszyklen sollten Projektmanagementprozesse für die gesamten Projekte oder für einzelne Phasen, für jedes Team oder Teilprojekt eingesetzt werden.

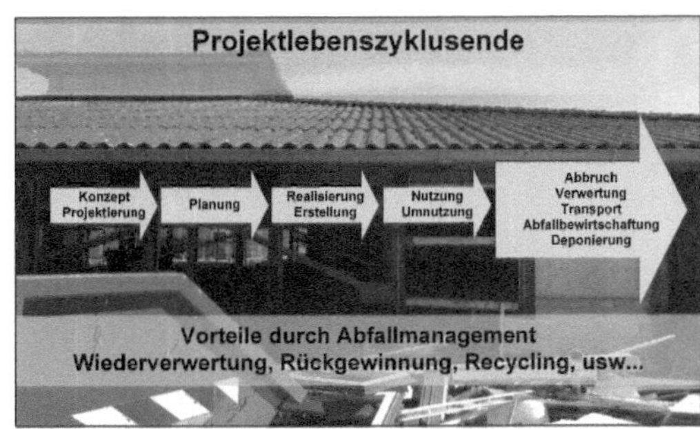

Bild 2.12 Projektlebenszyklusende bei der Modernisierung Mensa Hochschule Hannover

Projektrandbedingungen

Es gibt mehrere Arten von Randbedingungen bei wertschöpfenden Instandhaltungs-, Modernisierungs- und Abbruch-Projekten und da diese häufig in Wechselwirkungen zueinanderstehen ist es wichtig, dass Projektmanager die einzelnen Randbedingungen gegeneinander abwägen.

Die gelieferten Instandhaltungs-, Modernisierungs- und Abbruch-Leistungen in nachhaltigen Bauwerkslebenszyklen sollten die Anforderungen erfüllen und im Einklang mit den Randbedingungen wie z. B. Projektumfänge, Qualitäten, Termine, Ressourcen, Kosten, Nutzungsgerechtigkeit usw. stehen.

Die Randbedingungen beeinflussen sich gegenseitig, sodass Änderungen bei einer Randbedingung Auswirkungen auf eine oder mehrere andere Randbedingungen haben kann. Somit können sich die Randbedingungen auf die im Rahmen der Projektmanagementprozesse getroffenen Entscheidungen auswirken. Ein Konsens unter den zentralen Stakeholdern der Projekte über die Randbedingungen bildet ein solides Fundament für Projekterfolge.

Projektrandbedingungen können normativ sein:

- Dauer oder Abschlusstermine der Projekte,
- Verfügbarkeit von Projektbudgets,
- Verfügbarkeit von Ressourcen für Projekte, wie Mitarbeiter, Einrichtungen, Zeiten, Ausrüstungen, Materialien, Infrastrukturen, Werkzeuge und sonstige Mittel, die für die Durchführung der Projektvorgänge in Bezug auf die Projektanforderungen erforderlich sind,

- mit der Gesundheit und Sicherheit von Personen zusammenhängende Faktoren,
- Höhe des akzeptierbaren Risikos,
- potenzielle soziale oder umweltbezogene Auswirkungen der Projekte,
- Gesetze, Vorschriften und sonstige rechtliche Anforderungen.

Beziehungen zwischen Begriffen und Prozessen des wertschöpfenden Projektmanagements

Wertschöpfendes Projektmanagement erfolgt durch wertschöpfende Prozesse bei Instandhaltung, Modernisierung und Abbruch in nachhaltigen Bauwerkslebenszyklen. Prozesse bestehen aus einer Reihe von zusammenhängenden Vorgängen. In Projekten angewandte Prozesse werden normativ in drei Hauptgruppen eingeteilt:

- Projektmanagementprozesse, die für das Projektmanagement spezifisch sind und bestimmen, wie die für die Projekte ausgewählten Vorgänge geleitet und gesteuert werden,
- Produktprozesse, die nicht nur im Projektmanagement eingesetzt werden, zur Spezifikation und Bereitstellung bestimmter Produkte, Dienstleistungen oder Ergebnisse führen und je nach den jeweiligen Lieferobjekten variieren sowie
- unterstützende Prozesse, die nicht nur im Projektmanagement eingesetzt werden und die eine wesentliche und wertvolle Hilfestellung für Produkt- und Projektmanagementprozesse in Bereichen wie Logistik, Finanzen, Buchführung und Sicherheit bieten.

Zu beachten ist bei wertschöpfendem Instandhalten, Modernisieren und Abbrechen, dass sich Produktprozesse, unterstützende Prozesse und Projektmanagementprozesse während der gesamten Projekte überschneiden können und in Wechselbeziehungen zueinanderstehen.

Projektmanagementprozesse zur Wertschöpfung

Projektmanagementprozesse sind für wertschöpfendes Instandhalten, Modernisieren und Abbrechen in allen nachhaltigen Bauwerkslebenszyklen geeignet. Projektmanagement zur Wertschöpfung erfordert erhebliche Koordinierungsarbeiten und somit eine entsprechende Abstimmung und Verknüpfung aller Prozesse mit anderen Prozessen. Einige Prozesse sind möglicherweise wiederholt durchzuführen, um die Anforderungen der Beteiligten zu definieren und zu erfüllen und eine Einigung über die Projektziele zu erreichen. Es wird empfohlen, zusammen mit ausgewählten Stakeholdern der Projekte die Prozesse sorgfältig zu prüfen und sie für die Projekte und die organisatorischen Erfordernisse angemessen anzuwenden.

Die Prozesse brauchen nicht auf alle Projekte oder alle Projektphasen einheitlich angewandt werden. Daher sollten Projektmanager die Managementprozesse auf jedes Projekt oder jede Projektphase abstimmen, indem sie bestimmten, welche Prozesse geeignet sind und in welcher Ausprägung jeder Prozess durchzuführen ist. Diese Abstimmung sollte gemäß den relevanten nachhaltigen Bauwerkslebenszyklen erfolgen. Um ein Instandhaltungs-, Modernisierungs- und Abbruch-Projekt wertschöpfend abzuschließen, sollten insbesondere folgende normative Handlungen durchgeführt werden:

- geeignete Prozesse auswählen, die zur Erreichung der Projektziele erforderlich sind,
- definierten Ansatz für die Entwicklung oder Anpassung der Produktspezifikationen und Pläne anwenden, um den Zielsetzungen und Anforderungen der Projekte zu entsprechen,
- Anforderungen einhalten, um Projektauftraggeber, Ausführende und andere Stakeholder zufriedenzustellen,
- Projektumfänge innerhalb der Randbedingungen abgrenzen und bearbeiten, während auf die Projektrisiken und den Ressourcenbedarf für die Erstellung der Lieferobjekte Bedacht genommen wird sowie
- eine angemessene Unterstützung durch jede mitwirkende Organisation, einschließlich der Zufriedenheit der Beteiligten und der Projektauftraggeber, erreichen.

Prozess- und Themengruppen zur Wertschöpfung

Projektmanagementprozesse zu wertschöpfendem Instandhalten, Modernisieren und Abbrechen in nachhaltigen Bauwerkslebenszyklen können aus zwei unterschiedlichen Perspektiven normativ betrachtet werden:

- als Prozessgruppen für das Management der Projekte sowie
- als Themengruppen für die Anordnung der Prozesse nach Thema.

Diese beiden unterschiedlichen Einteilungen werden folgend dargestellt.

Prozessgruppen zur Wertschöpfung

Jede Prozessgruppe zur Wertschöpfung umfasst Prozesse, die in jeder Projektphase oder jedem Projekt zu Instandhaltung, Modernisierung und Abbruch anwendbar sind. Diese Prozesse stehen in Wechselwirkungen zueinander. Die Prozessgruppen sind unabhängig vom Fachgebiet oder von Branchen. Die in der Norm im Anhang dargestellten Wechselwirkungen stellen eine mögliche logische Ansicht der Prozesse dar. Jeder Prozess kann sich wiederholen.

Prozessgruppe „Initiierung“

Die Initiierungsprozesse dienen zum Starten einer Projektphase oder eines Projekts, zur Definition der Projektphase oder von Projektzielsetzungen und zur Beauftragung des Projektmanagers, mit den Projektarbeiten beim wertschöpfenden Instandhalten, Modernisieren und Abbrechen zu beginnen.

Projektmanagementprozesse nach Prozess- und Themengruppen					
Themengruppen	Prozessgruppen				
	Initiierungen	Planungen	Umsetzungen	Controlling	Abschlüsse
Integrationen	Bedarfsplanung Erstellen der Projektaufträge	Erstellen der Projektpläne	Koordinieren der Projektarbeiten	▶ Controlling der Projektarbeiten ▶ Controlling von Änderungen	▶ Abschließen von Projektphasen oder der Projekte ▶ Sammeln der Lessons learned
Stakeholder	Ermitteln der Stakeholder		Stakeholdermanagement		
Leistungsumfänge		▶ Definieren der Leistungsumfänge ▶ Erstellen der Projektstrukturpläne ▶ Definieren der Vorgänge		Leistungscontrolling	
Ressourcen	Zusammenstellen der Projektteams	▶ Schätzen der Ressourcenbedarfe ▶ Festlegen der Projektorganisationen	Weiterentwickeln der Projektteams	▶ Controlling der Ressourcen ▶ Management der Projektteams	
Termine		▶ Festlegen der Abfolge von Arbeitspaketen und Aktivitäten ▶ Schätzen der Dauer von Arbeitspaketen und Aktivitäten ▶ Erstellen der Terminpläne		Termincontrolling	
Kosten		▶ Schätzen der Kosten ▶ Erstellen des Projektbudgets		Kostencontrolling	
Risiko		▶ Ermitteln der Risiken ▶ Risikobewertung	Risikobehandlung	Risikocontrolling	
Qualität		Qualitätsplanungen	Qualitätssicherungen	Qualitätskontrollen	
Beschaffungen		Planen der Beschaffungen	Auswählen von Lieferanten	Steuern der Beschaffungen	
Kommunikationen		Planen der Kommunikationen	Bereitstellen von Informationen	Kommunikationsmanagement	

Bild 2.13 Projektmanagementprozesse nach Prozess- und Themengruppen

Prozessgruppe „Planung“

Planungsprozesse von wertschöpfendem Instandhalten, Modernisieren und Abbrechen dienen zur Entwicklung von Planungsdetails. Diese Details sollten ausreichend sein, um die Basispläne, die Ausgangspunkte für die Projektumsetzungen bilden und anhand derer die Leistungserbringungen in Projekten gemessen und gesteuert werden können, festzulegen.

Prozessgruppe „Umsetzung“

Umsetzungsprozesse dienen zur Durchführung der Projektmanagementvorgänge und zur Unterstützung bei den erfolgreichen Leistungen wertschöpfenden Instandhaltens, Modernisierens und Abbrechen gemäß den Projektplänen.

Prozessgruppe „Controlling"

Controlling-Prozesse dienen zur Überwachung, Messung und Steuerung der Leistungserbringung gemäß den Projektplänen zum wertschöpfenden Instandhalten, Modernisieren und Abbrechen. Vorbeugungs- und Korrekturmaßnahmen können getroffen und Änderungsanfragen gestellt werden, um Projektziele zu erreichen.

Prozessgruppe „Abschluss"

Abschlussprozesse dienen zur formellen Feststellung, dass Projektphasen oder Projekte abgeschlossen sind und zur Ermittlung von Lessons Learned zur Berücksichtigung und Umsetzung.

Beziehungen und Wechselwirkungen zwischen Prozessgruppen des wertschöpfenden Projektmanagements

Das Management von wertschöpfenden Instandhaltungs-, Modernisierungs- und Abbruch-Projekten beginnt normativ mit der Prozessgruppe „Initiierung" und endet mit der Prozessgruppe „Abschluss". Die gegenseitigen Abhängigkeiten zwischen den Prozessgruppen erfordern, dass die Prozessgruppe „Controlling", wie folgend dargestellt, mit allen anderen Prozessgruppen zusammenwirkt. Selten sind Prozessgruppen in sich geschlossen oder werden nur einmal angewandt.

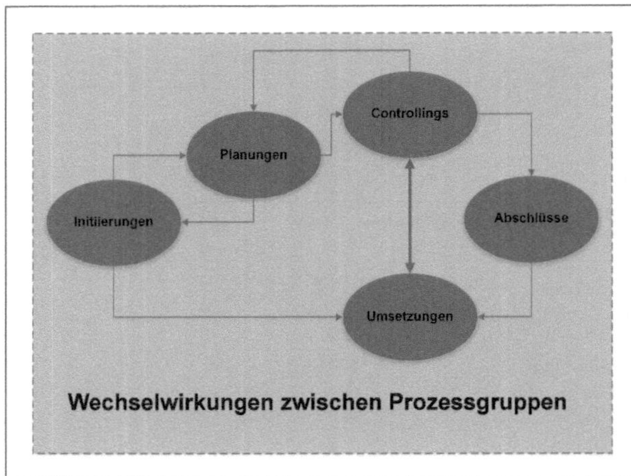

Bild 2.14 Wechselwirkungen zwischen Prozessgruppen beim wertschöpfenden Instandhalten, Modernisieren und Abbrechen in nachhaltigen Bauwerkslebenszyklen

Prozessgruppen werden üblicherweise in jeder Projektphase wiederholt, um ein wertschöpfendes Instandhaltungs-, Modernisierungs- oder Abbruch-Projekt zum Abschluss zu bringen. Alle oder nur einige der Prozesse innerhalb einer Prozessgruppe können für eine Projektphase erforderlich sein. Nicht alle dargestellten Wechselwirkungen werden bei allen Projektphasen oder allen Projekten zum Tragen kommen. In der Praxis laufen Prozesse innerhalb von Prozessgruppen häufig parallel ab, überschneiden sich und haben Wechselwirkungen, die nicht aufgeführt sind.

Bild 2.15 vertieft das vorangegangene Bild 2.14, indem die Wechselwirkungen zwischen den Prozessgruppen innerhalb der Projektgrenzen einschließlich der repräsentativen Inputs und Outputs der Prozesse innerhalb der Prozessgruppen dargestellt werden. Abgesehen von der Prozessgruppe „Controlling“ sind die verschiedenen Prozessgruppen über einzelne Prozesse aus der jeweiligen Prozessgruppe verknüpft. Es sind zwar Verbindungen zwischen der Prozessgruppe „Controlling“ und anderen Prozessgruppen eingezeichnet, aber die Prozessgruppe „Controlling“ kann als eigenständig betrachtet werden, da ihre Prozesse nicht nur zur Steuerung des gesamten Projekts, sondern auch der einzelnen Prozessgruppen eingesetzt werden.

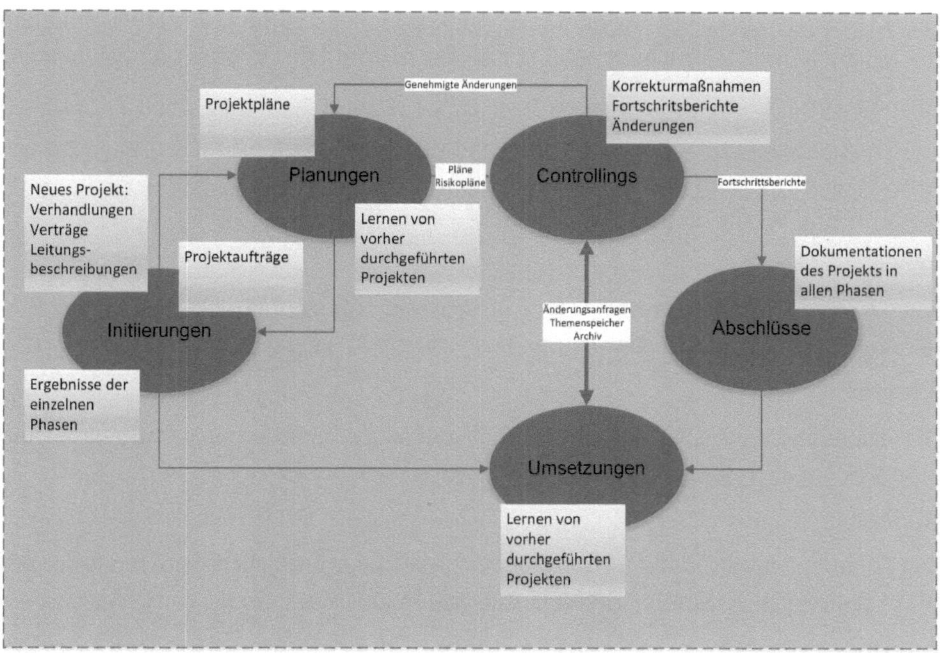

Bild 2.15 Wechselwirkungen zwischen den Prozessgruppen mit den wichtigsten Inputs und Outputs bei wertschöpfendem Instandhalten, Modernisieren und Abbrechen

Themengruppen

Themengruppen umfassen Prozesse, die in jeder Projektphase oder jedem wertschöpfendem Instandhaltungs-, Modernisierungs- oder Abbruch-Projekt anwendbar sind. Diese Prozesse stehen in Wechselwirkungen zueinander. Themengruppen sind unabhängig von Fachgebiet oder Branche. Im Anhang der DIN ISO 21 500 sind die Wechselwirkungen zwischen den einzelnen Prozessen in jeder Prozessgruppe mit einer Zuordnung zu den Themengruppen dargestellt. Dort sind aber nicht alle Prozess-Wechselwirkungen dargestellt. Jeder Prozess kann sich wiederholen.

Integration

Die Themengruppe „Integration“ umfasst Prozesse, die erforderlich sind, um die verschiedenen zu wertschöpfenden Instandhaltungs-, Modernisierungs- oder Abbruch-Projekten gehörigen Prozesse zu ermitteln, zu definieren, zu kombinieren, zu vereinheitlichen, zu koordinieren und abzuschließen.

Stakeholder

Die Themengruppe „Stakeholder“ umfasst normativ Prozesse beim wertschöpfenden Instandhalten, Modernisieren oder Abbrechen, die erforderlich sind, um Projektauftraggeber und andere Stakeholder zu ermitteln, zu leiten und zu lenken.

Leistungsumfänge

Die Themengruppe „Leistungsumfänge“ umfasst Prozesse, die erforderlich sind, um die Arbeiten und Lieferobjekte, und nur diese, zu ermitteln, zu leiten und zu lenken.

Ressourcen

Die Themengruppe „Ressourcen“ umfasst Prozesse, die erforderlich sind, angemessene Projektressourcen wie Personen, Einrichtungen, Geräte, Materialien, Infrastruktur und Werkzeuge zu ermitteln und zu beschaffen.

Termine

Die Themengruppe „Termine“ umfasst Prozesse zur zeitlichen Planung der Projektvorgänge und zur Überwachung der Fortschritte bezogen auf den Plan.

Kosten

Die Themengruppe „Kosten“ umfasst Prozesse zur Erstellung der Budgets und zum Kostencontrolling.

Risiken

Die Themengruppe „Risiken“ umfasst Prozesse, die erforderlich sind, um Gefahren und Chancen zu ermitteln, zu leiten und zu lenken.

Qualitäten

Die Themengruppe „Qualitäten“ umfasst Prozesse, die erforderlich sind, um die Qualitätssicherung und -kontrolle zu planen und aufzubauen.

Beschaffungen

Die Themengruppe „Beschaffungen“ umfasst Prozesse, die erforderlich sind, um Produkte, Dienstleistungen oder Ergebnisse zu planen und zu erwerben sowie die Lieferantenbeziehungen zu leiten und zu lenken.

Kommunikationen

Die Themengruppe „Kommunikationen“ umfasst Prozesse, die erforderlich sind, um die für Rückbau-, Instandhaltungs- oder Abfallmanagement-Projekte relevanten Informationen zu planen, zu leiten und zu lenken sowie zu verteilen.

Wertschöpfende Prozesse

In diesem Abschnitt der DIN ISO 21 500 werden für jeden Projektmanagementprozess der Zweck, eine Beschreibung und die primären Inputs und Outputs aufgeführt.

Jeder Prozess kann wiederholt werden, um einen Output dieses Prozesses zu aktualisieren. Einige projektbezogene Prozesse können über eine Organisationsrichtlinie, ein Programm, ein Projektportfolio oder sonstige derartige Mittel außerhalb der Projektgrenzen ablaufen.

Obwohl es im Ermessen der jeweiligen Verantwortlichen liegt, ob solche Prozesse im Rahmen von wertschöpfenden Instandhaltungs-, Modernisierungs- oder Abbruch-Projekten oder außerhalb durchgeführt werden, gelten für den Zweck der DIN ISO 21 500 normativ folgende Annahmen:

- Projekte beginnen, wenn durchführende Beteiligte die Prozesse abgeschlossen haben, die erforderlich sind, neue Projekte in Auftrag zu geben.
- Projekte enden vor Gewährleistung, wenn die Lieferobjekte abgenommen oder Projekte vorzeitig abgebrochen wurden und wenn die gesamten Projektdokumentationen übergeben und alle abschließenden Vorgänge fertiggestellt wurden.

Die Prozesse werden in dieser internationalen Norm als getrennte Elemente mit klar definierten Schnittstellen dargestellt. In der Praxis überschneiden sie sich und stehen miteinander in Wechselwirkung, was dazu führt, dass dies in dieser Internationalen Norm nicht umfassend dargestellt werden kann.

Wertschöpfende Instandhaltungs-, Modernisierungs- und Abbruch-Projekte können in Abhängigkeit von Faktoren wie den zu erreichenden Zielsetzungen, Risiken, Größe, Zeitrahmen, Erfahrungen des Projektteams, Verfügbarkeit von Ressourcen, Umfang von Informationen aus der Vergangenheit, Reifegrad der Organisation im Projektmanagement sowie für die Branche und das Fachgebiet spezifische Anforderungen auf mehr als eine Art und Weise in nachhaltigen Bauwerkslebenszyklen gemanagt werden.

Erstellung von Projektaufträgen

Das Erstellen von Projektaufträgen hat normativ den Zweck:

- Projekte oder neue Projektphasen formell zu genehmigen,
- Projektmanager und ihre Verantwortlichkeiten und Befugnisse festzulegen sowie
- geschäftliche Erfordernisse, Zielsetzungen der Projekte, erwartete Lieferobjekte und die wirtschaftlichen Aspekte der Projekte zu dokumentieren.

Projektaufträge verknüpfen die wertschöpfenden Instandhaltungs-, Modernisierungs- und Abbruch-Projekte mit den strategischen Zielsetzungen der Organisationen und sollten etwaige einschlägige Spezifikationen, Verpflichtungen, Annahmen und Randbedingungen beinhalten.

Die primären Inputs und Outputs sind in Tabelle 2.1 normativ dargestellt.

Tabelle 2.1 Projektaufträge der Bauwerksplanung

Primäre Inputs	Primäre Outputs
▪ Leistungsbeschreibungen ▪ Verträge ▪ Business Cases oder Dokumentationen aus Vorprojektphasen	▪ Projektaufträge

Erstellung von Projektplänen

Die Erstellung von Projektplänen hat den Zweck, Folgendes normativ zu dokumentieren:

- weshalb Projekte durchgeführt werden,
- was von wem erarbeitet wird,
- wie es bereitgestellt wird,
- was dies kostet,
- wie und wann das Projekt umzusetzen, zu steuern und abzuschließen ist.

Zu Projektplänen gehören normativ der Projektplan und der Projektmanagementplan. Diese Pläne können in getrennten Dokumenten enthalten sein oder zu einem Dokument zusammengefasst werden, sollten aber in jedem der beiden Fälle die Leistungsumfänge, Zeitvorgaben, Kosten und sonstige relevante Themen abdecken.

Projektmanagementpläne sind ein Dokument oder eine Reihe von Dokumenten, worin festgelegt wird, wie das wertschöpfende Instandhaltungs-, Modernisierungs- oder Abbruch-Projekt durchgeführt, überwacht und gesteuert wird. Sie können auf gesamte Projekte oder über untergeordnete Pläne, z. B. Risiko- oder Qualitätsmanagementpläne, auf bestimmte Teile der Projekte angewandt werden. In der Regel definieren Projektmanagementpläne die Rollen, die Verantwortlichkeiten, die Organisationen und die Verfahren für das Management von Risiken und Problemen, das Controlling von Änderungen, die Terminplanung, die Kostenplanung, die Kommunikation, das Konfigurationsmanagement, die Qualität, den Gesundheitsschutz, den Umweltschutz, die Sicherheit und gegebenenfalls sonstige Themen. Projektpläne enthalten Basispläne für die Durchführung der Projekte, z. B. in Bezug auf Leistungsumfang, Qualität, Terminplan, Kosten, Ressourcen und Risiken. Projektpläne sollten in sich konsistent und vollständig sein. Weiterhin sollten Projektpläne die Outputs aller relevanten Projektplanungsprozesse und die Aktionen aufführen, die zum Festlegen, Zusammenführen und Koordinieren aller angemessenen Maßnahmen zur Umsetzung, zum Controlling und Abschließen der wertschöpfenden Instandhaltungs-, Modernisierungs- oder Abbruch-Projekte erforderlich sind. Der Inhalt von Projektplänen variiert je nach Fachgebiet und Komplexität der Projekte.

In Abstimmung mit den entsprechenden Stakeholdern der Projekte können die die Projekte Durchführenden nach eigenem Ermessen entscheiden, die Projektpläne entweder als detaillierte oder als übergeordnete Dokumente mit Verweisen auf spezifische untergeordnete Pläne, z.B. Projektleistungsplanungen oder Terminplanungen, auszuarbeiten. Falls übergeordnete Dokumente verwendet werden, sollte darin beschrieben werden, wie das Management der einzelnen untergeordneten Pläne zusammengeführt und koordiniert wird.

Projektpläne sollten während der gesamten Projekte stets aktualisiert und den entsprechenden Stakeholdern übermittelt werden. Es können allerdings zu Beginn auch Übersichtspläne erstellt werden, die dann in diesem Prozess zunehmend ausgearbeitet werden, sodass von den anfänglichen groben Festlegungen für die Leistungsumfänge, Budgets, Ressourcen, Terminpläne und sonstige Punkte zu detaillierteren und genauer zugewiesenen Arbeitspaketen gelangt wird. Diese Arbeitspakete sorgen für das nötige Maß an Übersicht für Management und Controlling entsprechend dem mit dem Projekt verbundenen Risiko. Die primären Inputs und Outputs sind in Tabelle 2.2 dargestellt.

Tabelle 2.2 Projektpläne der Bauwerksplanung

Primäre Inputs	Primäre Outputs
▪ Projektaufträge ▪ untergeordnete Pläne ▪ „Lessons Learned" aus früheren Projekten ▪ Business Case ▪ genehmigte Änderungen	▪ Projektpläne ▪ Projektmanagementpläne

Koordinationen der Projektarbeiten

Koordinationen von Projektarbeiten bei wertschöpfendem Instandhalten, Modernisieren und Abbrechen haben den Zweck, die Durchführung der Arbeiten gemäß den Projektplänen so zu steuern, dass die vereinbarten Objekte erstellt werden. Das Koordinieren der Projektarbeiten ist die Managementschnittstelle zwischen Projektauftraggeber, Projektmanager, Kern- und Projektteam, die die Integration der vom Projektteam geleisteten Arbeit in die nachfolgende Projektarbeit oder in die nachhaltigen Bauwerkslebenszyklen ermöglicht.

Projektmanager sollten die Durchführung der geplanten Projektvorgänge steuern und die verschiedenen fachlichen, administrativen und organisatorischen Schnittstellen innerhalb der Projekte wertschöpfend leiten und lenken. Lieferobjekte resultieren aus der Gesamtheit der Prozesse, die gemäß den Festlegungen der Projektpläne ausgeführt werden. Informationen über den Status der Lieferobjekte werden gesammelt. Die primären Inputs und Outputs sind in Tabelle 2.3 dargestellt.

Tabelle 2.3 Projektarbeiten der Bauwerksplanung

Primäre Inputs	Primäre Outputs
▪ Projektpläne ▪ genehmigte Änderungen	▪ Daten über Projektfortschritte ▪ Themenspeicher zur Nachhaltigkeit ▪ „Lessons Learned“

Controlling von Projektarbeiten

Controlling von Projektarbeiten hat den Zweck, Projektvorgänge entsprechend den Projektplänen vollständig zum Abschluss zu bringen. Diese Prozesse sollten während der wertschöpfenden Instandhaltungs-, Modernisierungs- oder Abbruch-Projekte ausgeführt werden, umfassen Messungen zum Projektfortschritt, Bewertungen von Messergebnissen und Trends mit möglichen Auswirkungen auf die Verbesserung von Prozessen sowie das Einleiten von Prozessänderungen zu Leistungsverbesserungen. Durch ständige Anwendungen dieser Prozesse erhalten die Stakeholder der Projekte, einschließlich der Projektauftraggeber, Projektmanager, Kernteams und Projektteams, eine genaue und aktuelle Beschreibung der Projektfortschritte. Die primären Inputs und Outputs sind in Tabelle 2.4 dargestellt.

Tabelle 2.4 Controlling von Projektarbeiten der Bauwerksplanung

Primäre Inputs	Primäre Outputs
▪ Projektpläne ▪ Daten über Projektfortschritte ▪ Qualitätsmessungen ▪ Risikoverzeichnisse ▪ Themenspeicher	▪ Änderungsanfragen ▪ Fortschrittsberichte ▪ Projektabschlussberichte

Controlling von Änderungen

Controlling von Änderungen hat den Zweck, Änderungen an Projekten und an den Lieferobjekten beim wertschöpfenden Instandhalten, Modernisieren und Abbrechen zu steuern und vor der Umsetzung für die formelle Annahme oder Ablehnung dieser Änderungen zu sorgen. Es ist während der gesamten Projekte notwendig, Änderungsanfragen in Änderungsverzeichnissen zu erfassen, diese im Hinblick auf Nutzen, Leistungsumfänge, Ressourcen, Zeitaufwände, Kosten, Qualität und Risiko zu analysieren, ihre Auswirkungen zu bewerten und sie vor der Umsetzung genehmigen zu lassen. Änderungsanfragen können in Bezug auf Folgenabschätzungen geändert oder sogar zurückgezogen werden. Bei Genehmigung von Änderungen sollte die Entscheidung allen relevanten Stakeholdern zur Umsetzung, einschließlich zur entsprechenden Aktualisierung der Projektdokumentation, mitgeteilt werden. Änderungen an den Lieferobjekten sollten über Verfahren wie z. B. Konfigurationsmanagement kontrolliert werden. Die primären Inputs und Outputs sind in Tabelle 2.5 dargestellt.

Tabelle 2.5 Controlling von Änderungen der Bauwerksplanung

Primäre Inputs	Primäre Outputs
▪ Projektpläne ▪ Änderungsanfragen	▪ genehmigte Änderungen ▪ Änderungsverzeichnisse

Abschließen von wertschöpfenden Projektphasen oder Projekten

Das Abschließen von Projektphasen oder der Projekte zu wertschöpfendem Instandhalten, Modernisieren und Abbruch hat den Zweck, die Fertigstellung aller Prozesse und Vorgänge der Projekte zu bestätigen, um Projektphasen oder Projekte zu beenden. Fertigstellungen aller Prozesse und Vorgänge sollten überprüft werden, um sicherzustellen, dass die Projektphasen oder Projekte die Lieferobjekte im Bestand bereitgestellt haben und spezifische Projektmanagementprozesse entweder abgeschlossen oder vor Fertigstellung abgebrochen wurden. Projektdokumente sollten gesammelt und gemäß den geltenden Vorgaben archiviert werden, und alle Projektmitarbeiter und Ressourcen sollten freigegeben werden.

Es kann erforderlich sein, Projekte vor Fertigstellung abzubrechen, wenn die Lieferobjekte nicht mehr benötigt werden oder wenn sich herausstellt, dass einige oder alle Ergebnisse nicht erreicht werden können. Abgesehen von Sonderfällen sollten beim Abbruch von Projekten dieselben Vorgänge ausgeführt werden wie bei regulären Abschlüssen. Die gesamte Dokumentation zu abgebrochenen Projekten sollte ebenfalls gemäß den normativen Vorgaben gesammelt und archiviert werden. Die primären Inputs und Outputs sind in Tabelle 2.6 dargestellt.

Tabelle 2.6 Abschließen von Projektphasen oder Projekten der Bauwerksplanung

Primäre Inputs	Primäre Outputs
▪ Fortschrittsberichte ▪ Vertragsdokumentationen ▪ Projektabschlussberichte	▪ erfolgte Beschaffungen ▪ Abschlussbericht für Projekte oder Projektphasen ▪ freigegebene Ressourcen

Sammlung von Lessons Learned

Das Sammeln von Lessons Learned hat den Zweck, Projekte zu evaluieren und Erfahrungen zusammenzutragen, von denen laufende und künftige Projekte profitieren können.

Während der wertschöpfenden Instandhaltungs-, Modernisierungs- oder Abbruch-Projekte ermitteln die Projektteams und zentrale Stakeholder Lehren im Hinblick auf die fachlichen, administrativen und prozessbezogenen Aspekte. Lessons Learned sollten während der gesamten Projekte erfasst, aufbereitet, formalisiert, gespeichert, verteilt und genutzt werden. Ab einer gewissen Stufe können somit die aus den Projekten gezogenen Lehren bei jedem Projektmanagementprozess als Output auftreten und zur Aktualisierung der Projektpläne führen.

Ermittlung von Stakeholdern

Das Ermitteln von Stakeholdern hat normativ den Zweck, Personen, Gruppen oder Organisationen zu bestimmen, die von Projekten betroffen sind oder die Projekte beeinflussen, und relevante Informationen zu ihren Interessen und ihrer Beteiligung zu dokumentieren. Stakeholder können aktiv in die Projekte eingebunden werden, können bezogen auf Projekte intern oder extern sein und können sich auf unterschiedlichen Entscheidungsebenen befinden. Die primären Inputs und Outputs sind in Tabelle 2.7 dargestellt.

Tabelle 2.7 Ermittlung von Stakeholdern bei der Bauwerksplanung

Primäre Inputs	Primäre Outputs
▪ Projektaufträge ▪ Projektorganigramme	▪ Stakeholder-Verzeichnisse

Stakeholdermanagement

Stakeholdermanagement hat normativ den Zweck, Bedürfnissen und Erwartungen seitens der Stakeholder mit angemessenem Verständnis und mit Aufmerksamkeit zu begegnen. Diese Prozesse umfassen Vorgänge wie das Ermitteln der Anliegen der Stakeholder und das Lösen von Problemen. Diplomatisches Geschick und Taktgefühl sind bei Verhandlungen mit Stakeholdern von wesentlicher Bedeutung. Wenn es Projektmanagern nicht möglich ist, Probleme im Zusammenhang mit den Stakeholdern zu lösen, kann es notwendig sein, Probleme in Abstimmung mit den Projektorganisationen an höhere Instanzen zu verweisen oder Unterstützung von Außenstehenden in Anspruch zu nehmen. Es sollte eine detaillierte Analyse der Stakeholder und ihrer potenziellen Auswirkungen auf die wertschöpfenden Instandhaltungs-, Modernisierungs- oder Abbruch-Projekte durchgeführt werden, damit Projektmanager Nutzen aus ihren Beiträgen zu Projekten ziehen können. Aus vorgenannten Prozessen können Stakeholder-Managementpläne mit Prioritätensetzungen entwickelt werden. Die primären Inputs und Outputs sind in Tabelle 2.8 dargestellt.

Tabelle 2.8 Stakeholdermanagement bei der Bauwerksplanung

Primäre Inputs	Primäre Outputs
▪ Stakeholder-Verzeichnisse ▪ Projektpläne	▪ Änderungsanfragen

Definieren von Leistungsumfängen

Das Definieren von Leistungsumfängen hat normativ den Zweck, Klarheit über die Leistungsumfänge der wertschöpfenden Instandhaltungs-, Modernisierungs- oder Abbruch-Projekte, einschließlich der Zielsetzungen, Lieferobjekte, Anforderungen und Grenzen, zu schaffen, indem der Status am Projektende festgelegt wird. Es zeigt auf, welche Beiträge Projekte zu den strategischen Zielen der Organisationen leisten. Beschreibungen der Leistungsumfänge, in der auch die Projektziele aufgeführt sind und die in die Projektplanungen aufgenommen werden, sollte als Grundlage für künftige Projektentscheidungen sowie für die Vermittlung der Bedeutung der Projekte und des Nutzens aus der erfolgreichen Durchführung der Projekte verwendet werden. Die primären Inputs und Outputs sind in Tabelle 2.9 dargestellt.

Tabelle 2.9 Definieren von Leistungsumfängen der Bauwerksplanung

Primäre Inputs	Primäre Outputs
▪ Projektaufträge ▪ genehmigte Änderungen	▪ Beschreibungen der Leistungsumfänge ▪ Anforderungen

Erstellung von Projektstrukturplänen

Das Erstellen von Projektstrukturplänen zu wertschöpfendem Instandhalten, Modernisieren oder Abbrechen für nachhaltige Bauwerkslebenszyklen hat normativ den Zweck, hierarchisch gegliederte Darstellungen der zur Erreichung der Projektziele auszuführenden Arbeiten zu schaffen. Projektstrukturpläne bilden den Rahmen für die Unterteilung der Projektarbeiten in kleinere und somit besser handhabbare Aufgaben oder Arbeitspakete. Sie können zum Beispiel nach Projektphasen, zentralen Lieferobjekten, Fachbereichen und Standorten aufgeschlüsselt sein. Auf jeder tieferen Stufe der Projektstrukturpläne werden die Projektarbeiten zunehmend detaillierter beschrieben. Es ist möglich, andere hierarchische Strukturen für die methodische Bewertung der Elemente wie Lieferobjekte, Organisation, Risiko und Kostenrechnungserfordernisse der Projekte zu entwickeln. Die primären Inputs und Outputs sind in Tabelle 2.10 dargestellt.

Tabelle 2.10 Erstellung von Projektstrukturplänen zur Bauwerksplanung

Primäre Inputs	Primäre Outputs
▪ Projektpläne ▪ Anforderungen ▪ genehmigte Änderungen	▪ Projektstrukturplan ▪ Projektstrukturplanbeschreibung

Definition von Vorgängen

Das Definieren von Vorgängen beim wertschöpfenden Instandhalten, Modernisieren und Abbrechen hat den Zweck, alle Vorgänge, die zum Erreichen der Projektziele gemäß Planung ausgeführt werden sollten, zu ermitteln, zu definieren und zu dokumentieren. Diese Prozesse setzen auf der untersten Ebene der Projektstrukturpläne an und ermitteln, definieren und dokumentieren die Arbeiten als Basis für eine Reihe von Aufgaben in den Bereichen Projektplanungen, -durchführungen, -controlling und -abschlüssen mittels kleinerer Elemente, die als Vorgänge bezeichnet werden. Die primären Inputs und Outputs sind in Tabelle 2.11 dargestellt.

Tabelle 2.11 Definieren von Vorgängen der Bauwerksplanung

Primäre Inputs	Primäre Outputs
▪ Projektstrukturpläne ▪ Projektstrukturplanbeschreibungen ▪ Projektpläne ▪ genehmigte Änderungen	▪ Vorgangslisten

Leistungscontrolling

Leistungscontrolling hat den Zweck, bei Änderungen von Leistungsumfängen positive Auswirkungen auf wertschöpfende Instandhaltungs-, Modernisierungs- oder Abbruch-Projekte zu maximieren und negative zu minimieren. Schwerpunkte sollten in diesen Prozessen auf der Bestimmung des aktuellen Stands der Leistungsumfänge der Projekte, auf dem Vergleichen des aktuellen Stands mit den beauftragten Leistungsumfängen zur Ermittlung von Abweichungen, auf den prognostizierten Leistungsumfängen und auf dem Umsetzen entsprechender Änderungsanfragen zur Vermeidung negativer Auswirkung auf den Leistungsumfängen liegen. Diese Prozesse befassen sich ebenso mit Einflüssen, die zu Änderungen der Leistungsumfänge führen, und mit der Steuerung der Auswirkungen solcher Änderungen auf die Projektziele. Sie dienen dazu sicherzustellen, dass auch alle Änderungsanfragen bearbeitet werden. Sie werden ebenso für das Management der Änderungen verwendet und sind in die anderen Controlling-Prozesse integriert. Unkontrollierte Änderungen werden häufig als „schleichende Erweiterung des Leistungsumfangs der Projekte“ bezeichnet. Die primären Inputs und Outputs sind in Tabelle 2.12 dargestellt.

Tabelle 2.12 Leistungscontrolling der Bauwerksplanung

Primäre Inputs	Primäre Outputs
▪ Daten über Leistungsfortschritte ▪ Beschreibung der Leistungsumfänge ▪ Projektstrukturplan ▪ Vorgangsliste	▪ Änderungsanfragen

Zusammenstellung von Projektteams

Eine Zusammenstellung von Projektteams hat normativ den Zweck, die für den Abschluss wertschöpfender Instandhaltungs-, Modernisierungs- oder Abbruch-

Projekte erforderlichen personellen Ressourcen zu erhalten. Projektmanager sollten hier bestimmen, wie und wann Projektteams aufgestockt oder verkleinert werden. Wenn personelle Ressourcen innerhalb der Organisationen nicht verfügbar sind, sollte die Einstellung zusätzlicher Mitarbeiter oder die Vergabe von Unteraufträgen an andere Organisationen in Betracht gezogen werden. Arbeitsorte, Verpflichtungen, Rollen und Verantwortlichkeiten sowie die Anforderungen für Berichterstattung und Kommunikation sollten festgelegt werden. Projektmanager können, müssen aber nicht, absolute Kontrolle über die Auswahl der Mitglieder des Projektteams haben, sollten jedoch in die Auswahl eingebunden sein. Nach Möglichkeit sollten Projektmanager beim Zusammenstellen der Projektteams Aspekte wie Fähigkeiten und Fachkenntnisse, unterschiedliche Persönlichkeiten und Gruppendynamik bedenken. Da Projekte in der Regel in einem sich wandelnden Umfeld durchgeführt werden, wird dieser Prozess üblicherweise laufend während der gesamten Projekte durchgeführt.

Abschätzung des Ressourcenbedarfs

Die Abschätzung des Ressourcenbedarfs hat normativ den Zweck, die für jeden Vorgang aus der Vorgangsliste erforderlichen Ressourcen zu bestimmen. Ressourcen können Personen, Geräte, Material, Infrastruktur und Werkzeuge beinhalten. Ressourceneigenschaften beim wertschöpfenden Instandhalten, Modernisieren oder Abbrechen werden aufgezeichnet, einschließlich Herkunft, Anzahl und Angaben zum Beginn und Ende des Einsatzes. Die primären Inputs und Outputs sind in Tabelle 2.23 dargestellt.

Tabelle 2.13 Abschätzung des Ressourcenbedarfs der Bauwerksplanung

Primäre Inputs	Primäre Outputs
▪ Vorgangslisten ▪ Projektpläne ▪ genehmigte Änderungen	▪ Ressourcenbedarf ▪ Ressourcenpläne

Festlegung von Projektorganisationen

Die Festlegung von Projektorganisationen hat den Zweck, alle erforderlichen Zusagen von allen an wertschöpfenden Instandhaltungs-, Modernisierungs- oder Abbruch-Projekten beteiligten Parteien sicherzustellen. Für die Projekte relevante Rollen, Verantwortlichkeiten und Befugnisse sollten gemäß der Art und Komplexität der Projekte unter Berücksichtigung der bestehenden Richtlinien der durchführenden Organisationen definiert werden.

Das Festlegen des organisatorischen Aufbaus für die Projekte umfasst die Bestimmung aller Mitglieder der Projektteams und anderer, direkt in die Projektarbeit eingebundenen Personen. Bei diesen Prozessen werden auch die Verantwortlichkeiten und Befugnisse für die Projekte zugewiesen. Diese können auf der geeigneten Ebene der Projektstrukturpläne definiert werden. In der Regel gehören dazu Verantwortlichkeiten für das Ausführen der beauftragten Arbeiten, für das Management des Projektfortschritts und der den Projekten zugeteilten Ressourcen. Die primären Inputs und Outputs sind in Tabelle 2.14 dargestellt.

Tabelle 2.14 Festlegung von Projektorganisationen der Bauwerksplanung

Primäre Inputs	Primäre Outputs
▪ Projektpläne ▪ Projektstrukturpläne ▪ Ressourcenbedarfe ▪ Stakeholder-Verzeichnisse ▪ genehmigte Änderungen	▪ Rollenbeschreibungen ▪ Projektorganigramme

Weiterentwicklung von Projektteams

Eine Weiterentwicklung von Projektteams hat normativ den Zweck, die Leistungen und das Zusammenspiel der Teammitglieder laufend zu verbessern. Diese Prozesse sollten die Motivation und die Leistung der Teams steigern. Diese Prozesse hängen von Kompetenzen der Projektteams ab. Grundregeln für angemessenes Verhalten sollten in wertschöpfenden Instandhaltungs-, Modernisierungs- und Abbruch-Projekten frühzeitig festgelegt werden, um Missverständnisse und Konflikte auf Mindestmaß zu beschränken. Die primären Inputs und Outputs sind in Tabelle 2.15 dargestellt.

Tabelle 2.15 Weiterentwicklung von Projektteams der Bauwerksplanung

Primäre Inputs	Primäre Outputs
▪ Stellenpläne ▪ Verfügbarkeit von Ressourcen ▪ Ressourcenpläne ▪ Rollenbeschreibungen	▪ Leistungen des Teams ▪ Beurteilungen des Teams

Controlling von Ressourcen

Controlling von Ressourcen beim wertschöpfenden Instandhalten, Modernisieren und Abbrechen hat normativ den Zweck sicherzustellen, dass die für die Ausführung der Projektarbeiten erforderlichen Ressourcen zur Verfügung stehen und entsprechend den Projektanforderungen zugeteilt werden. Aufgrund von Störeinflüssen, z. B. technische Defekte, Witterungen, Arbeitskonflikte oder technische Probleme, kann es zu Problemen bei der Verfügbarkeit von Ressourcen kommen. Dadurch können Verschiebungen von Vorgängen erforderlich sein, um den verbleibenden Ressourcenbedarf für laufende oder nachfolgende Vorgänge zu verlagern. Es sollten Verfahren für das vorausschauende Erkennen solcher Engpässe festgelegt werden, um die Neuzuteilung der Ressourcen zu erleichtern. Die primären Inputs und Outputs sind in Tabelle 2.16 dargestellt.

Tabelle 2.16 Controlling von Ressourcen der Bauwerksplanung

Primäre Inputs	Primäre Outputs
▪ Projektpläne ▪ Stellenpläne ▪ Verfügbarkeit von Ressourcen ▪ Daten über Leistungsfortschritte ▪ Ressourcenbedarfe	▪ Änderungsanfragen ▪ Korrekturmaßnahmen

Management von Projektteams

Management von Projektteams hat den Zweck, die Leistung des Teams zu optimieren, Feedback zu liefern, die Kommunikation zu fördern und Änderungen zu koordinieren, um den Projekterfolg sicherzustellen. Aufgrund des Managements des Projektteams kann der Ressourcenbedarf überarbeitet werden. Probleme sollten angesprochen werden und Beiträge zu den Mitarbeiterbeurteilungen der Organisation sowie zu den Lehren aus dem Projekt geleistet werden.

Die primären Inputs und Outputs sind in Tabelle 2.17 dargestellt.

Tabelle 2.17 Management von Projektteams der Bauwerksplanung

Primäre Inputs	Primäre Outputs
▪ Projektpläne ▪ Projektorganigramme ▪ Rollenbeschreibungen ▪ Daten über den Projektfortschritt	▪ Mitarbeiterleistungen ▪ Mitarbeiterbeurteilungen ▪ Änderungsanfragen ▪ Korrekturmaßnahmen

Festlegung der Abfolgen von Vorgängen

Festlegungen der Abfolgen von Vorgängen haben den Zweck, die logischen Beziehungen zwischen den Projektvorgängen zu ermitteln und zu dokumentieren. Alle Vorgänge im Rahmen wertschöpfender Instandhaltungs-, Modernisierungs- oder Abbruch- Projekte sollten mit ihren Abhängigkeiten in einem Netzwerkdiagramm verknüpft werden, so dass der kritische Pfad bestimmt werden kann. Die Vorgänge sollten in logische Abfolgen gebracht werden, wobei die richtigen Reihenfolgen und angemessene Vor- und Nachlaufzeiten, Randbedingungen, gegenseitige Abhängigkeiten und externe Abhängigkeiten aufgeführt werden sollten, um die Erstellung von realistischen und einhaltbaren Projektterminplänen zu unterstützen. Die primären Inputs und Outputs sind in Tabelle 2.18 dargestellt.

Tabelle 2.18 Festlegung der Abfolgen von Vorgängen der Bauwerksplanung

Primäre Inputs	Primäre Outputs
▪ Vorgangslisten ▪ genehmigte Änderungen	▪ Abfolge von Vorgängen

Schätzung der Dauer von Vorgängen

Die Schätzung der Dauer von Vorgängen hat normativ den Zweck, die Zeit zu schätzen, die für die Erledigung jedes Vorgangs in wertschöpfenden Instandhaltungs-, Modernisierungs- oder Abbruch-Projekten erforderlich sind. Die Dauer von Vorgängen hängt insbesondere von Faktoren ab wie Mengen und Arten von verfügbaren Ressourcen, den Beziehungen zwischen Vorgängen, Kapazitäten, Planungskalendern, Lernkurven und Verwaltungsabläufen. Verwaltungsabläufe können sich auf Freigabezyklen auswirken. Künftige Vorgänge können aus Arbeitspaketen bestehen, die im Laufe der Zeit und sobald detailliertere Informationen vorliegen, weiter aufgeschlüsselt werden. Die vorgesehenen Dauern stellen einen Kompromiss zwischen zeitlichen Einschränkungen und den Verfügbarkeiten von Ressourcen dar. Wiederholte Neueinschätzungen, die zu aktualisierten, neu erstellten Prognosen in Gegenüberstellung zum Basisplan führen, bilden einen Teil dieser Prozesse. Es kann notwendig sein, geschätzte Dauern der Vorgänge nach Erstellung der Terminpläne und Ermittlung der kritischen Pfade zu überprüfen. Wenn der kritische Pfad aufzeigt, dass wertschöpfende Instandhaltungs-, Modernisierungs- oder Abbruch-Projekte erst nach dem geforderten Fertigstellungstermin abgeschlossen werden können, müssen Vorgänge auf dem kritischen Pfad eventuell angepasst werden. Die primären Inputs und Outputs sind in Tabelle 2.19 dargestellt.

Tabelle 2.19 Schätzung der Dauer von Vorgängen der Bauwerksplanung

Primäre Inputs	Primäre Outputs
▪ Vorgangslisten ▪ Ressourcenbedarf ▪ historische Daten ▪ branchenübliche Standards ▪ genehmigte Änderungen	▪ geschätzte Dauer von Vorgängen

Erstellung von Terminplänen

Eine Erstellung von Terminplänen hat den Zweck, die Zeitpunkte für Beginn und Ende der Vorgänge bei wertschöpfendem Instandhalten, Modernisieren und Abbrechen zu berechnen und die Basisterminpläne festzulegen. Die Vorgänge werden in logische Abfolgen mit Dauer, Meilensteinen und wechselseitigen Abhängigkeiten gesetzt, sodass Netzpläne entstehen. Die Vorgangsebene bietet eine ausreichende Auflösung für das Controlling während der gesamten nachhaltigen Bauwerkslebenszyklen. Terminpläne dienen auch zu Beurteilungen der tatsächlichen Fortschritte im Zeitverlauf anhand vorgegebener objektiver Leistungsmessungen. Die Terminpläne werden auf der Vorgangsebene erstellt, welche die Grundlage für die Zuordnung von Ressourcen und die Erarbeitung der zeitlichen Verläufe von Projektkosten bildet. Terminpläne sollten während der gesamten Projekte im Zuge der Leistungsfortschritte, bei Änderungen der Projektpläne, bei Eintreten oder Wegfallen ursprünglich ermittelter Risiken oder bei Erkennen neuer Risiken weiterentwickelt werden. Falls notwendig sollten die Zeit- und Ressourcenschätzungen überprüft und überarbeitet werden, um genehmigte Basisterminpläne zu erstellen, die als Grundlage für die Verfolgung der Projektfortschritte dienen können. Die primären Inputs und Outputs sind in Tabelle 2.20 dargestellt.

Tabelle 2.20 Erstellung von Terminplänen der Bauwerksplanung

Primäre Inputs	Primäre Outputs
▪ Abfolge von Vorgängen ▪ geschätzte Dauer von Vorgängen ▪ Terminvorgaben ▪ Risikoverzeichnisse ▪ genehmigte Änderungen	▪ Terminpläne

Termincontrolling

Termincontrolling hat den Zweck, Abweichungen vom Terminplan beim wertschöpfenden Instandhalten, Modernisieren und Abbrechen zu überwachen und geeignete Maßnahmen zu ergreifen. Diesbezügliche Prozesse sollten sich auf das Ermitteln des aktuellen Stands der Projektterminpläne, das Vergleichen mit der Basisplanung zur Ermittlung von Abweichungen und voraussichtlichen Fertigstellungsterminen konzentrieren und entsprechende Maßnahmen umsetzen, um negative Auswirkungen auf die Terminpläne zu verhindern. Alle Änderungen an der Basisplanung sollten normativ verwaltet werden. Auf der Grundlage der bisherigen Trends und des aktuellen Wissensstands sollten Prognosen für voraussichtliche Fertigstellungstermine regelmäßig erstellt und aktualisiert werden. Die primären Inputs und Outputs sind in Tabelle 2.21 dargestellt.

Tabelle 2.21 Termincontrolling der Bauwerksplanung

Primäre Inputs	Primäre Outputs
▪ Terminpläne ▪ Daten über Leistungsfortschritte ▪ Projektpläne	▪ Änderungsanfragen ▪ Korrekturmaßnahmen

Schätzung von Kosten

Eine Schätzung von Kosten hat den Zweck, Näherungswerte für die Kosten, die für das Ausführen aller Projektvorgänge sowie für wertschöpfende Instandhaltungs-, Modernisierungs- oder Abbruch- Projekte erforderlich sind, zu erhalten. Kostenschätzungen können normativ in Maßeinheiten wie Arbeitsstunden oder Ausrüstungsstunden oder Währungsbeträgen angegeben werden. Bei Verwendung von

Währungsbeträgen und wenn sich die Leistungserbringungen der Projekte über längere Zeiträume erstrecken, sollten Methoden zur Berücksichtigung der Zeitwerte des Geldes eingesetzt werden. Lernkurven können genutzt werden, wenn die Projekte eine Reihe wiederkehrender und aufeinander folgender Vorgänge umfassen. Bei Projekten, bei denen die Kosten in mehr als einer Währung anfallen, sollten die Wechselkurse angegeben werden, die zur Kalkulation der Kosten für die Projektpläne angesetzt wurden. Rücklagen oder Schätzungen für unvorhergesehene Ausgaben werden genutzt, um Risiken oder Unwägbarkeiten zu berücksichtigen, und sollten als separat ausgewiesener Posten zu den geschätzten Projektkosten addiert werden. Die primären Inputs und Outputs sind in Tabelle 2.22 dargestellt.

Tabelle 2.22 Schätzung von Kosten der Bauwerksplanung

Primäre Inputs	Primäre Outputs
▪ Projektstrukturpläne ▪ Vorgangslisten ▪ Projektpläne ▪ genehmigte Änderungen	▪ Kostenschätzungen

Erstellung von Projektbudgets

Das Erstellen von Projektbudgets hat insbesondere den Zweck, das Gesamtbudget wertschöpfender Instandhaltungs-, Modernisierungs- oder Abbruch-Projekte aufzuteilen. Die Zuweisung der Budgets zu geplanten Arbeitspaketen führt zu zeitorientierten Budgets, mit denen die tatsächlichen Leistungen verglichen werden können. Das Pflegen realistischer Budgets, die direkt mit festgelegten Leistungsumfängen verknüpft sind, ist von wesentlicher Bedeutung. Die Budgetmittel werden normativ auf dieselbe Weise aufgeteilt, auf die die Kostenschätzungen für die Projekte abgeleitet wurden. Die Schätzung der Projektkosten und Budgetierung der Projekte hängen eng zusammen. Bei Kostenschätzungen werden die Gesamtkosten der Projekte ermittelt, während bei Budgetierungen bestimmt wird, wo und wann die Kosten anfallen.

In Budgetierungsprozessen sollten objektive Maße für die Kostengebarung vorgegeben werden. Die Festlegung der objektiven Messmethoden vor der Beurteilung der Kostenentwicklung bringt Verbesserungen in Bezug auf die Rechenschaftspflicht und vermeidet Verzerrungen. Reserven für unvorhergesehene Ausgaben oder Rücklagen, die keinen Vorgängen oder Arbeitsinhalten zugewiesen sind, können vorgesehen und für die Steuerung durch das Management oder zur Deckung ermittelter Risiken verwendet werden. Derartige Reserven und entsprechende Risiken sollten klar ausgewiesen werden. Die primären Inputs und Outputs sind in Tabelle 2.23 dargestellt.

Tabelle 2.23 Erstellung von Projektbudgets der Bauwerksplanung

Primäre Inputs	Primäre Outputs
▪ Projektstrukturpläne ▪ Kostenschätzungen ▪ Terminpläne ▪ Projektpläne ▪ genehmigte Änderungen	▪ Projektbudgets

Kostencontrolling

Kostencontrolling beim wertschöpfenden Instandhalten, Modernisieren und Abbrechen in nachhaltigen Bauwerkslebenszyklen hat den Zweck, Kostenänderungen zu überwachen und geeignete Maßnahmen zu ergreifen. Die Prozesse sollten sich hier normativ auf das Ermitteln des aktuellen Stands der Projektkosten, das Vergleichen mit den Basisplanungen zur Ermittlung von Abweichungen, das Prognostizieren der voraussichtlichen Kosten bei Projektabschlüssen und das Umsetzen entsprechender Vorbeugungs- oder Korrekturmaßnahmen zur Verhinderung negativer Auswirkungen der Kosten konzentrieren.

Ab dem Beginn der Arbeiten werden normativ Leistungsdaten wie geplante Kosten, tatsächliche Kosten und geschätzte Kosten bis zu den Projektabschlüssen gesammelt. Zur Beurteilung von Kostenentwicklungen ist es normativ erforderlich, Plandaten, z.B. Fortschritte bei geplanten Vorgängen und prognostizierte Abschlusstermine für aktuelle und künftige Vorgänge, zu erfassen. Abweichungen können sich durch schlechte Planungen, unvorhergesehene Änderungen der Leistungsumfänge, technische Probleme, Defekte oder sonstige externe Faktoren wie Schwierigkeiten bei Lieferanten ergeben. Ungeachtet der Ursache erfordern Korrekturmaßnahmen entweder eine Änderung der Basisplanungen oder die Erstellung kurzfristiger Zusatzplanungen. Die primären Inputs und Outputs sind in Tabelle 2.24 dargestellt.

Tabelle 2.24 Kostencontrolling der Bauwerksplanung

Primäre Inputs	Primäre Outputs
▪ Daten über Projektfortschritte ▪ Projektpläne ▪ Budgets	▪ Kosten ▪ prognostizierte Kosten ▪ Änderungsanfragen ▪ Korrekturmaßnahmen

Ermittlung von Risiken

Eine Ermittlung von Risiken hat den Zweck, potenzielle Risiken und ihre Ausprägungen aufzuzeigen, welche sich bei Schlagendwerden eines Risikos positiv oder negativ auf die Projektziele beim wertschöpfenden Instandhalten, Modernisieren und Abbrechen auswirken können. Dies sind wiederholbare Prozesse, da im Laufe von Projektlebenszyklen neue Risiken bekannt werden und sich bestehende Risiken verändern können. Risiken mit potenziellen negativen Projektauswirkungen werden als „Gefahren“ und Risiken mit potenziellen positiven Auswirkungen als „Chancen“ bezeichnet. An diesen Prozessen sollten mehrere Personen mitwirken, wie Projektauftraggeber, Projektmanager, Kernteams, Projektteams, Führungskräfte, Anwender, Experten für das Risikomanagement, andere Mitglieder von Lenkungsausschüssen und Fachexperten. Die primären Inputs und Outputs sind in Tabelle 2.25 dargestellt.

Tabelle 2.25 Ermittlung von Risiken der Bauwerksplanung

Primäre Inputs	Primäre Outputs
▪ Projektpläne	▪ Risikoverzeichnisse

Risikobewertungen

Risikobewertungen haben den Zweck, beim wertschöpfenden Instandhalten, Modernisieren und Abbrechen die ermittelten Risiken für weitere Maßnahmen zu messen und nach Prioritäten zu ordnen. Vorgenannte sich wiederholende Prozesse umfassen das Einschätzen der Eintrittswahrscheinlichkeiten für Risiken und der entsprechenden Folgen eines Risikoeintritts auf die Projektziele. Den Risiken werden dann im Einklang mit diesen Bewertungen und unter Berücksichtigung weiterer Faktoren wie des Zeitrahmens und der Risikotoleranzen der zentralen Stakeholder bzw. der Projektumwelten Prioritäten zugewiesen. Trends können auf die Notwendigkeit einer Ausweitung oder Verringerung der Maßnahmen des Risikomanagements hinweisen. Die primären Inputs und Outputs sind in Tabelle 2.26 dargestellt.

Tabelle 2.26 Risikobewertungen der Bauwerksplanung

Primäre Inputs	Primäre Outputs
▪ Risikoverzeichnisse ▪ Projektpläne	▪ nachhaltig nach Priorität geordnete Risiken

Risikobehandlungen

Risikobehandlungen beim wertschöpfenden Instandhalten, Modernisieren und Abbrechen in nachhaltigen Bauwerkslebenszyklen haben den Zweck, Optionen zu erarbeiten und Maßnahmen zu bestimmen, um Chancen zu verstärken und Gefahren für die Projektziele zu verringern. Diese Prozesse behandeln die Risiken, indem Ressourcen und Vorgänge in die Budgets und Terminpläne aufgenommen werden. Risikobehandlungen sollten den Risiken angemessen, kosteneffizient, zeitgerecht und im Kontext der Projekte realistisch sein, von allen Beteiligten verstanden und einer geeigneten Person übertragen werden. Weiterhin umfassen Risikobehandlungen Maßnahmen zur Vermeidung, Verringerung oder Verlagerung der Risiken oder zur Erstellung von Notfallplänen, die bei Risikoeintritt anzuwenden sind. Die primären Inputs und Outputs sind in Tabelle 2.27 dargestellt.

Tabelle 2.27 Risikobehandlungen der Bauwerksplanung

Primäre Inputs	Primäre Outputs
▪ Risikoverzeichnisse ▪ Projektpläne	▪ Maßnahmen zu Risikobewältigungen ▪ Änderungsanfragen

Risikocontrolling

Risikocontrolling beim wertschöpfenden Instandhalten, Modernisieren und Abbrechen hat normativ den Zweck, Störungen für die Projekte zu minimieren, indem geprüft wird, ob Maßnahmen zur Risikobewältigung ausgeführt werden und ob sie die gewünschten Wirkungen haben. Dies wird normativ durch Verfolgung der aufgezeigten Risiken, Ermittlungen und Analysen neuer Risiken, Überwachungen der Bedingungen für die Anwendungen der Notfallpläne sowie Überprüfungen der Fortschritte bei den Maßnahmen zu Risikobehandlungen und gleichzeitige Beurteilungen ihrer Wirksamkeiten erreicht. Projektrisiken sollten während der gesamten Projektlebenszyklen, bei Auftreten von neuen Risiken oder bei Erreichen von Meilensteinen regelmäßig überprüft werden. Die primären Inputs und Outputs sind in Tabelle 2.28 dargestellt.

Tabelle 2.28 Risikocontrolling der Bauwerksplanung

Primäre Inputs	Primäre Outputs
▪ Risikoverzeichnisse ▪ Daten über Projektfortschritte ▪ Projektpläne ▪ Maßnahmen zu Risikobehandlungen	▪ Änderungsanfragen ▪ Korrekturmaßnahmen

Qualitätsplanungen

Qualitätsplanungen beim wertschöpfenden Instandhalten, Modernisieren und Abbrechen in nachhaltigen Bauwerkslebenszyklen haben den Zweck, die Qualitätsanforderungen, die für die Projekte und die Lieferobjekte der Projekte gelten, zu bestimmen sowie festzulegen, wie die Anforderungen und Standards auf Grundlage der Projektziele eingehalten werden.

Vorgenannte Prozesse umfassen normativ:

- Festlegungen und Vereinbarungen der zu erreichenden Zielsetzungen und relevanten Standards zusammen mit den Projektauftraggebern und anderen Stakeholdern,

- Einrichtungen mit erforderlichen Werkzeugen, Verfahren, Techniken und Ressourcen für das Erreichen der relevanten Standards,
- Bestimmungen der Methoden, Techniken und Ressourcen für die Umsetzungen der geplanten systematischen Qualitätsmaßnahmen,
- Erstellung von Qualitätsplänen, in denen die Art der Überprüfungen, Verantwortlichkeiten und Beteiligten in Terminplänen aufgeführt werden, die mit den allgemeinen Projektterminplänen in Einklang stehen sowie
- Zusammenführungen aller qualitätsbezogenen Informationen in Qualitätsplanungen.

Aufgrund des temporären Charakters von Projekten und ihrer zeitlichen Randbedingungen besteht in einigen Projekten nicht die Möglichkeit, Qualitätsstandards zu entwickeln. Die Erarbeitung und Annahme von Qualitätsstandards und Parametern für die Projektqualitäten können außerhalb der Projektumfänge liegen. Normativ sind die durchführenden Verantwortlichen für die Annahme solcher Vorgaben verantwortlich und stellt diese als Input für diese Prozesse bereit. In Qualitätsplänen sollte die festgelegte Qualitätspolitik enthalten sein oder auf sie verwiesen werden. Die primären Inputs und Outputs sind in Tabelle 2.29 dargestellt.

Tabelle 2.29 Qualitätsplanungen der Bauwerksplanung

Primäre Inputs	Primäre Outputs
▪ Projektpläne ▪ Qualitätsanforderungen ▪ Qualitätspolitik ▪ genehmigte Änderungen	▪ Qualitätspläne

Qualitätssicherungen

Qualitätssicherungen beim wertschöpfenden Instandhalten, Modernisieren und Abbrechen in nachhaltigen Bauwerkslebenszyklen haben den Zweck, die Lieferobjekte und die Projekte zu überprüfen. Sie umfassen normativ alle Prozesse, Werkzeuge, Verfahren, Techniken und Ressourcen, die zum Erfüllen der Qualitätsanforderungen erforderlich sind.

Vorgenannte Prozesse umfassen:

- Maßnahmen zur Sicherstellung, dass die zu erreichenden Zielsetzungen und relevanten Standards bekannt gemacht und von den entsprechenden Mitgliedern der Projektorganisationen verstanden, akzeptiert und eingehalten werden,
- Ausführungen der Qualitätspläne im Zuge der Projektfortschritte sowie
- Sicherstellungen der Verwendung von festgelegten Werkzeugen, Verfahren, Techniken und Ressourcen.

Qualitätssicherungen erlauben ebenfalls Übereinstimmungen mit anwendbaren Leistungsanforderungen und Normen. Qualitätssicherungsaudits können auch außerhalb der Projektgrenzen von anderen Teilen der durchführenden Organisationen oder ausgeführt werden.

Audits ermitteln die Leistung des Qualitätsprozesses, der Qualitätskontrollen und den Bedarf nach Handlungsempfehlungen oder Änderungsanfragen.

Die primären Inputs und Outputs sind in Tabelle 2.30 dargestellt.

Tabelle 2.30 Qualitätssicherungen der Bauwerksplanung

Primäre Inputs	Primäre Outputs
▪ Qualitätspläne	▪ Änderungsanfragen

Qualitätskontrollen

Qualitätskontrollen beim wertschöpfenden Instandhalten, Modernisieren und Abbrechen haben normativ den Zweck zu ermitteln, ob die festgelegten Projektziele, die Qualitätsanforderungen und -standards erfüllt werden, und die Ursachen sowie Lösungsmöglichkeiten für nicht ausreichende Leistungen aufzuzeigen.

Vorgenannte normative Prozesse, die während der nachhaltigen Bauwerkslebenszyklen durchgeführt werden sollten, umfassen:

- Überwachungen von Qualitäten der Lieferobjekte und Prozesse sowie das Erkennen von Mängeln mittels der festgelegten Werkzeuge, Verfahren und Techniken,
- Analysen zu möglichen Ursachen von Mängeln,
- Festlegungen von Vorbeugungsmaßnahmen und Änderungsanfragen sowie
- Bekanntgaben von Korrekturmaßnahmen und Änderungsanfragen an die entsprechenden Mitglieder der Projektorganisationen.

Normative Qualitätskontrollen können auch außerhalb der Projektgrenzen von anderen Teilen der durchführenden Verantwortlichen durchgeführt werden. Die Qualitätskontrollen können Ursachen für schlechte Leistungserbringungen oder Produktqualitäten aufzeigen und gegebenenfalls zu Handlungsempfehlungen oder Änderungsanfragen führen, wenn dies zur Bereinigung von mangelhaften Leistungen nötig ist. Die primären Inputs und Outputs sind in Tabelle 2.31 dargestellt.

Tabelle 2.31 Qualitätskontrollen der Bauwerksplanung

Primäre Inputs	Primäre Outputs
▪ Daten über Projektfortschritte ▪ Bau- und Anlagentechnik ▪ Qualitätspläne	▪ Qualitätsmessungen ▪ überprüfte Technologien ▪ Kontrollberichte ▪ Änderungsanfragen ▪ Korrekturmaßnahmen

Planung von Beschaffungen

Planungen von Beschaffungen beim wertschöpfenden Instandhalten, Modernisieren und Abbrechen in nachhaltigen Bauwerkslebenszyklen haben normativ den Zweck, die Beschaffungsstrategie und die gesamten Prozesse ordnungsgemäß zu planen und zu dokumentieren, bevor die Beschaffungen eingeleitet werden. Vorgenannte Prozesse dienen dazu, Beschaffungsentscheidungen zu erleichtern, Beschaffungsansätze festzulegen und Spezifikationen und Anforderungen für die Beschaffungen zu erarbeiten. Die primären Inputs und Outputs sind in Tabelle 2.32 dargestellt.

Tabelle 2.32 Planung von Beschaffungen der Bauwerksplanung

Primäre Inputs	Primäre Outputs
▪ Projektpläne ▪ interne Kapazitäten und Fähigkeiten ▪ bestehende Verträge ▪ Ressourcenbedarfe ▪ Risikoverzeichnis	▪ Beschaffungspläne ▪ Liste bevorzugter nachhaltiger Lieferanten ▪ Liste von „Make-or-Buy-Entscheidungen"

Auswahl von Lieferanten

Eine normative Auswahl von Lieferanten beim wertschöpfenden Instandhalten, Modernisieren und Abbrechen hat den Zweck, dass:

- Informationen von Lieferanten eingeholt werden, um konsistente Beurteilungen von Angeboten im Hinblick auf definierte Anforderungen zu ermöglichen,
- alle vorgelegten Informationen überprüft und begutachtet sowie
- Lieferanten ausgewählt werden.

Informationsanfragen, Ausschreibungen, Angebote, Offerten oder Preisanfragen, die jeweils unterschiedliche Zwecke erfüllen, sollten eindeutig sein, um zu sichern, dass die auf spezifische Anfragen hin bereitgestellten Auskünfte den Erfordernissen der Kunden sowie geltenden Rechtsvorschriften entsprechen. Anfragen sollten vollständige Beschreibungen der bereitzustellenden Unterlagen, Zwecke und Termine für ihre Übermittlung enthalten. Bei Ausschreibungen sollten eingereichte Dokumentationen ausreichende Informationen zur Lieferantenauswahl enthalten.

Die einzelnen Angebote sollten normativ anhand der vorab ausgewählten Bewertungskriterien beurteilt werden. Bei endgültigen Entscheidungen sollten die Angebote ausgewählt werden, die im Hinblick auf die Bewertungskriterien als am besten geeignet und am günstigsten erachtet wird. Zwischen Auswahl eines bevorzugten Lieferanten und der Einigung über die definitiven Vertragsbedingungen können Verhandlungen geführt werden. Die primären Inputs und Outputs sind in Tabelle 2.33 dargestellt.

Tabelle 2.33 Auswahl von Unternehmen der Bauwerksplanung

Primäre Inputs	Primäre Outputs
▪ Beschaffungspläne ▪ Liste bevorzugter Unternehmen ▪ Leistungsangebote ▪ Liste von „Make-or-Buy-Entscheidungen"	▪ Informationsersuchen, Ausschreibungen, Angebote ▪ Offerten oder Preisanfragen ▪ Verträge oder Bestellungen ▪ Liste ausgewählter Lieferanten

Steuerung von Beschaffungen

Steuerung von Beschaffungen beim wertschöpfenden Instandhalten, Modernisieren und Abbrechen in nachhaltigen Bauwerkslebenszyklen hat normativ den Zweck, das Verhältnis zwischen dem Kunden und den Lieferanten zu regeln. Vorgenannte Prozesse beinhalten, die Leistungen der Lieferanten zu überwachen und zu überprüfen, den Erhalt regelmäßiger Fortschrittsberichte und geeignete Maßnahmen zu ergreifen, um die Erfüllung aller Projektanforderungen, einschließlich Vertragsarten, Qualität, Leistung, Termintreue und Sicherheit, zu fördern. Diese normativen Prozesse dauern von der einvernehmlichen Annahme der Vertragsunterlagen bis zum Vertragsende. Die primären Inputs und Outputs sind in Tabelle 2.34 dargestellt.

Tabelle 2.34 Steuerung von Beschaffungen der Bauwerksplanung

Primäre Inputs	Primäre Outputs
▪ Verträge oder Beauftragungen ▪ Projektpläne ▪ genehmigte Änderungen ▪ Kontrollberichte	▪ Änderungsanfragen ▪ Korrekturmaßnahmen

Planung von Kommunikationen

Normative Planung von Kommunikation beim wertschöpfenden Instandhalten, Modernisieren und Abbrechen hat den Zweck, den Informations- und Kommunikationsbedarf der Stakeholder zu bestimmen. Obwohl es in Projekten notwendig ist, Projektinformationen weiterzugeben, gibt es Unterschiede beim Informationsbedarf und bei den Methoden für die Informationsverteilung. Zu den Erfolgsfaktoren für Projektdurchführungen gehört normativ die Ermittlung des Informationsbedarfs der Stakeholder und aller Informationspflichten, z. B. gegenüber Regierungen oder Behörden, und die Festlegung geeigneter Mittel für die Erfüllung dieser Anforderungen. Aspekte wie die geografische Streuung der Mitarbeiter, unterschiedliche Kulturen und organisatorische Faktoren können sich auf die Kommunikationsanforderungen in Projekten erheblich auswirken. Diese Prozesse sollten frühzeitig in Projektplanungen nach der Ermittlung und Analyse der Projektumwelten begonnen und regelmäßig überprüft und gegebenenfalls überarbeitet werden, um ihre anhaltende Wirksamkeit während der gesamten Projekte sicherzustellen. Kommunikationspläne legen Informationserwartungen fest und sollten für die entsprechenden Stakeholder während der gesamten Projekte leicht zugänglich sein. Die primären Inputs und Outputs sind in Tabelle 2.35 dargestellt.

Tabelle 2.35 Planung von Kommunikationen der Bauwerksplanung

Primäre Inputs	Primäre Outputs
▪ Projektpläne ▪ Stakeholder-Verzeichnisse ▪ Rollenbeschreibungen ▪ genehmigte Änderungen	▪ Kommunikationspläne

Bereitstellung von Informationen

Das Bereitstellen von Informationen hat den Zweck, den Stakeholdern des Projekts erforderliche Informationen gemäß dem Kommunikationsplan zur Verfügung zu stellen und unerwartete, spezifische Anfragen zu beantworten. Organisationsrichtlinien, Verfahren und sonstige Informationen können aufgrund dieses Prozesses geändert, erstellt oder beeinflusst werden. Die primären Inputs und Outputs sind in Tabelle 2.36 angegeben.

Tabelle 2.36 Bereitstellung von Informationen der Bauwerksplanung

Primäre Inputs	Primäre Outputs
▪ Kommunikationspläne ▪ Fortschrittsberichte ▪ unerwartete Anfragen	▪ bereitgestellte Informationen

Kommunikationsmanagement

Kommunikationsmanagement beim wertschöpfenden Instandhalten, Modernisieren und Abbrechen in nachhaltigen Bauwerkslebenszyklen hat normativ den Zweck sicherzustellen, dass der Kommunikationsbedarf der Projektstakeholder gedeckt wird und allfällige Kommunikationsprobleme bei ihrem Auftreten gelöst werden. Ob Projekte wertschöpfend sind, kann insbesondere davon abhängen, wie gut die verschiedenen Mitglieder der Projektteams und die Stakeholder miteinander kommunizieren. Diese Prozesse sollten sich normativ auf Folgendes konzentrieren:

- Verständnis und Zusammenarbeit unter den verschiedenen Stakeholdern durch gute Kommunikationen zu verbessern,
- zeitnahe, genaue und objektive Informationen bereitzustellen sowie
- Kommunikationsprobleme zu lösen, um Risiken zu minimieren, dass Projekte aufgrund unbekannter oder offener Probleme oder Missverständnisse unter den Stakeholdern negativ beeinflusst werden.

Die primären Inputs und Outputs sind in Tabelle 2.37 dargestellt.

Tabelle 2.37 Kommunikationsmanagement zur Bauwerksplanung

Primäre Inputs	Primäre Outputs
▪ Kommunikationspläne ▪ bereitgestellte Informationen	▪ genaue und zeitgerechte Informationen ▪ Korrekturmaßnahmen

■ 2.3 Energiemanagement zur Wertschöpfung

Ein Energiemanagement für wertschöpfende Energieeffizienz ist bei Instandhaltungen, Modernisierungen, Abbruch und Rückbau für nachhaltige Bauwerkslebenszyklen von großer Bedeutung. In diesem Abschnitt wird Energiemanagement nach ausgewählten Aspekten insbesondere der DIN EN ISO 50 001 für nachhaltige Bauwerkslebenszyklen in Deutschland dargestellt.

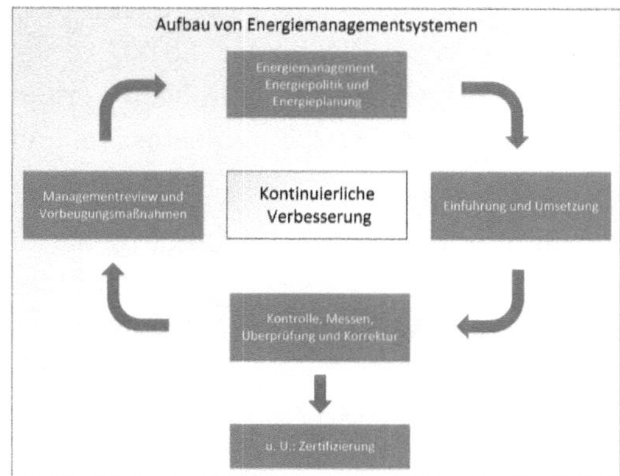

Bild 2.16 Modell eines Energiemanagementsystems nach der DIN EN ISO 50 001

Ziel eines Energiemanagementsystems ist es, auch Verantwortliche von nachhaltigen Bauwerkslebenszyklen in die Lage zu versetzen, die Systeme und Prozesse festzulegen, die zur fortlaufenden Verbesserung der energiebezogenen Leistungen einschließlich Energieeffizienz, Energieeinsatz und Energieverbrauch im Energiemanagement erforderlich sind. Erfolgreiche Einführungen von Energiemanagementsystemen unterstützen Verbesserungskulturen bezüglich der energiebezogenen Leistungen, die von dem Engagement der Verantwortlichen von Bauwerkslebenszyklen abhängen, insbesondere von dem der Hauptverantwortlichen.

Die DIN EN ISO 50 001 gilt für Tätigkeiten, die der Kontrolle der Verantwortlichen über nachhaltige Bauwerkslebenszyklen unterliegen. Ihre Anwendungen können insbesondere an spezifischen Anforderungen der Bauwerkslebenszyklen, einschließlich der Komplexitäten ihrer Systeme, der Instandhaltungen, Modernisierungen und Abbrüche, der Grade der dokumentierten Informationen und der verfügbaren Ressourcen angepasst werden. Die Norm gilt für Auslegungen und Beschaffungen von Anlagen, Standorten, Einrichtungen, Systemen oder Energie nutzenden Prozessen innerhalb der Anwendungsbereiche und Grenzen der Bauwerks-Energiemanagementsysteme. Entwicklungen und Verwirklichungen von nachhaltigen Bauwerkslebenszyklus-Energiemanagementsystemen beinhalten eine Energiepolitik, Energieziele und Aktionspläne bezogen auf Energieeffizienz, Energieeinsatz und Energieverbrauch bei gleichzeitiger Erfüllung geltender gesetzlicher und anderer Anforderungen. Sie ermöglichen Verantwortlichen, nachhaltige Energieziele festzulegen und zu erreichen, erforderliche Maßnahmen zu Verbesserungen ihrer energiebezogenen Leistungen zu ergreifen und die Konformität des Systems mit Anforderungen der Norm nachzuweisen.

Ansatz für energiebezogene Leistungen im wertschöpfenden Energiemanagement

Die DIN EN ISO 50 001 enthält Anforderungen an systematische, datengetriebene und faktenbasierte Prozesse, deren Schwerpunkte auf fortlaufenden Verbesserungen der energiebezogenen Leistungen liegen. Energiebezogene Leistungen sind Schlüsselelemente und integrale Bestandteile der in der DIN EN ISO 50 001 vorgestellten Konzepte, um wirksame und messbare Ergebnisse im zeitlichen Verlauf sicherzustellen sowie Konzepte, die sich auf Energieeffizienz, Energieeinsätze und Energieverbräuche beziehen.

Energieleistungskennzahlen, sogenannte EnPIs, und energetische Ausgangsbasen, sogenannte EnBs, sind zwei zusammenhängende Elemente, die in der DIN EN ISO 50 001 behandelt werden, um auch Verantwortliche nachhaltigen Bauwerkslebenszyklen und wertschöpfendem Instandhalten, Modernisieren und Abbrechen in die Lage zu versetzen, Verbesserungen der energiebezogenen Leistungen nachzuweisen.

Plan-Do-Check-Act-(PDCA-)Zyklus für wertschöpfendes Energiemanagement

Auch ein nach der DIN EN ISO 50 001 beschriebenes Energiemanagementsystem für nachhaltige Bauwerkslebenszyklen beruht beim wertschöpfenden Instandhalten, Modernisieren und Abbrechen auf dem Zyklus von Planen-Durchführen-Prüfen-Handeln, dem sogenannten PDCA-Zyklus, mit Plan-Do-Check-Act als Rahmen für fortlaufende Verbesserungen im kontinuierlichen Verbesserungsprozess, kurz KVP und baut das Energiemanagement in bestehende Organisationsabläufe ein.

Im Kontext eines Energiemanagements für nachhaltige Bauwerkslebenszyklen kann der normative PDCA-Ansatz wie folgt umrissen werden:

- Planen: Verstehen des Kontextes der Organisationen, Festlegungen zur Energiepolitik und zu Energiemanagement-Teams, Berücksichtigung von Maßnahmen zu Behandlungen von Risiken und Chancen, Durchführungen von energetischen Bewertungen, Identifizierungen wesentlicher Energieeinsätze und Festlegungen von Energieleistungskennzahlen, von energetischen Ausgangsbasen sowie von Zielen, Energiezielen und Aktionsplänen, die zur Erbringung von Ergebnissen, die die energiebezogenen Leistungen in Übereinstimmungen mit der Energiepolitik der Organisationen verbessern, notwendig sind,
- Durchführen: Umsetzungen von Aktionsplänen, Ablauf- und Instandhaltungssteuerungen und Kommunikationen, Sicherstellungen von Kompetenzen und Berücksichtigung der energiebezogenen Leistungen bei Auslegungen und Beschaffungen,
- Prüfen: Überwachungen, Messungen, Analysen, Bewertungen, Auditierungen und Durchführungen von Managementbewertungen der energiebezogenen Leistungen und Energiemanagementsysteme,
- Handeln: Ergreifung von Maßnahmen zum Umgang mit Nichtkonformitäten und zu fortlaufenden Verbesserungen der energiebezogenen Leistungen und der Energiemanagementsysteme.

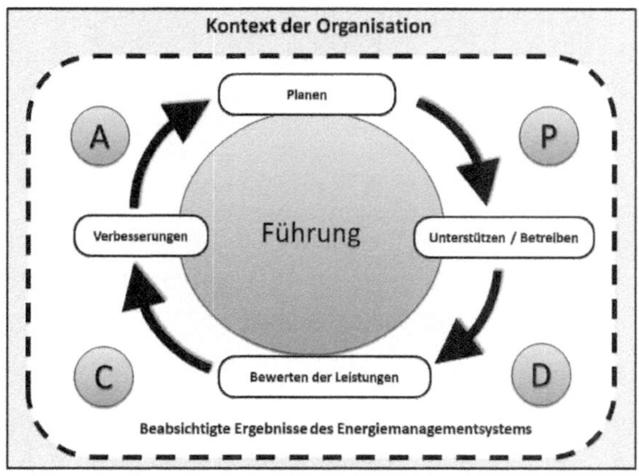

Bild 2.17 Plan-Do-Check-Act-Zyklus nach der DIN EN ISO 50 001

Vorteile durch die DIN EN ISO 50 001 für wertschöpfendes Energiemanagement

Wirksame Umsetzungen der DIN EN ISO 50 001 bieten systematische Ansätze zu Verbesserungen der energiebezogenen Leistungen sowie der Art und Weise, wie Verantwortliche mit Energie in nachhaltigen Bauwerkslebenszyklen für wertschöpfendes Instandhalten, Modernisieren und Abbrechen umgehen können. Indem Energiemanagementsysteme eingeführt werden, können sich Prozesse zu fortlaufenden Verbesserungen der energiebezogenen Leistungen etablieren.

Durch Verbesserungen von energiebezogenen Leistungen und damit verbundene Senkungen von Energiekosten können nachhaltige Bauwerkslebenszyklen wertschöpfender werden. Zudem können Umsetzungen dazu führen, dass energieeffiziente Instandhaltungen, Modernisierungen und Abbrüche Klimaschutzziele unterstützen, indem sie energiebezogenen Treibhausgasemissionen reduziert sind.

Begriffe aus der DIN EN ISO 50 001 für wertschöpfendes Energiemanagement

Für Anwendungen der DIN EN ISO 50 001 im wertschöpfenden Energiemanagement in nachhaltigen Bauwerkslebenszyklen mit Instandhaltung, Modernisierung und Abbruch gelten die folgenden ausgewählten Begriffe.

Verantwortliche

Hier sind die Verantwortlichen von nachhaltigen Bauwerkslebenszyklen gemeint, eine Person oder eine Personengruppe, die Funktionen mit Verantwortlichkeiten, Befugnissen und Beziehungen innehaben, um ihre Ziele zu erreichen. Der Begriff Verantwortliche umfasst Eigentümer, Bauherren, Einzelunternehmer, Gesellschaften, Konzerne, Unternehmen, Behörden, Handelsgesellschaften, Institutionen usw. oder Teile oder Kombinationen der Genannten, ob eingetragen oder nicht, öffentlich oder privat. Oberste Leitungen sind eine Person oder Personengruppe, die nachhaltige Bauwerkslebenszyklen mit wertschöpfendem Instandhalten, Modernisieren und Abbrechen auf der obersten Ebene führen und steuern. Oberste Leitungen sind befugt, Verantwortungen zu delegieren und Ressourcen bereitzustellen. Die oberste Leitung steuert die Organisation, wie im Anwendungsbereich des Energiemanagements und seinen Grenzen.

Grenzen

Hier sind physikalische oder organisatorische Abgrenzungen, z. B. in Form von Prozessen, Bauwerken, Standorten, unter der Kontrolle der Verantwortlichen gemeint, die auch die Grenzen des wertschöpfenden Energiemanagementsystems festlegen.

Anwendungsbereich des Energiemanagementsystems

Hierunter ist ein Satz von Tätigkeiten zu verstehen, die Verantwortliche in nachhaltigen Bauwerkslebenszyklen durch Energiemanagementsysteme behandeln. Ein Anwendungsbereich kann z. B. mehrere Grenzen einschließen.

Interessierte Parteien

Hier geht es um Anspruchsgruppen, eine Person oder Organisationen, die Entscheidungen oder Tätigkeiten beeinflussen können, davon beeinflusst sein können oder sich davon beeinflusst fühlen.

Energiemanagementsysteme (EnMS)

Hierunter wird ein Managementsystem zur Festlegung einer Energiepolitik, von Zielen, Energiezielen, Aktionsplänen und Prozessen verstanden.

Energiepolitik

Aussagen der Verantwortlichen von nachhaltigen Bauwerkslebenszyklen zu übergeordneten Absichten, Ausrichtungen und Verpflichtungen hinsichtlich ihrer energiebezogenen Leistungen im Gebäude-Energiemanagement, wie von den obersten Leitungen formell ausgedrückt.

Energiemanagement-Teams

Hier Personen mit Verantwortlichkeiten und Befugnissen für wirksame Umsetzungen von wertschöpfenden Energiemanagementsystemen sowie für die Erbringung der Verbesserungen der energiebezogenen Leistungen. Der Größe und Art einer Organisation sowie den verfügbaren Ressourcen wird bei der Bestimmung der Größe eines Energiemanagement-Teams Rechnung getragen. Aber auch eine einzelne Person kann die Rolle des Teams ausfüllen.

Anforderungen

Hier Erfordernisse oder Erwartungen, die festgelegt, üblicherweise vorausgesetzt oder verpflichtend sind. „Üblicherweise vorausgesetzt" bedeutet, dass es für die Verantwortlichen und andere interessierte Parteien übliche oder allgemeine Praxis ist, dass das entsprechende Erfordernis oder die entsprechenden Erwartungen vorausgesetzt werden. Eine festgelegte Anforderung ist eine, die z. B. in dokumentierten Informationen enthalten ist.

Konformitäten

Hier Erfüllungen von Anforderungen.

Nichtkonformitäten

Hier Nichterfüllungen von Anforderungen.

Korrekturmaßnahmen

Hier Maßnahmen zum Beseitigen der Ursachen von Nichtkonformitäten und zum Verhindern des erneuten Auftretens.

Dokumentierte Informationen

Hier Informationen, die von Verantwortlichen nachhaltiger Bauwerkslebenszyklen gelenkt und aufrechterhalten werden müssen, und Medien, in denen sie enthalten sind. Dokumentierte Informationen können in jeglichen Formaten oder Medien sein sowie aus jeglichen Quellen stammen.

Dokumentierte Informationen können sich insbesondere beziehen auf:

- Energiemanagementsysteme, einschließlich damit verbundener Prozesse,
- Informationen, die für die nachhaltigen Bauwerkslebenszyklen geschaffen wurden sowie
- Nachweise erreichter Ergebnisse usw.

Prozesse

Hier ein Satz zusammenhängender oder sich gegenseitig beeinflussender Tätigkeiten, die Eingaben in Ergebnisse umwandeln. Ein Prozess mit Bezug auf die Tätigkeiten von Verantwortlichen kann:

- physikalisch, z. B. als Energie nutzende Prozesse wie Verbrennung oder
- geschäftlich oder dienstleistungsbezogen, z. B. als Auftragserfüllung usw. sein.

Überwachungen

Hier Bestimmungen der Zustände von Systemen, Prozessen oder Tätigkeiten. Zum Bestimmen der Zustände kann es erforderlich sein zu prüfen, zu beaufsichtigen, kritisch zu beobachten usw. Bei einem Energiemanagementsystem in nachhaltigen Bauwerkslebenszyklen mit wertschöpfendem Instandhalten, Modernisieren und Abbrechen können Überwachungen zudem Bewertungen von Energiedaten sein.

Ausgliedern

Hier Vereinbarungen treffen, bei denen externe Organisationen einen Teil der Funktionen oder eines Prozesses der Verantwortlichen von nachhaltigen Bauwerkslebenszyklen wahrnehmen bzw. durchführen. Während sich eine externe Organisation außerhalb des Anwendungsbereichs des Managementsystems befindet, liegt die ausgegliederte Funktion oder der ausgegliederte Prozess im Rahmen des Anwendungsbereichs.

Messungen

Hier Prozesse zum Bestimmen von Werten. Siehe auch ISO/IEC Guide 99 für zusätzliche Informationen zu messungsbezogenen Konzepten.

Bild 2.18 Blower-Door-Messung für ein Bauwerk

Energiebezogene Leistungen

Hier messbare Ergebnisse bezüglich Energieeffizienz, Energieeinsatz und Energieverbrauch. Die energiebezogene Leistung kann an den Energiezielen in nachhaltigen Bauwerkslebenszyklen sowie an anderen energiebezogenen Leistungsanforderungen gemessen werden. Die energiebezogene Leistung ist eine Komponente der Leistung des Energiemanagementsystems.

Energieleistungskennzahlen EnPIs

Hier Maß oder Einheit der energiebezogenen Leistungen, wie von Verantwortlichen in nachhaltigen Bauwerkslebenszyklen festgelegt. In Abhängigkeit der Art der Tätigkeiten, die gemessen werden, können EnPIs durch eine einfache Metrik, ein Verhältnis oder ein Modell ausgedrückt werden. Siehe auch die ISO 50 006 für zusätzliche Informationen zu EnPIs.

Werte von Energieleistungskennzahl EnPI-Wert

Hier Quantifizierungen der EnPIs zu einem bestimmten Zeitpunkt oder über einen bestimmten Zeitraum.

Verbesserungen der energiebezogenen Leistungen

Hier Verbesserungen der messbaren Ergebnisse der Energieeffizienzen oder der Energieverbräuche bezogen auf Energieeinsätze, im Vergleich mit den energetischen Ausgangsbasen.

Energetische Ausgangsbasis EnBs

Hier quantitative Referenzpunkte als Basis für einen Vergleich der energiebezogenen Leistungen. Eine energetische Ausgangsbasis beruht auf Daten aus einem festgelegten Zeitabschnitt oder auf Bedingungen, wie von Verantwortlichen von nachhaltigen Bauwerkslebenszyklen festgelegt. Eine oder mehrere energetische Ausgangsbasen werden bei Bestimmungen von Verbesserungen der energiebezogenen Leistungen verwendet, als Referenz vor und nach oder mit und ohne Umsetzungen von Maßnahmen zu Verbesserungen der energiebezogenen Leistungen. Siehe auch die ISO 50 015 für zusätzliche Informationen zu Messungen und Verifizierungen der energiebezogenen Leistungen. Siehe auch die ISO 50 006 für zusätzliche Informationen zu EnPIs und EnBs.

Statische Faktoren

Hier identifizierte Faktoren, die die energiebezogenen Leistungen wesentlich beeinflussen und sich nicht routinemäßig ändern. Kriterien dafür, was als wesentlich anzusehen ist, werden von den Verantwortlichen für nachhaltige Bauwerkslebenszyklen festgelegt.

Relevante Variablen

Hier quantifizierbare Faktoren, die die energiebezogenen Leistungen wesentlich beeinflussen und sich routinemäßig ändern. Kriterien dafür, was als wesentlich anzusehen ist, werden von den Verantwortlichen festgelegt.

Normalisierungen

Hier Modifizierungen von Daten zu Berücksichtigungen von Änderungen, um Vergleiche von energiebezogenen Leistungen unter gleichwertigen Bedingungen zu ermöglichen.

Risiken

Hier Auswirkungen von Ungewissheiten. Auswirkungen sind Abweichungen vom Erwarteten in positiver oder negativer Hinsicht. Ungewissheit ist der Zustand des auch teilweisen Fehlens von Informationen im Hinblick auf das Verständnis von Ereignissen oder Wissen über Ereignisse, ihre Folgen oder Wahrscheinlichkeiten. Risiko wird häufig durch Bezugnahme auf mögliche Ereignisse und Folgen, oder durch eine Kombination beider charakterisiert. Risiko wird häufig mittels der Folgen eines Ereignisses in Verbindung mit der Wahrscheinlichkeit seines Eintretens beschrieben.

Kompetenzen

Hier Fähigkeiten, Wissen und Fertigkeiten anzuwenden, um beabsichtigte Ergebnisse zu erzielen.

Wirksamkeiten

Hier Ausmaße, in denen geplante Tätigkeiten verwirklicht und geplante Ergebnisse erreicht werden

Energieziele

Hier quantifizierbare Ziele der wertschöpfenden Verbesserungen der energiebezogenen Leistungen. Ein Energieziel kann in einem Ziel enthalten sein.

Fortlaufende Verbesserungen

Hier wiederkehrende Tätigkeiten zum Steigern der Leistungen. Der Begriff bezieht sich auf kontinuierliche Verbesserungen, sogenannte KVPs der energiebezogenen Leistungen und der Energiemanagementsysteme.

Energien

Hier z. B. Elektrizität, Brennstoffe, Dampf, Wärme, Druckluft und vergleichbare Medien. Für die Zwecke der DIN EN ISO 50 001 bezieht sich der Begriff Energie auf verschiedene Arten von Energie, einschließlich erneuerbarer Energien, die erworben, gespeichert, aufbereitet, in nachhaltigen Bauwerkslebenszyklen oder Prozessen verwendet oder zurückgewonnen werden können.

Energieverbräuche

Hier Mengen der eingesetzten Energien.

Energieeffizienzen

Hier Verhältnis oder andere quantitative Beziehungen zwischen erzielten Leistungen bzw. Erträgen an Leistungen, Gütern, Waren oder Energien und der eingesetzten Energien. Sowohl Einsätze als auch Erträge sollten quantitativ und qualitativ klar festgelegt und messbar sein.

Energieeinsätze

Hier Anwendungen von Energie. Energieeinsätze werden auch als Endnutzungen von Energie bezeichnet.

Energetische Bewertungen

Hier Analysen der Energieeffizienzen, der Energieeinsätze und der Energieverbräuche, basierend auf Daten und anderer Informationen, die zu Identifizierungen von SEUs und von Möglichkeiten zu Verbesserungen der energiebezogenen Leistungen führen.

Wesentliche Energieeinsätze

Hier Energieeinsätze, die wesentliche Anteile an Energieverbräuchen haben und/oder erhebliche Potenziale für Verbesserungen der energiebezogenen Leistungen bieten. Kriterien dafür, was als wesentlich anzusehen ist, werden von Verantwortlichen der nachhaltigen Bauwerkslebenszyklen im wertschöpfenden Energiemanagement bestimmt. SEUs können Anlagen/Standorte, Systeme, Prozesse oder Einrichtungen sein.

Kontext der Organisationen von nachhaltigen Bauwerkslebenszyklen mit wertschöpfendem Energiemanagement

Verantwortliche von nachhaltigen Bauwerkslebenszyklen mit wertschöpfendem Instandhalten, Modernisieren und Abbrechen müssen externe und interne Themen bestimmen, die für ihre Zwecke relevant sind und sich auf ihre Fähigkeiten auswirken, damit die beabsichtigten Ergebnisse ihres Energiemanagements zu erreichen und ihre energiebezogenen Leistungen zu verbessern sind und:

- interessierte Parteien, die für die energiebezogenen Leistungen und das Energiemanagementsystem relevant sind, bestimmen,
- relevante Anforderungen dieser interessierten Parteien bestimmen,
- bestimmen, welche der erkannten Erfordernisse und Erwartungen die Organisationen mit ihrem Energiemanagement behandeln,
- sicherstellen, dass sie Zugang zu den geltenden rechtlichen Anforderungen und anderen Anforderungen bezüglich ihrer Energieeffizienz, ihrer Energieeinsätze und Energieverbräuche haben,
- bestimmen, wie diese Anforderungen auf ihre Energieeffizienz, ihre Energieeinsätze und Energieverbräuche anzuwenden sind,
- sicherstellen, dass diesen Anforderungen Rechnung getragen wird,
- ihre rechtlichen und anderen Anforderungen in festgelegten Abständen überprüfen usw.

Festlegen der Anwendungsbereiche des wertschöpfenden Energiemanagementsystems

Die Verantwortlichen von nachhaltigen Bauwerkslebenszyklen müssen die Grenzen und die Anwendbarkeit der wertschöpfenden Energiemanagementsysteme bestimmen, um deren Anwendungsbereiche festzulegen.

Bei der Festlegung der Anwendungsbereiche des Energiemanagementsystems müssen:

- die genannten externen und internen Themen sowie
- die genannten Anforderungen berücksichtigt werden.

Sie müssen zudem sicherstellen, dass sie die Befugnis zu Steuerungen ihrer Energieeffizienz, ihrer Energieeinsätze und Energieverbräuche innerhalb der Anwendungsbereiche und der Grenzen besitzen. Innerhalb der Anwendungsbereiche und der Grenzen dürfen sie keine Energiequelle ausschließen. Der Anwendungsbereich und die Grenzen des wertschöpfenden Energiemanagementsystems müssen als dokumentierte Information aufrechterhalten werden. Die Verantwortlichen müssen entsprechend den Anforderungen der DIN EN ISO 50 001 ein EnMS einführen, verwirklichen, aufrechterhalten und fortlaufend verbessern, einschließlich der erforderlichen Prozesse und ihrer Wechselwirkungen, und die energiebezogenen Leistungen fortlaufend verbessern.

Die erforderlichen Prozesse sind unterschiedlich, insbesondere aufgrund:

- der Verantwortlichen und der Art ihrer Tätigkeiten, Prozesse, Produkte und Leistungen,
- der Komplexität ihrer Prozesse und deren Wechselwirkungen,
- der Kompetenz der Beteiligten.

Führung zum wertschöpfenden Energiemanagement

Die Verantwortlichen für nachhaltige Bauwerkslebenszyklen müssen in Bezug auf die fortlaufende Verbesserung ihrer energiebezogenen Leistung und der Wirksamkeit des wertschöpfenden Energiemanagementsystems auch beim Instandhalten, Modernisieren und Abbrechen Führung und Verpflichtung zeigen, indem sie:

- sicherstellen, dass der Anwendungsbereich des EnMS und der Grenzen festgelegt ist,
- sicherstellen, dass die Energiepolitik, Ziele und Energieziele festgelegt und mit der strategischen Ausrichtung der Organisation vereinbar sind,
- sicherstellen, dass die Anforderungen des EnMS in die Geschäftsprozesse der Organisation integriert werden,
- sicherstellen, dass Aktionspläne genehmigt und umgesetzt werden,

- sicherstellen, dass die für das EnMS erforderlichen Ressourcen zur Verfügung stehen,
- die Bedeutung eines wertschöpfenden Energiemanagements sowie der Erfüllung der Anforderungen des EnMS vermitteln,
- sicherstellen, dass das EnMS sein beabsichtigtes Ergebnis bzw. seine beabsichtigten Ergebnisse erzielt,
- fortlaufende Verbesserungen der energiebezogenen Leistung und des EnMS fördern,
- die Bildung eines Energiemanagement-Teams sicherstellen,
- Personen anleiten und unterstützen, damit diese zur Wirksamkeit des EnMS und der Verbesserung der energiebezogenen Leistung beitragen können,
- andere relevante Verantwortliche unterstützen, um deren Führungsrolle in deren jeweiligen Verantwortungsbereichen deutlich zu machen,
- sicherstellen, dass die EnPIs die energiebezogenen Leistungen in geeigneter Weise darstellen,
- sicherstellen, dass innerhalb des Anwendungsbereichs und der Grenzen des EnMS Prozesse festgelegt und umgesetzt werden, um Veränderungen, die sich auf das EnMS und die energiebezogenen Leistungen auswirken, zu bestimmen und zu behandeln.

Die Verantwortlichen in nachhaltigen Bauwerkslebenszyklen müssen eine Energiepolitik festlegen, die normativ:

- für den Zweck der Bauwerkslebenszyklen mit wertschöpfendem Instandhalten, Modernisieren und Abbrechen angemessen ist,
- einen Rahmen zum Festlegen und Überprüfen von Zielen und Energiezielen bietet,
- Verpflichtungen enthält, die Verfügbarkeit von Informationen und erforderlichen Ressourcen zum Erreichen von Energiezielen sicherzustellen,
- Verpflichtungen zur Erfüllung geltender rechtlicher Anforderungen und anderer Anforderungen im Zusammenhang mit Energieeffizienz, Energieeinsätzen und Energieverbräuchen enthält,
- Verpflichtungen zu fortlaufenden Verbesserungen der energiebezogenen Leistungen und des EnMS enthält,
- Beschaffung von energieeffizienten Produkten und Leistungen unterstützt, die Auswirkungen auf die energiebezogenen Leistungen haben,
- auslegungsbezogene Tätigkeiten unterstützt, die die Verbesserungen der energiebezogenen Leistungen berücksichtigen.

Eine normengerechte Energiepolitik muss zudem:

- als dokumentierte Informationen verfügbar sein,
- innerhalb der nachhaltigen Bauwerkslebenszyklen bekanntgemacht werden,
- für interessierte Parteien verfügbar sein, soweit angemessen,
- regelmäßig überprüft und bei Bedarf aktualisiert werden usw.

Rollen, Verantwortlichkeiten und Befugnisse der Verantwortlichen für wertschöpfendes Energiemanagement

Die Verantwortlichen für nachhaltige Bauwerkslebenszyklen müssen sicherstellen, dass die Verantwortlichkeiten und Befugnisse für relevante Rollen zugewiesen und innerhalb der Organisation bekannt gemacht werden. Sie müssen dem Energiemanagement-Team die Verantwortlichkeiten und Befugnisse zuweisen für:

- Sicherstellung, dass das EnMS eingeführt, verwirklicht, aufrechterhalten und fortlaufend verbessert wird,
- Sicherstellung, dass das EnMS die Anforderungen der DIN EN ISO 50 001 erfüllt,
- Umsetzung von Aktionsplänen zu fortlaufenden Verbesserungen energiebezogener Leistungen,
- Berichte über die Leistung des EnMS und die Verbesserungen der energiebezogenen Leistungen in festgelegten Zeitabständen,
- Festlegung von Kriterien und Verfahren, die für Sicherstellung wirksamer Funktionen und Steuerungen des EnMS erforderlich sind.

Planungen für wertschöpfendes Energiemanagement

Bei Planungen für Energiemanagementsysteme in nachhaltigen Bauwerkslebenszyklen müssen die Verantwortlichen auch bei wertschöpfendem Instandhalten, Modernisieren und Abbrechen die genannten Themen und Anforderungen berücksichtigen sowie die Tätigkeiten und Prozesse der Lebenszyklen überprüfen, die sich auf die energiebezogenen Leistungen auswirken können.

Die Planungen müssen in Einklang mit der Energiepolitik stehen und zu Maßnahmen führen, die in einer fortlaufenden Verbesserung als kontinuierlicher Verbesserungsprozess (KVP) der energiebezogenen Leistungen resultieren.

Die Verantwortlichen müssen die Risiken und Chancen bestimmen, die behandelt werden müssen, um normativ

- sicherzustellen, dass das EnMS seine beabsichtigten Ergebnisse erzielen kann, einschließlich der Verbesserungen der energiebezogenen Leistungen,
- unerwünschte Auswirkungen zu verhindern oder zu verringern,
- eine fortlaufende Verbesserung des EnMS und der energiebezogenen Leistungen zu erreichen.

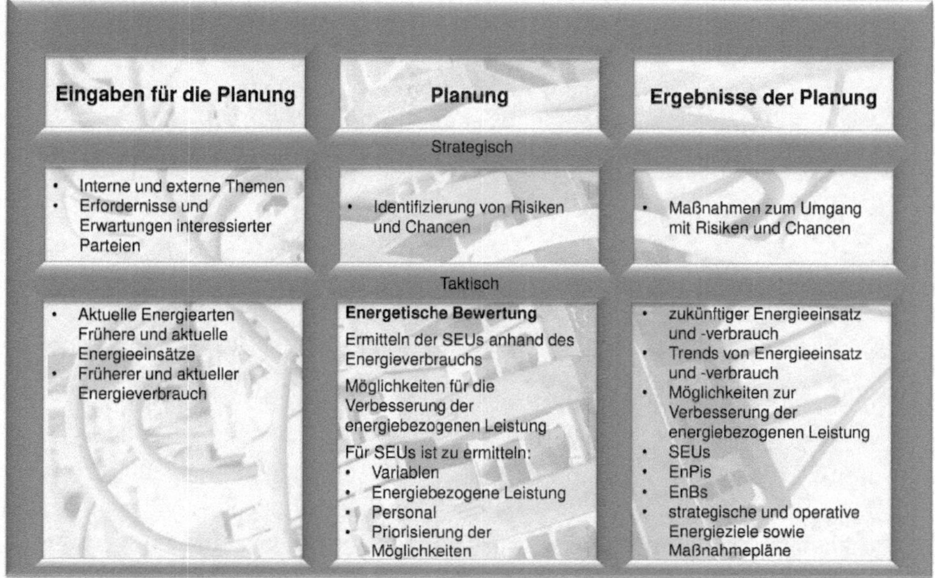

Bild 2.19 Konzeptdiagramm zum Energieplanungsprozess

Die Verantwortlichen für wertschöpfendes Energiemanagement müssen Folgendes normativ planen:

Maßnahmen zum Umgang mit diesen Risiken und Chancen, wie:

- die Maßnahmen, in die Prozesse des EnMS und der energiebezogenen Leistung integriert und dort umgesetzt werden,
- die Wirksamkeit dieser Maßnahmen bewertet wird.

Sie müssen auch Ziele für relevante Funktionen und Ebenen festlegen, insbesondere Energieziele.

Die Ziele und die Energieziele müssen normativ:

- im Einklang mit der Energiepolitik stehen,
- messbar sein,
- den anwendbaren Anforderungen Rechnung tragen,
- SEUs berücksichtigen,
- Chancen zu Verbesserungen der energiebezogenen Leistungen Rechnung tragen,
- überwacht werden,
- vermittelt werden,
- aktualisiert werden, soweit angemessen.

Verantwortliche müssen dokumentierte Informationen zu den Zielen und Energiezielen aufbewahren.

Bei der Planung zum Erreichen der Ziele und Energieziele müssen die Verantwortlichen Aktionspläne festlegen und aufrechterhalten, die normativ einschließen:

- was getan werden wird,
- welche Ressourcen erforderlich sind,
- wer verantwortlich ist,
- wann es abgeschlossen wird,
- wie die Ergebnisse bewertet werden, einschließlich der Verfahren, die zu Verifizierungen der Verbesserungen der energiebezogenen Leistungen verwendet werden.

Die Verantwortlichen müssen berücksichtigen, wie die Maßnahmen zum Erreichen ihrer Ziele und Energieziele in die Prozesse der Bauwerkslebenszyklen integriert werden können und dokumentierte Informationen zu Aktionsplänen aufbewahren.

Energetische Bewertungen im wertschöpfenden Energiemanagement

Verantwortliche für nachhaltige Bauwerkslebenszyklen müssen im normativen Energiemanagement energetische Bewertungen entwickeln und durchführen.

Für die Ausführung der energetischen Bewertungen müssen die Organisationen normativ:

- Energieeinsätze und -verbräuche auf Grundlage von Messungen und anderen Daten analysieren, d. h.:
  - aktuelle Energiearten ermitteln,
  - frühere und aktuelle Energieeinsätze und -verbräuche bewerten,
  - auf der Grundlage der Analysen SEUs identifizieren,
- für jeden SEU:
  - die relevanten Variablen bestimmen,
  - die aktuellen energiebezogenen Leistungen bestimmen,
  - die Personen ermitteln, die unter ihrer Aufsicht Tätigkeiten verrichten und die auf die SEUs Einfluss haben oder nehmen,
  - Chancen zu Verbesserungen der energiebezogenen Leistungen bestimmen und priorisieren,
  - die künftigen Energieeinsätze und Energieverbräuche abschätzen.

Die energetischen Bewertungen müssen in festgelegten Zeitabständen sowie auch in Folge größerer Änderungen bei Technologien, Anlagen, Standorten, Einrichtungen, Systemen, Energie nutzenden Prozessen usw. aktualisiert werden.

Die Verantwortlichen müssen die Verfahren und Kriterien, die bei Ausführungen der energetischen Bewertungen verwendet werden, als dokumentierte Informationen aufrechterhalten sowie dokumentierte Informationen zu den Ergebnissen aufbewahren und sie müssen EnPIs bestimmen, die normativ:

- für Messungen und Überwachungen ihrer energiebezogenen Leistungen geeignet sind,
- es Organisationen ermöglichen, Verbesserungen der energiebezogenen Leistungen nachzuweisen.

Die Verfahren zu Bestimmungen und Aktualisierungen der EnPI(s) müssen als dokumentierte Informationen aufrechterhalten werden.

Wo in den Bauwerkslebenszyklen Daten vorliegen, die darauf hinweisen, dass relevante Variablen sich wesentlich auf die energiebezogenen Leistungen auswirken, müssen diese Daten für Festlegungen geeigneter EnPIs berücksichtigt werden. Die EnPI-Werte müssen überprüft und mit ihren entsprechenden EnBs verglichen werden.

Verantwortliche müssen dokumentierte Informationen zu EnPI-Werten aufbewahren und normativ EnBs unter Verwendung der Informationen aus energetischen Bewertungen festlegen und angemessenen Zeiträumen Rechnung tragen.

Wenn in Bauwerkslebenszyklen Daten vorliegen, die darauf hinweisen, dass relevante Variablen sich wesentlich auf die energiebezogenen Leistungen auswirken, müssen sie eine Normalisierung der EnPI-Werte und der entsprechenden EnBs vornehmen. Je nach Art der Tätigkeiten kann die Normalisierung eine einfache Anpassung oder ein komplexeres Verfahren sein.

EnBs müssen modifiziert werden, falls einer oder mehrere der folgenden Fälle eintreten:

- die EnPIs spiegeln nicht länger die energiebezogene Leistung der Lebenszyklen wider,
- es gab größere Veränderungen bei den statischen Faktoren,
- in Übereinstimmung mit einem im Voraus bestimmten Verfahren.

Die Verantwortlichen müssen Informationen zu den EnBs, zu Daten relevanter Variablen und zu Modifikationen der EnBs als dokumentierte Informationen aufbewahren.

Planungen zu Energiedatensammlungen im wertschöpfenden Energiemanagement

Verantwortliche für nachhaltige Bauwerkslebenszyklen müssen normativ sicherstellen, dass Hauptmerkmale ihrer Tätigkeiten, die sich auf energiebezogene Leistungen auswirken, identifiziert und in geplanten Zeitabständen gemessen, überwacht und analysiert werden. Sie müssen einen Plan für die Energiedatensammlungen festlegen und umsetzen, der für ihre Größe, ihre Komplexität, ihre Ressourcen und ihre Mess- und Überwachungsausrüstungen angemessen ist. Dieser Plan muss die für die Überwachung der Hauptmerkmale erforderlichen Daten festlegen und angeben, wie und mit welcher Häufigkeit die Daten gesammelt und aufbewahrt werden müssen.

Die zu sammelnden Daten sowie die aufzubewahrenden dokumentierten Informationen müssen Folgendes normativ beinhalten:

- relevante Variablen bezüglich SEUs,
- Energieverbräuche bezüglich SEUs und der Organisationen,
- betriebliche Kriterien bezüglich SEUs,
- statische Faktoren, falls zutreffend,
- in Aktionsplänen festgelegte Daten usw.

Der Plan für die Energiedatensammlungen muss in festgelegten Zeitabständen überprüft und aktualisiert werden, soweit angemessen. Die Verantwortlichen müssen sicherstellen, dass die zu Messungen von Hauptmerkmalen verwendeten Ausrüstungen Daten bereitstellen, die genau und wiederholbar sind und sie müssen dokumentierte Informationen zu Messungen und Überwachungen und zu anderen Mitteln zu Feststellungen von Genauigkeiten und Wiederholbarkeiten aufbewahren.

Unterstützungen im wertschöpfenden Energiemanagement

Die Verantwortlichen in nachhaltigen Bauwerkslebenszyklen müssen normativ erforderliche Ressourcen für Aufbau, Verwirklichungen, Aufrechterhaltung und fortlaufende Verbesserungen der energiebezogenen Leistungen und des EnMS bestimmen und bereitstellen.

Verantwortliche müssen normativ im wertschöpfendem Energiemanagement:

- für Personen, die unter ihrer Aufsicht Tätigkeiten verrichtet bzw. verrichten, welche die energiebezogene Leistung und das EnMS der Bauwerkslebenszyklen beeinflussen, die erforderlichen Kompetenzen bestimmen,
- sicherstellen, dass diese Personen auf Grundlage angemessener Ausbildungen, Schulungen, Fertigkeiten oder Erfahrungen kompetent sind,
- wenn erforderlich, Maßnahmen einleiten, um die benötigten Kompetenzen zu erwerben und die Wirksamkeiten der getroffenen Maßnahmen zu bewerten,
- angemessene dokumentierte Informationen als Nachweise der Kompetenzen aufbewahren.

Erforderliche Maßnahmen können z.B. Schulungen sein.

Personen, die unter Aufsicht der Verantwortlichen nachhaltiger Bauwerkslebenszyklen Tätigkeiten im wertschöpfenden Energiemanagement verrichten, müssen sich normativ:

- der Energiepolitik,
- ihres Beitrags zur Wirksamkeit des EnMS, einschließlich des Erreichens von Zielen und Energiezielen und der Vorteile einer verbesserten energiebezogenen Leistung,
- des Einflusses ihrer Tätigkeiten oder ihres Verhaltens hinsichtlich der energiebezogenen Leistungen,
- der Folgen einer Nichterfüllung der Anforderungen des EnMS bewusst sein.

Die Verantwortlichen müssen die internen und externen Kommunikationen in Bezug auf das EnMS normativ bestimmen, einschließlich:

- worüber kommuniziert wird,
- wann kommuniziert wird,
- mit wem kommuniziert wird,
- wie kommuniziert wird,
- wer kommuniziert.

Bei Festlegungen ihrer Kommunikationsprozesse müssen Verantwortliche sicherstellen, dass die vermittelten Informationen mit den innerhalb des EnMS erzeugten Informationen übereinstimmen und zuverlässig sind.

Die Verantwortlichen müssen normativ Prozesse einführen und umsetzen, die es jeder der unter Aufsicht der Organisation Tätigkeiten verrichtenden Personen ermöglicht, Kommentare oder Verbesserungsvorschläge zum EnMS und zu energiebezogenen Leistungen abzugeben sowie erwägen, dokumentierte Informationen zu Verbesserungsvorschlägen aufzubewahren.

Dokumentierte Informationen im wertschöpfenden Energiemanagement

Wertschöpfendes Energiemanagement in nachhaltigen Bauwerkslebenszyklen muss einschließen:

- die von der DIN EN ISO 50 001 geforderten dokumentierten Informationen,
- dokumentierte Informationen, welche die Verantwortlichen als notwendig für die Wirksamkeit des EnMS und den Nachweis der Verbesserungen der energiebezogenen Leistungen bestimmt haben.

Der Umfang dokumentierter Informationen für ein EnMS kann sich von Bauwerkslebenszyklus zu Bauwerkslebenszyklus unterscheiden, und zwar aufgrund:

- der Größe der Bauwerke und der Art ihrer Nutzungen, Prozesse, Produkte und Leistungen,
- der Komplexität ihrer Prozesse und deren Wechselwirkungen,
- der Kompetenz der Personen.

Beim Erstellen und Aktualisieren dokumentierter Informationen müssen Verantwortliche im wertschöpfenden Energiemanagement normativ:

- angemessene Kennzeichnungen und Beschreibungen,
- angemessene Formate, wie z. B. Sprache, Softwareversion, Grafiken sowie Medien usw.,
- angemessene Überprüfungen und Genehmigungen im Hinblick auf Eignungen und Angemessenheit sicherstellen.

Die für das wertschöpfende Energiemanagement erforderlichen und von der DIN EN ISO 50 001 geforderten dokumentierten Informationen müssen gelenkt werden, um sicherzustellen, dass sie:

- verfügbar und für Verwendungen geeignet sind, wo und wann sie benötigt werden,
- hinreichend geschützt werden.

Zu Lenkungen dokumentierter Informationen müssen die Verantwortlichen, soweit zutreffend, folgende Tätigkeiten normativ behandeln:

- Verteilungen, Zugriffe, Auffindungen und Verwendungen,
- Ablagen, Speicherung und Erhaltung, einschließlich Erhaltung der Lesbarkeit,
- Überwachungen von Änderungen,
- Aufbewahrungen und Verfügungen über den weiteren Verbleib.

Dokumentierte Informationen externer Herkunft, die von Verantwortlichen als notwendig für Planung und Betrieb des EnMS bestimmt wurden, müssen angemessen gekennzeichnet und gelenkt werden.

Zugriffe können Entscheidungen voraussetzen, mit denen die Erlaubnis erteilt wird, dokumentierte Informationen lediglich zu lesen, oder die Erlaubnis und Befugnis zum Lesen und Ändern dokumentierter Informationen.

Betrieb für wertschöpfendes Energiemanagement

Verantwortliche im wertschöpfenden Energiemanagement von nachhaltigen Bauwerkslebenszyklen müssen die mit ihren SEUs in Zusammenhang stehenden Prozesse, die zu Erfüllungen der Anforderungen sowie zu Durchführungen der festgelegten Maßnahmen erforderlich sind, planen, verwirklichen und steuern, indem sie:

- Kriterien für die Prozesse festlegen, einschließlich des wirksamen Betriebs und der Instandhaltungen, Modernisierungen und Abbrüche ihrer Technologien, Anlagen, Standorte, Einrichtungen, Systeme und Energie nutzenden Prozesse, wo das Fehlen solcher Kriterien zu signifikanten Abweichungen von vorgesehenen energiebezogenen Leistungen führen könnte. Kriterien für signifikante Abweichungen werden von den Verantwortlichen bestimmt,

- den relevanten Personen, die unter Aufsicht der Verantwortlichen Tätigkeiten verrichten, die Kriterien vermitteln,
- Steuerungen der Prozesse in Übereinstimmung mit den Kriterien durchführen, einschließlich Betrieb und Instandhaltungen, Modernisierungen und Abbrüchen von Technologien, Anlagen, Standorten, Einrichtungen, Systemen und Energie nutzenden Prozessen in Übereinstimmung mit den festgelegten Kriterien,
- dokumentierte Informationen im notwendigen Umfang bereithalten, so dass darauf vertraut werden kann, dass die Prozesse wie geplant durchgeführt wurden.

Die Verantwortlichen müssen geplante Änderungen überwachen sowie die Folgen unbeabsichtigter Änderungen beurteilen und, falls notwendig, Maßnahmen ergreifen, um jegliche negativen Auswirkungen zu vermindern.

Verantwortliche müssen sicherstellen, dass ausgegliederte SEUs bzw. mit ihren SEUs im Zusammenhang stehende Prozesse gesteuert werden und sie müssen Möglichkeiten zu Verbesserungen der energiebezogenen Leistungen und betriebliche Steuerungen bei Auslegungen neuer, veränderter oder verbesserten Technologien, Anlagen, Standorten, Einrichtungen, Systemen und Energie nutzender Prozesse berücksichtigen, die wesentliche Einflüsse auf ihre energiebezogenen Leistungen über die geplanten oder erwarteten Nutzungsdauern haben können. Wo zutreffend, müssen die Ergebnisse der Betrachtungen bzgl. der energiebezogenen Leistungen in die Spezifikationen, Auslegungen und Beschaffungstätigkeiten mit einbezogen werden.

Die Verantwortlichen müssen dokumentierte Informationen zu Auslegungstätigkeiten, die mit den energiebezogenen Leistungen im Zusammenhang stehen, aufbewahren und sie müssen Kriterien für Bewertungen der energiebezogenen Leistungen über geplante oder erwartete Nutzungsdauern festlegen und umsetzen, wenn sie Energie nutzende Technologien, Produkte, Einrichtungen und Leistungen beschaffen, von denen wesentliche Auswirkungen auf die energiebezogenen Leistungen der Bauwerkslebenszyklen erwartet werden.

Bei der Beschaffung von Energie nutzenden Technologien, Produkten, Einrichtungen und Leistungen, die eine Auswirkung auf die SEUs haben oder haben können, müssen Verantwortliche die Lieferanten darüber informieren, dass die energiebezogenen Leistungen eines der Bewertungskriterien für die Beschaffung sind.

Wo zutreffend, müssen die Verantwortlichen normativ Spezifikationen festlegen und vermitteln für:

- Sicherstellungen der energiebezogenen Leistungen beschaffter Einrichtungen und Dienstleistungen,
- die Energiebeschaffungen.

Bewertungen der Leistungen im wertschöpfenden Energiemanagement

Die Verantwortlichen für das wertschöpfende Energiemanagement in nachhaltigen Bauwerkslebenszyklen müssen für die energiebezogenen Leistungen und das EnMS bestimmen, was überwacht und gemessen werden muss, darunter mindestens die folgenden Hauptmerkmale:

- die Wirksamkeit der Aktionspläne zur Erreichung von Zielen und Energiezielen,
- die EnPIs,
- der Betrieb der SEUs,
- die tatsächlichen gegenüber den erwarteten Energieverbräuchen,
- die Methoden zu Überwachungen, Messungen, Analysen und Bewertungen, soweit zutreffend, um gültige Ergebnisse sicherzustellen,
- wann Überwachungen und Messungen durchzuführen sind,
- wann Ergebnisse der Überwachungen und Messungen zu analysieren und zu bewerten sind.

Verantwortliche müssen ihre energiebezogenen Leistungen und Wirksamkeit des EnMS bewerten.

Die Verbesserung der energiebezogenen Leistungen müssen durch Vergleich der EnPI-Werte mit den entsprechenden EnBs bewertet werden.

Die Verantwortlichen müssen wesentliche Abweichungen in den energiebezogenen Leistungen untersuchen und darauf reagieren. Sie müssen dokumentierte Informationen zu den Ergebnissen der Untersuchungen und der Reaktionen darauf aufbewahren und angemessene dokumentierte Information zu den Ergebnissen der Überwachung und Messungen aufbewahren.

In geplanten Abständen müssen Verantwortliche die Einhaltung rechtlicher und anderer Anforderungen bezüglich ihrer Energieeffizienz, ihrer Energieeinsätze und -verbräuche ihres sowie des EnMS bewerten und sie müssen dokumentierte Informationen zu den Ergebnissen der Bewertung der Einhaltung und allen ergriffenen Maßnahmen aufbewahren. Verantwortliche nachhaltiger Bauwerkslebenszyklen müssen das wertschöpfende Energiemanagement in geplanten Abständen bewerten, um dessen fortdauernde Eignung, Angemessenheit, Wirksamkeit und Übereinstimmung mit den strategischen Ausrichtungen der Bauwerkslebenszyklen mit wertschöpfendem Instandhalten, Modernisieren und Abbrechen sicherzustellen.

Eine normative Energiemanagementbewertung muss folgende Aspekte einschließen:

- den Status von Maßnahmen vorheriger Managementbewertungen,
- Veränderungen bei externen und internen Themen und damit verbundenen Risiken und Chancen, die das EnMS betreffen,

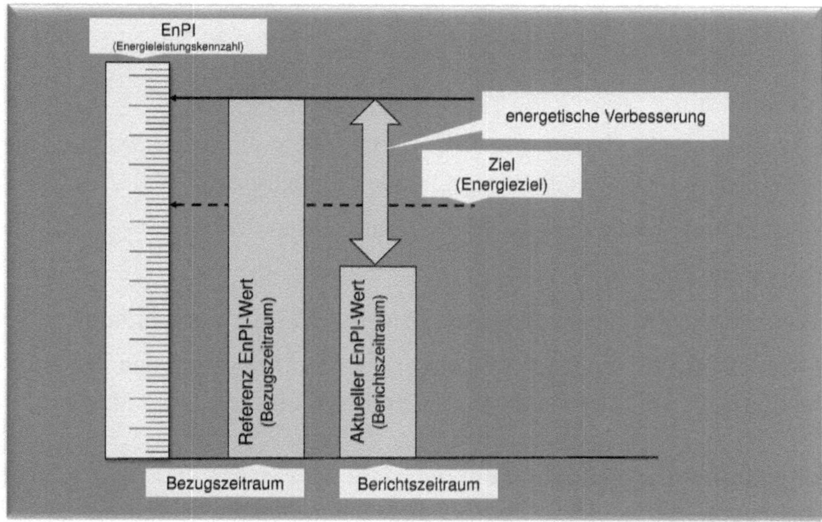

Bild 2.20 EnPI und EnPI-Wert (nach Bild A.3 der DIN EN ISO 50 001)

- Informationen über die Leistung des EnMS, einschließlich Entwicklungen bei:
  - Nichtkonformitäten und Korrekturmaßnahmen,
  - Ergebnissen von Überwachungen und Messungen,
  - Auditergebnissen,
  - Ergebnissen der Bewertung der Einhaltung rechtlicher Anforderungen und anderer Anforderungen,
- Möglichkeiten zu fortlaufenden Verbesserungen, auch im Hinblick auf die Kompetenz,
- die Energiepolitik.

Die Eingangsgrößen für normative Managementbewertungen bezüglich der energiebezogenen Leistungen müssen:

- das Ausmaß, in dem Ziele und Energieziele erreicht wurden,
- die energiebezogenen Leistungen und Verbesserungen der energiebezogenen Leistungen auf Grundlage von Überwachungs- und Messergebnissen, einschließlich der EnPI(s),
- den Status der Aktionspläne

einschließen.

Die Ergebnisse der Managementbewertungen müssen normativ Entscheidungen zu Möglichkeiten der fortlaufenden Verbesserungen sowie zu jeglichem Änderungsbedarf am EnMS enthalten, einschließlich:

- Möglichkeiten zur Verbesserung der energiebezogenen Leistung,
- der Energiepolitik,
- der EnPIs oder EnBs,
- der Ziele, Energieziele, Aktionspläne oder anderer Elemente des EnMS und der bei Nichterreichung von Zielen zu ergreifenden Maßnahmen,
- Möglichkeiten zu Verbesserungen der Integrationen in Prozesse,
- Ressourcenbereitstellungen,
- Verbesserungen von Kompetenzen, Bewusstsein und Kommunikationen.

Verantwortliche Organisationen müssen dokumentierte Informationen als Nachweis der Ergebnisse der normativen Managementbewertungen aufbewahren.

Verbesserungen zum wertschöpfenden Energiemanagement

Wenn Nichtkonformitäten im Energiemanagement nach der DIN EN ISO 50 001 festgestellt werden, müssen die Verantwortlichen in nachhaltigen Bauwerkslebenszyklen darauf reagieren und, soweit zutreffend:

- Maßnahmen zu Überwachungen und Korrekturen ergreifen,
- mit den Folgen umgehen,
- die Notwendigkeit von Maßnahmen zur Beseitigung der Ursachen von Nichtkonformitäten bewerten, damit diese nicht erneut oder an anderer Stelle auftreten, und zwar durch:
  - Überprüfen der Nichtkonformität,
  - Bestimmen der Ursachen der Nichtkonformität,
  - Bestimmen, ob vergleichbare Nichtkonformitäten bestehen oder möglicherweise auftreten können,
- erforderliche Maßnahmen einleiten,
- Wirksamkeiten ergriffener Korrekturmaßnahmen überprüfen,
- Änderungen am EnMS vornehmen, sofern erforderlich.

Korrekturmaßnahmen müssen den Auswirkungen der aufgetretenen Nichtkonformitäten angemessen sein.

Die verantwortlichen Organisationen müssen normativ dokumentierte Informationen aufbewahren über:

- die Art der Nichtkonformitäten sowie ergriffene Folgemaßnahmen,
- der Ergebnisse jeglicher Korrekturmaßnahmen.

Fortlaufende Verbesserungen zum wertschöpfenden Energiemanagement

Die Verantwortlichen in nachhaltigen Bauwerkslebenszyklen müssen Eignung, Angemessenheit und Wirksamkeit ihres wertschöpfenden Energiemanagements fortlaufend im sogenannten kontinuierlichen Verbesserungsprozess (KVP) verbessern.

Verantwortliche müssen fortlaufende Verbesserungen der energiebezogenen Leistungen nachweisen.

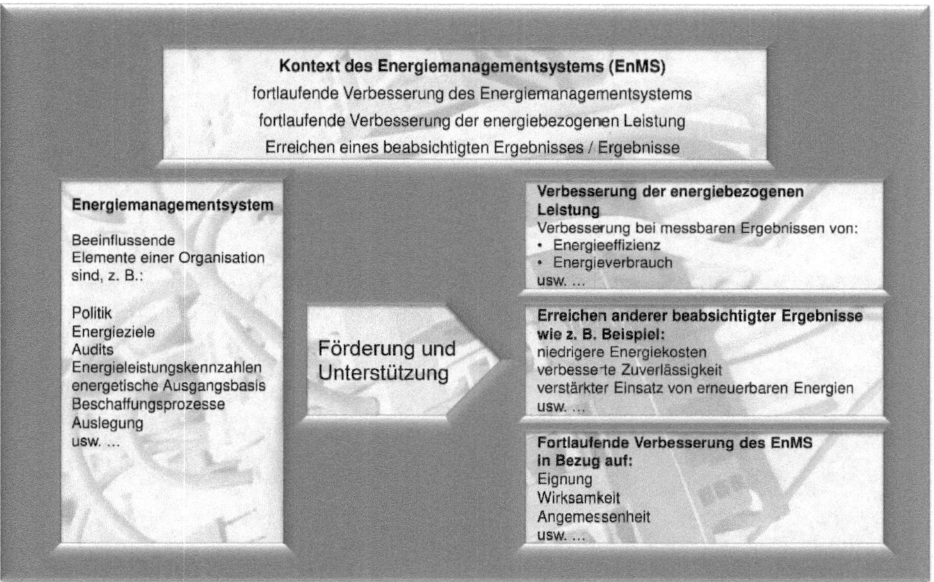

Bild 2.21 Zusammenhang zwischen energiebezogener Leistung und EnMS

2.4 Bauwerksmanagement zur Wertschöpfung

Ein wertschöpfendes Bauwerksmanagement mit kaufmännischem, technischem und infrastrukturellem Management mit Flächenmanagement ist bei Instandhaltungen, Modernisierungen, Abbruch und Rückbau konzeptionell für nachhaltige Bauwerkslebenszyklen von großer Bedeutung.

Die DIN 32 736:2000-08 Gebäudemanagement - Begriffe und Leistungen definiert normative Begriffe und beschreibt normative Leistungen des Gebäudemanagements und dient dem einheitlichen Sprachgebrauch sowie der Strukturierung von Leistungen, so auch von Leistungen der Instandhaltung und Modernisierung zum Bauwerk.

Ausgewählte Begriffe zum wertschöpfenden Bauwerksmanagement

Gebäudemanagement GM

Normative Gesamtheit aller Leistungen zum Betreiben und Bewirtschaften von Gebäuden einschließlich der baulichen und technischen Anlagen auf der Grundlage ganzheitlicher Strategien. Dazu gehören normativ die technischen, infrastrukturellen und kaufmännischen Leistungen auch des Rückbaus, der Instandhaltung und des Abfallmanagements.

Normatives Gebäudemanagement zielt auf strategische Konzeptionen, Organisationen und Kontrollen, hin zu integralen und iterativen Ausrichtungen der traditionell additiv erbrachten einzelnen Leistungen.

Das normative Gebäudemanagement gliedert sich in drei Leistungsbereiche:

- Technisches Gebäudemanagement TGM,
- Infrastrukturelles Gebäudemanagement IGM und
- Kaufmännisches Gebäudemanagement KGM.

In allen drei normativen Leistungsbereichen können flächenbezogene Leistungen enthalten sein. Darüber hinaus bestehen Schnittstellen zum Flächenmanagement der Gebäude-Eigentümer und -Nutzer.

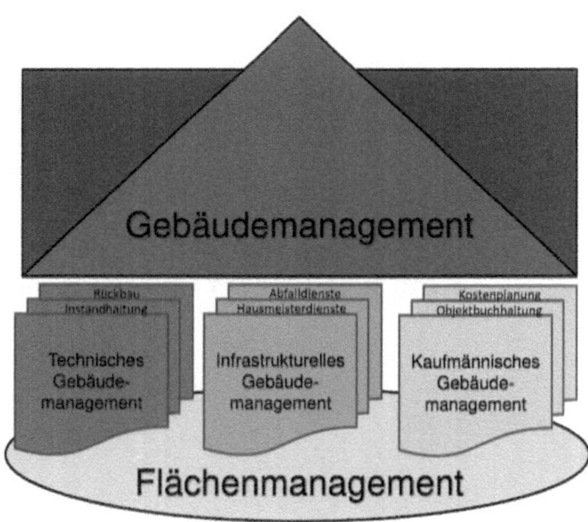

Bild 2.22 Leistungsbereiche des normativen Gebäudemanagements für Bauwerke

Normativ betrachtet wird die gesamte Nutzungsphase eines oder mehrerer Gebäude mit den Zielen der Erhöhung der Wirtschaftlichkeit, der Werterhaltung, der Optimierung der Gebäudenutzung und der Minimierung des Ressourceneinsatzes unter Berücksichtigung des Umweltschutzes. Die Optimierung von Gebäudemanagement-Leistungen erhöht die Qualität und Wirtschaftlichkeit von Gebäuden und deren Betrieb und die damit verbundenen Prozesse, Dabei fließen Erfahrungen und Informationen aus dem nutzungsbegleitenden Betreiben und Bewirtschaften in die Planungen von Umbauten bzw. Neubauten zurück. Aus diesem Grund können auch Leistungen des Gebäudemanagements bereits bei Rückbau, Instandhaltung oder Abfallmanagement von Gebäuden zur Anwendung kommen.

Technisches Gebäudemanagement TGM

Es umfasst normativ alle Leistungen, die zum Betreiben und Bewirtschaften der baulichen und technischen Anlagen von Gebäuden erforderlich sind.

Infrastrukturelles Gebäudemanagement IGM

Es umfasst normativ geschäftsunterstützende Dienstleistungen, welche die Nutzungen von Gebäuden verbessern.

Kaufmännisches Gebäudemanagement KGM

Es umfasst normativ alle kaufmännischen Leistungen aus den Bereichen TGM, IGM unter Beachtung der Gebäudeökonomie.

Leistungen der Instandhaltung und der Modernisierung im wertschöpfenden Bauwerksmanagement

Normatives Gebäudemanagement präzisiert die Gesamtheit aller Nutzeranforderungen. GM integriert und koordiniert das Fachwissen aus Technik, Wirtschaft und Recht innerhalb der Planungs- und Betreiberphase von Gebäuden und Liegenschaften. Das normative Gebäudemanagement wählt Art und Umfang der Leistungen aus und legt die Organisation fest.

Es wird normativ unterschieden bei Instandhaltungs- oder Modernisierungsleistungen in:

- strategische Leistungen mit Schwerpunkt auf Führung und Entscheidung,
- administrative Leistungen mit Schwerpunkt auf Handhabung, Organisation und Planung,
- operative Leistungen mit Schwerpunkt auf Umsetzung und Ausführung wie nachfolgend beschrieben.

Die Grenzen zwischen den normativen Leistungen können fließend sein. Die nachfolgenden normativen Leistungen sind beispielhaft ohne Anspruch auf Vollständigkeit und ohne Bewertung der Reihenfolge aufgeführt.

Leistungen des Technischen Gebäudemanagements zu Instandhaltung und Modernisierung im wertschöpfenden Bauwerksmanagement

Es geht um die Gesamtheit der normativen Leistungen im Rahmen des Technischen Gebäudemanagements bei Instandhaltungen oder Modernisierungen in nachhaltigen Bauwerkslebenszyklen. Bild 2.23 zeigt die Gesamtheit der normativen Leistungen des Technischen Gebäudemanagements TGM.

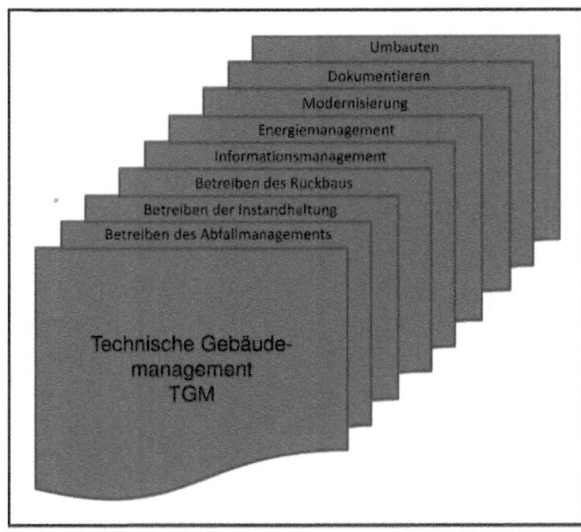

Bild 2.23 Leistungsbereiche des Technischen Gebäudemanagements

Betreibungen zu Instandhaltung und Modernisierung im wertschöpfenden Bauwerksmanagement

Zur wirtschaftlichen Nutzung der baulichen und technischen Anlagen nach Instandhaltung oder Modernisierung in nachhaltigen Bauwerkslebenszyklen sind Leistungen erforderlich wie z. B.:

- Übernahmen,
- Inbetriebnahmen,
- Bedienungen,
- Überwachungen, Messungen, Steuerungen, Regelungen, Leitungen,
- Optimierungen,
- Instandhaltungen (Wartungen, Pflege, Inspektionen, Instandsetzungen, Verbesserungen) im baulichen Bestand insbesondere nach DIN 31 051,
- Behebungen von Störungen,
- Außerbetriebnahmen,
- Wiederinbetriebnahmen,
- Ausmusterungen (u. a. Abfallmanagementleistungen),
- Wiederholungsprüfungen,
- Erfassungen von Verbrauchswerten sowie
- Einhaltungen von Betriebsvorschriften.

Dokumentierung

Normativ erforderliche Erfassungen, Speicherungen und Fortschreibungen aller Daten und Informationen über den Bauwerkslebenszyklus und die Betriebsführung wie insbesondere:

- Bestandsunterlagen,
- Verbrauchsdaten,
- Betriebsprotokolle,
- Betriebsanweisungen,
- Abnahmeprotokolle sowie
- Wartungsprotokolle.

Energiemanagement

Zum Energiemanagement gehören normative Leistungen wie insbesondere:

- Gewerke übergreifende Analysen zu Energieverbrauchern,
- Ermittlungen von Optimierungspotenzialen,
- Planungen von Maßnahmen unter betriebswirtschaftlichen Aspekten,
- Berechnungen von Rentabilitäten,
- Umsetzungen von Einsparungsmaßnahmen sowie
- Nachweise von Einsparungen.

Informationsmanagement

Zum normativen Informationsmanagement gehört die Gesamtheit der Leistungen von Erfassungen, Auswertungen, Weiterleitungen und Verknüpfungen von Informationen und Meldungen für das Betreiben über Bauwerkslebenszyklen.

Normative Aufgaben dabei sind Konzeptionen, Bewertungen und Entscheidungen zum Einsatz von Informations-, Kommunikations- und Automationssystemen jeglicher Art wie:

- Gebäudeautomation (GA),
- Computer Aided Facility Management (CAFM),
- Brandmeldesysteme und Zugangskontrollen (BM/ZK),
- Einbruchmeldesysteme (EM),
- Kommunikationen,
- Telefone sowie
- Video.

Modernisierungen

Leistungen zur Verbesserung der Istzustände von baulichen und technischen Anlagen mit dem Ziel, diese an den Stand der Technik anzupassen und die Wirtschaftlichkeit zu erhöhen.

Instandsetzungen

Leistungen zur Wiederherstellung des Sollzustandes von baulichen und technischen Anlagen, die insbesondere nicht mehr den technischen, wirtschaftlichen und/oder ökologischen sowie gesetzlichen Anforderungen entsprechen.

Umbauten

Leistungen, die im Rahmen von Funktions- und Nutzungsänderungen von baulichen und technischen Anlagen erforderlich sind. Bei Gebäudeumbauten sind oftmals Rückbau- und Abfallmanagement-Leistungen verbunden.

Verfolgungen von Gewährleistungen

Zur normativen Sicherstellung von zugesagten Leistungen und Eigenschaften von baulichen und technischen Anlagen während der Gewährleistungsfristen nach Rückbau, Instandhaltung oder Abfallmanagement im Bestand gehören Leistungen wie insbesondere:

- Begleitungen von Abnahmen und Übergaben,
- Übernahmen von Mängelmeidungen aus der technischen Betriebsführung,
- Erfassungen von Mängeln,
- Geltendmachung von Gewährleistungsansprüchen,
- Verfolgungen von Mängelbeseitigungen,
- Begleitungen und Abnahmen von Mängelbeseitigungen sowie
- Unterstützungen bei Beweissicherungen.

Leistungen des Infrastrukturellen Gebäudemanagements im wertschöpfenden Bauwerksmanagement

Bild 2.24 zeigt die normative Gesamtheit infrastruktureller Gebäudemanagementleistungen in nachhaltigen Bauwerkslebenszyklen.

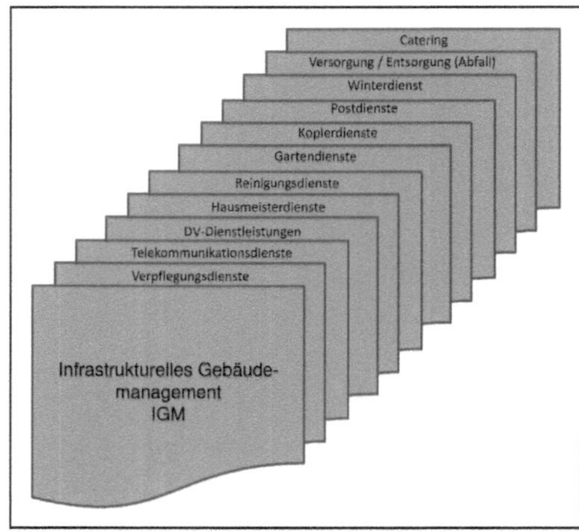

Bild 2.24 Leistungsbereiche des Infrastrukturellen Gebäudemanagements

Verpflegungsdienste

Gesamtheit der Leistungen für Gemeinschafts- oder Sozialverpflegungen wie:

- Beschaffungen und Zubereitungen von Nahrungsmitteln für Haupt- und Zwischenverpflegungen sowie
- Ausstattungen und Unterhaltungen von Restaurants, Kantinen oder Pausenräumen usw.

DV-Dienstleistungen

Gesamtheit der Leistungen zum Aufbau, zu Inbetriebnahmen und zu Aufrechterhaltungen der elektronischen Datenerfassungen, der Datenaufbereitungen sowie des elektronischen Datenaustausches für die Unterstützung der Geschäftsprozesse wie insbesondere:

- Sicherungen von Daten,
- Installationen von Softwaren und neuen Programmversionen (Updates),
- Anpassungen von DV-Systemen an neue Anwendungen,
- Pflege der DV-Systeme,
- Schulungen, Einweisungen und Hotline-Dienste,
- Behebungen von Störungen an Hard- und Software sowie
- Inbetriebnahmen von Hardware.

Gärtnerdienste

Gesamtheit der Leistungen zu Instandhaltungen und Pflege der Außenanlagen (Vegetationsflächen, Wege und Plätze, Spiel-, sonstige Freizeitanlagen usw.) sowie der Bauwerksbegrünung (Dach-, Fassaden-, Innenraumbegrünung) wie insbesondere:

- Wässerungen, Düngungen, Pflanzenschutz,
- Säuberungen der Flächen,
- Schneiden, Ausputzen, Aufbinden von Pflanzen,
- Auswechselungen von Pflanzen, Nachpflanzen,
- Mähen, Vertikutieren, Aerifizieren, Besanden,
- Bodenbearbeitungen,
- Überprüfungen der technischen Einrichtungen für die Vegetation,
- Überprüfungen der Verkehrssicherheit von Bäumen sowie
- Winterschutzmaßnahmen.

Hausmeisterdienste

Gesamtheit der Leistungen zur Sicherstellung der Gebäudefunktionen wie insbesondere:

- Sicherheitsinspektionen,
- Aufzugswärterdienste,
- Sicherstellungen der Objektsauberkeit,

- Einhaltungen der Hausordnungen,
- Kleinere Instandsetzungen (Instandhaltungen).

Interne Postdienste

Gesamtheit der Leistungen, die den Versand und die Zustellungen von Post und elektronischen Sendungen innerhalb von Gebäuden sicherstellen wie insbesondere:

- An- und Abtransporte,
- Verteilungen,
- Entgegennahmen und Weiterleitungen,
- Kuvertierungen und Frankierungen.

Kopier- und Druckereidienste

Gesamtheit der Leistungen, welche die Bereitschaft drucktechnischer Maschinen sicherstellen und die Herstellung drucktechnischer Erzeugnisse ermöglichen wie:

- Ausstattungen, Versorgungen, Entsorgungen und Reinigungen von Kopierstellen und Druckereien,
- Funktionsprüfungen drucktechnischer Maschinen,
- Ermittlungen und Zuordnungen der Kopier- und Druckkosten,
- Druck- und Kopierarbeiten.

Parkraumbetreiberdienste

Gesamtheit der Leistungen, die eine optimale Nutzung des Parkraumes sicherstellen wie:

- Abrechnungen und Verwaltungen der Kassenautomaten sowie
- Verwaltungen der Parkräume.

Reinigungs- und Pflegedienste

Gesamtheit der Leistungen zur Reinigung und Pflege von Gebäuden und Außenanlagen wie:

- Unterhaltsreinigungen,
- Glasreinigungen,
- Fassadenreinigungen,
- Außenanlagenreinigungen,
- Pflegemaßnahmen für Böden und Flächen.

Sicherheitsdienste

Gesamtheit der Leistungen zur Sicherung der Gebäude und deren Nutzer vor Ein- bzw. Zugriff Dritter durch Täuschung oder Gewalt wie:

- Zutrittskontrollen,
- Objektbewachung,
- Revierdienste,
- Schließdienste,
- Personenschutz,
- Sonderbewachung,
- Feuerwehr,
- vorbeugender Brandschutz.

Umzugsdienste

Gesamtheit der Leistungen zur Durchführung von Umzügen wie:

- Ermittlung der erforderlichen Transport- und Installationsleistungen,
- Festlegung sowie Koordination der Umzugs- und Installationstermine,
- gegebenenfalls Auslagerung von Einrichtungsgegenständen sowie Schaffung von Provisorien und Übergangs- Lösungen,
- Demontage, Transport, Aufbau und Inbetriebnahme der Büroeinrichtungen und informationstechnischen Geräte,
- Abnahme der Transport- und Installationsleistungen.

Waren- und Logistikdienste

Gesamtheit der Leistungen, die das Zustellen von Frachtpostsendungen sowie Frachtgütern und deren Versand sicherstellen wie:

- Warenannahme,
- Wareneingangskontrolle,
- Verwalten von Lieferunterlagen,
- Verpacken von ausgehenden Frachtgütern,
- Erstellen von Lieferunterlagen,
- Bestellen von Spediteuren,
- Warenversand.

Winterdienste

Gesamtheit der Leistungen, die für den sicheren Zugang zu Gebäuden erforderlich sind, unter Berücksichtigung der gesetzlichen Bestimmungen wie:

- Schneeräumen und Streudienst,
- Erstellen eines Prioritätenplanes nach Raumzonen,
- Bereitstellen von Räumgeräten,
- detailliertes Protokollieren der Einsätze.

Zentrale Telekommunikationsdienste

Gesamtheit der Leistungen, welche die Kommunikation von zentraler Stelle organisieren wie:

- Betreiben einer Telefonzentrale/eines Vermittlungsdienstes,
- Erstellen, Fortschreiben, Pflege eines (internen) Telefonbuches,
- Erfassen von Gebühren (z. B. für Privatgespräche),
- Call Center.

Diese Telekommunikationsdienste beziehen sich ausschließlich auf die Unterstützung der Geschäftsprozesse. Sie sind zu unterscheiden vom normativen Informationsmanagement.

Entsorgungen

Gesamtheit der Leistungen, die zur Entsorgung von Abfällen im Rahmen der gesetzlichen Bestimmungen erforderlich sind im Abfallmanagement wie:

- Einsammeln, Sortieren,
- Befördern,
- Behandeln und Zwischenlagern,
- Zuführen zur Wiederverwertung oder Endlagerung.

Versorgungen

Gesamtheit der Leistungen, welche die Versorgung der Anlagen und Systeme mit Energie sowie mit Roh-, Hilfs- und Betriebsstoffen sicherstellen wie:

- Disponieren,
- Lagern/Bevorraten,
- Zuführen.

Leistungen des Kaufmännischen Gebäudemanagements im wertschöpfenden Bauwerksmanagement

Bild 2.25 zeigt die Gesamtheit der Leistungen im Rahmen des Kaufmännischen Gebäudemanagements in nachhaltigen Bauwerkslebenszyklen.

Beschaffungsmanagement

Gesamtheit der Leistungen zur termingerechten und kostengünstigen Beschaffung von Lieferungen und Leistungen im Rahmen der Gebäudebewirtschaftung wie:

- Auswählen der Lieferanten,
- Vergeben der Aufträge,
- Prüfung des Wareneingangs,
- Überwachung der Liefertermine,
- Prüfen der Rechnungen.

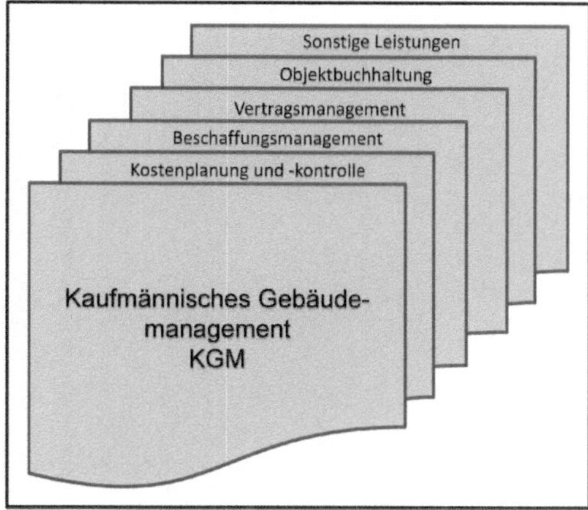

Bild 2.25 Leistungsbereiche des Kaufmännischen Gebäudemanagements

Kostenplanung und -kontrolle

Gesamtheit der Leistungen zur Sicherstellung eines Kostenplans im Rahmen der Gebäudebewirtschaftung wie:

- Erstellen des Kostenplans (Wirtschaftsplan),
- laufendes Erfassen der Ist-Kosten,
- Vergleichen der Soll- und Ist-Kosten,
- Hinweis auf notwendige Korrekturmaßnahmen.

Objektbuchhaltung

Gesamtheit der Leistungen, welche die ordnungsgemäße buchhalterische Verwaltung einer Liegenschaft sicherstellen wie:

- Erfassen und Pflegen aller Bestands- und Vertragsdaten,
- Führen von Konten,
- Erstellen von Abschlüssen (Miete, Mietnebenkosten, sonstige Kosten),
- Veranlassen und Überwachen der Zahlungsvorgänge (Mahnwesen).

Vertragsmanagement

Gesamtheit der Leistungen für das Vertragswesen im Rahmen des Gebäudemanagements wie:

- Gestalten von Verträgen,
- Überwachen von Verträgen,
- Ändern von Verträgen.

Flächenmanagement FLM im wertschöpfenden Bauwerksmanagement

Flächenmanagement umfasst das Management der verfügbaren Flächen im Hinblick auf ihre Nutzung und Verwertung auch in nachhaltigen Bauwerkslebenszyklen:

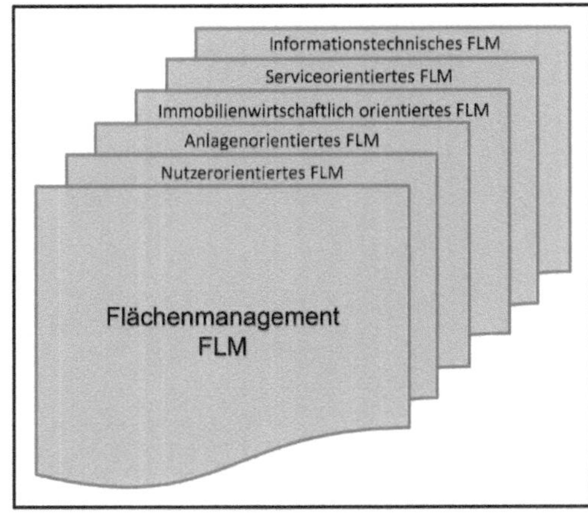

Bild 2.26 Leistungsbereiche des Flächenmanagements FLM

Nutzerorientiertes Flächenmanagement wie z. B.

- Nutzungsplanung, räumliche Organisation von Arbeitsprozessen und Arbeitsplätzen, ergonomische Arbeitsplatzgestaltung, flächenökonomische Optimierung, Optimierung von Wegebeziehungen,
- Planung von Belegungs-/Umbelegungsprozessen.

Anlagenorientiertes Flächenmanagement wie z. B.

- Flächen- und raumbezogene Analyse im Hinblick auf Baukonstruktionen (bauliche Anlagen) und technische Gebäudeausrüstung. Dazu gehören insbesondere raumbezogene Sollwerte für Lufttemperatur, Luftfeuchte und geforderte Netzanschlüsse,
- Verknüpfung von raumbezogenen Nutzungsanforderungen mit den Leistungen des Technischen Gebäudemanagements.

Immobilienwirtschaftlich orientiertes Flächenmanagement wie z. B.

- Verknüpfung von Flächen und Räumen zu vermietbaren Einheiten,
- Belegungsberatung und Belegungssteuerung,
- Erfassen und Bewerten von Leerständen,
- Koppelung raumbezogener Bedarfsforderungen und Servicelevels an Mietverträge und Mietnebenkostenabrechnungen.

Serviceorientiertes Flächenmanagement wie z. B.

Für Leistungen des infrastrukturellen Gebäudemanagements sind Flächen und Räume sowohl organisatorischer Bezugspunkt für die Leistungserbringung als auch Grundlage für die Abrechnung. In dieser Hinsicht ist der Umgang mit der Ressource Fläche eine Aufgabe des Flächenmanagements:

- Zeitmanagement von Raumbelegungen,

- Verpflegungs-Logistik in Liegenschaften,
- Verpflegungs-Bewirtschaftung von Konferenzräumen, Schulungsräumen und dergleichen,
- medien- und konferenztechnischer Service für Büro-, Konferenz-, Veranstaltungsräume und dergleichen,
- flächen- bzw. raumbezogene Reinigungs- und Sicherheitsleistungen.

Dokumentation/Einsatz informationstechnischer Systeme im Flächenmanagement wie z. B.

- Dokumentation von Plänen und alphanumerischen Daten für das Flächenmanagement,
- Einbindung der flächenorientierten Dokumentation in ein geeignetes CAFM-System,
- Einbindung von immobilienwirtschaftlichen Geschäftsprozessen in zugehörige informationstechnische Systeme.

2.5 Nutzungskostenmanagement zur Wertschöpfung

Nutzungskostenmanagement ist wertschöpfend beim Life-Cycle-Engineering (LCE) der nachhaltigkeitsorientierten Engineering-Methodik, die die umfassenden technischen, ökologischen, ökonomischen sowie sozialen Auswirkungen von Entscheidungen innerhalb eines nachhaltigen Bauwerkslebenszyklus konzeptionell berücksichtigt. Es erfordert eine Analyse zur Quantifizierung der Nachhaltigkeit, wobei wertschöpfende Ziele für die Ökonomie-, Ökologie- und Soziologie-Auswirkungen festgelegt werden.

Die Anwendung komplementärer Methoden und Technologien ermöglicht es Ingenieuren, LCE anzuwenden und ist für wertschöpfende Instandhaltungen, Modernisierungen, Abbruch und Rückbau für nachhaltige Bauwerkslebenszyklen von großer Bedeutung.

Insbesondere ein wertschöpfendes Nutzungskostenmanagement ist im LCE von besonderer Bedeutung bei wertschöpfenden Instandhaltungs-, Modernisierungs- und Abbruch- sowie Rückbau-Projekten über nachhaltige Bauwerkslebenszyklen und soll hier exemplarisch ausgewählt dargestellt werden.

Die DIN 18 960:2008-02 „Nutzungskosten im Hochbau“ gilt für ein Nutzungskostenmanagement insbesondere für die Ermittlung und die Gliederung von Nutzungskosten im Hochbau. Ein wertschöpfendes Nutzungskostenmanagement im

LCE plant die Kapital-, Objektmanagement-, Betriebs- und Instandsetzungskosten über nachhaltige Bauwerkslebenszyklen bis zu den Abbruchkosten, die zusätzlich wertschöpfend betrachtet werden müssen.

Tabelle 2.38 gibt eine Übersicht zu normativen Hauptnutzungskosten im LCE nach der DIN 18 960:2008-02 mit Angaben und Leistungen zum wertschöpfenden Instandhalten, Modernisieren und Abbrechen über nachhaltige Bauwerkslebenszyklen.

Tabelle 2.38 kann vollständig unter *plus.hanser-fachbuch.de* heruntergeladen werden.

Begriffe zum wertschöpfenden LCE mit Nutzungskostenmanagement

Für Anwendung der DIN 18 960:2008-02 beim wertschöpfenden Nutzungskostenmanagement gelten folgende ausgewählte Begriffe nach der DIN 276-1.

Nutzungskosten

Alle in baulichen Anlagen und deren Grundstücken entstehenden regelmäßig oder unregelmäßig wiederkehrenden Kosten von Beginn der Nutzbarkeiten bis zu den Beseitigungen.

Nutzungskostenplanungen

Normative Gesamtheit aller Maßnahmen der Nutzungskostenermittlungen, der Nutzungskostenkontrollen, der Nutzungskostensteuerungen sowie der Nutzungskostenvergleiche einschließlich der vorgegebenen Bauwerksmanagementaufgaben.

Nutzungskostenvorgaben

Normative Festlegungen der Nutzungskosten als Zielgrößen für Planungen, bezogen auf bestimmte Betrachtungszeiträume innerhalb von Nutzungsdauern.

Nutzungskostenermittlungen

Normative Vorausberechnungen der zukünftigen Nutzungskosten und Feststellungen der tatsächlich entstandenen Nutzungskosten unter Einbeziehungen von Nutzungskostenrisiken, bezogen auf einen oder mehrere Betrachtungszeiträume.

Nutzungskostenkontrollen

Normative Vergleiche der aktuellen Kosten mit früheren Nutzungskostenermittlungen und Nutzungskostenvorgaben.

Nutzungskostensteuerungen

Normative Eingriffe in Planungen, Ausführungen, Nutzungen und das Betreiben von Bauwerken zu Einhaltungen der Nutzungskostenvorgaben und gegebenenfalls Optimierungen.

Nutzungskostenkennwerte

Normative Werte, die das Verhältnis von Nutzungskosten zu geeigneten Bezugseinheiten darstellt.

Kalkulatorische Abschreibungen

Normative verbrauchsbedingte Wertminderungen der Bauwerke, Anlagen und Einrichtungen in Betrachtungszeiträumen.

Nutzungskostengliederungen

Normative Ordnungsstrukturen, nach der Gesamtkosten der Nutzungen in Nutzungskostengruppen unterteilt werden.

Nutzungskostengruppen

Normative Zusammenfassung einzelner nach den Kriterien der Nutzungen zusammengehörender Kosten.

Nutzungskostenrisiken

Normative Unwägbarkeiten und Unsicherheiten bei Nutzungskostenermittlungen.

Tabelle 2.39 gibt eine Übersicht zu den Hauptnutzungskosten beim wertschöpfenden Rückbau in nachhaltigen Bauwerkslebenszyklen in Bezug auf die DIN 32 736 und die DIN 18 960.

Tabelle 2.39 kann vollständig unter *plus.hanser-fachbuch.de* heruntergeladen werden.

Grundsätze zum Nutzungskostenmanagement im wertschöpfenden LCE

Nutzungskostenmanagement im LCE beim wertschöpfenden Instandhalten, Modernisieren und Abbrechen in nachhaltigen Bauwerkslebenszyklen dient insbesondere zu wirtschaftlichen und wertschöpfenden Planungen, Herstellungen, Nutzungen und Optimierungen von Bauwerken. Für wertschöpfendes Nutzungskostenmanagement sind auch normativ qualitative und quantitative Bedarfsvorgaben erforderlich. Dieses Vorgehen gilt vom Beginn der Planungen bis zum Ende der Betrachtungszeiträume, insbesondere bei Planungs-, Vergabe- und Ausführungsentscheidungen. Zur Erreichung von Kostentransparenz sind organisatorische und technische Messsysteme festzulegen. In Abhängigkeit zum Stand der Planungen, Ausführungen bzw. der nachhaltigen Bauwerkslebenszyklen sind die Grundlagen für das wertschöpfende Nutzungskostenmanagement anzugeben.

Kosteneinflüsse

Normative Kosteneinflüsse in nachhaltigen Bauwerkslebenszyklen entstehen durch Festlegungen von Standards, Nutzerverhalten und deren Veränderungen sowie die daraus folgenden funktionalen, technischen und organisatorischen Bau- und Anlagentechnikeigenschaften und nicht beeinflussbare Größen aus den Bauwerksumgebungen.

Sie sind in ihren Auswirkungen auf die Betrachtungszeiträume zu beschreiben und im Hinblick auf Nutzungskosten zu bewerten und in Nutzungskostengruppen zu berücksichtigen.

Nutzungskostenvorgaben

Normative Nutzungskostenvorgaben beim wertschöpfenden Instandhalten, Modernisieren und Abbrechen dienen der Förderung von frühzeitigen Alternativüberlegungen in den Planungen, damit zu Nutzungskostensicherheiten und den Verminderungen von Nutzungskostenrisiken.

Tabelle 2.40 gibt eine Übersicht zu den Hauptnutzungskosten bei wertschöpfenden Instandhaltungen für nachhaltige Bauwerkslebenszyklen in Bezug auf Leistungen nach der DIN 32 736 und der DIN 18 960.

Tabelle 2.40 kann vollständig unter *plus.hanser-fachbuch.de* heruntergeladen werden.

Festlegungen von Nutzungskostenvorgaben im wertschöpfenden LCE

Normative Nutzungskostenvorgaben beim wertschöpfenden Instandhalten, Modernisieren und Abbrechen in nachhaltigen Bauwerkslebenszyklen können auf den Grundlagen von Budgetüberlegungen oder von Nutzungskostenermittlungen zu frühen Zeitpunkten als Obergrenzen oder Zielgrößen für Planungen festgelegt werden.

Vor der Festlegung von Nutzungskostenvorgaben sind ihre Realisierbarkeiten zu überprüfen. Diese normativen Vorgehensweisen sind auch für Fortschreibungen von Nutzungskostenvorgaben anzuwenden.

Nutzungskostenvorgaben können in Form von Kosten und/oder technischen Verbrauchsgrößen ermittelt werden.

Grundsätze der Nutzungskostenermittlungen im wertschöpfenden LCE

Arten und Darstellungen von Nutzungskostenermittlungen beim wertschöpfenden Instandhalten, Modernisieren und Abbrechen in nachhaltigen Bauwerkslebenszyklen sind normativ abhängig von Zeitpunkten, Zwecken und den jeweils verfügbaren Informationen, zum Beispiel in Form von Zeichnungen, Berechnungen oder Beschreibungen. Sie sind in normativen Systematiken von Nutzungskostengliederungen zu ordnen und darzustellen. Normative Nutzungskosten sind für alle Nutzungskostengruppen vollständig zu erfassen.

Besteht ein Bauwerk aus mehreren technischen oder organisatorischen Einheiten, sollten für jede Einheit getrennte normative Nutzungskostenermittlungen über die nachhaltigen Bauwerkslebenszyklen aufgestellt werden. Bei normativen Nutzungskostenermittlungen sind Zeitpunkte der Ermittlungen und der Betrachtungszeiträume anzugeben. Die Grundlagen für normative Nutzungskostenermittlungen sind anzugeben.

Die Umsatzsteuern können entsprechend den jeweiligen Erfordernissen wie folgt berücksichtigt werden:

- In den Kostenangaben sind die Umsatzsteuern enthalten („Brutto-Angaben").
- In den Kostenangaben sind die Umsatzsteuern nicht enthalten („Netto-Angaben").
- Nur bei einzelnen Kostenangaben (zum Beispiel bei übergeordneten Nutzungskostengruppen) sind die Umsatzsteuern ausgewiesen.

In normativen Nutzungskostenermittlungen und bei Kostenkennwerten zu wertschöpfendem Instandhalten, Modernisieren und Abbrechen in nachhaltigen Bauwerkslebenszyklen ist immer anzugeben, in welchen Formen die Umsatzsteuern berücksichtigt worden sind.

Tabelle 2.41 gibt eine Übersicht zu den Hauptnutzungskosten beim wertschöpfenden Abfallmanagement in nachhaltigen Bauwerkslebenszyklen in Bezug auf Leistungen nach der DIN 32 736 und der DIN 18 960.

Tabelle 2.41 kann vollständig unter *plus.hanser-fachbuch.de* heruntergeladen werden.

Arten von Nutzungskostenermittlungen im wertschöpfenden LCE

In der DIN 18 960:2008-02 werden die Arten von Nutzungskostenermittlungen normativ nach den Zwecken, erforderlichen Grundlagen und Detaillierungsgraden festgelegt.

Normative Nutzungskostenrahmen dienen als Grundlagen für Entscheidungen über Bedarfsplanungen nach DIN 18 205 sowie für grundsätzliche Wertschöpfungs- und Finanzierungsüberlegungen und zu Festlegungen von Nutzungskostenvorgaben.

Nutzungskostenschätzungen im wertschöpfenden LCE

Normative Nutzungskostenschätzungen dienen beim wertschöpfenden Instandhalten, Modernisieren und Abbrechen in Verbindung mit Kostenschätzungen nach der DIN 276-1 insbesondere als normative Grundlagen für Entscheidungen zu Vorplanungen und Finanzierungen. In normativen Nutzungskostenschätzungen müssen die Gesamtkosten nach Nutzungskostengruppen mindestens bis zu den ersten Ebenen von Nutzungskostengliederungen ermittelt werden.

Nutzungskostenberechnungen im wertschöpfenden LCE

Normative Nutzungskostenberechnungen beim wertschöpfenden Instandhalten, Modernisieren und Abbrechen dienen in Verbindungen mit Kostenberechnungen nach der DIN 276-1 insbesondere als normative Grundlagen für Entscheidungen zu Entwurfsplanungen und Finanzierungen.

Die normativen Nutzungskostenberechnungen sind bis zur Erstellung von Nutzungskostenanschlägen nach Planungsfortschritten zu aktualisieren. In normativen Nutzungskostenberechnungen müssen die Gesamtkosten nach Nutzungskostengruppen mindestens bis zu den zweiten Ebenen der Nutzungskostengliederungen ermittelt werden.

Nutzungskostenanschläge im wertschöpfenden LCE

Normative Nutzungskostenanschläge sind Zusammenstellungen aller für die Nutzungen voraussichtlich anfallender Kosten und werden bis zum Nutzungsbeginn in nachhaltigen Bauwerkslebenszyklen erstellt. In normativen Nutzungskostenanschlägen müssen die Gesamtkosten nach Nutzungskostengruppen mindestens bis zu den dritten Ebenen der normativen Nutzungskostengliederungen ermittelt werden.

Nutzungskostenfeststellungen im wertschöpfenden LCE

Normative Nutzungskostenfeststellungen sind Zusammenstellungen aller bei Nutzungen anfallender Kosten und sollten erstmalig nach einer Rechnungsperiode (z. B. ein Jahr) für nachhaltige Bauwerkslebenszyklen erstellt und fortgeschrieben werden. In normativen Nutzungskostenfeststeilungen müssen die Gesamtkosten nach Nutzungskostengruppen mindestens bis zu den dritten Ebenen der Nutzungskostengliederungen normativ ermittelt werden.

Nutzungskostengliederungen im wertschöpfenden LCE

Normative Nutzungskostengliederungen sehen drei Ebenen vor, diese sind durch dreistellige Ordnungszahlen und Bezeichnungen normativ gekennzeichnet.

In der ersten Ebene normativer Nutzungskostengliederungen werden die Gesamtkosten in folgende vier Nutzungskostengruppen normativ gegliedert:

- Kapitalkosten,
- Objektmanagementkosten,
- Betriebskosten und
- Instandsetzungskosten.

Bei Bedarf werden diese normativen Nutzungskostengruppen entsprechend der Nutzungskostengliederungen in die Nutzungskostengruppen der zweiten Ebene und der dritten Ebene der Nutzungskostengliederungen unterteilt. Bild 2.27 zeigt eine Gesamtübersicht der Nutzungskostengruppen.

Über die Nutzungskostengliederungen der DIN 18 960:2008-02 hinaus können die nachhaltigen Bauwerkslebenszykluskosten beim wertschöpfenden Instandhalten, Modernisieren und Abbrechen entsprechend den technischen Merkmalen oder anderen Gesichtspunkten weiter untergliedert werden.

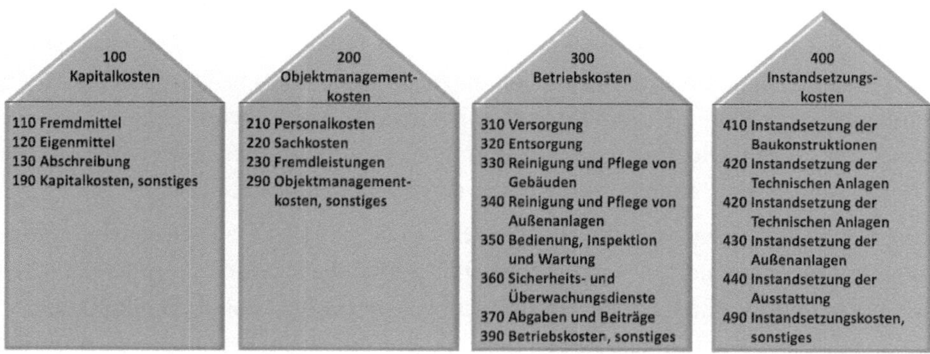

Bild 2.27 Gesamtübersicht zu Hauptnutzungskosten in nachhaltigen Bauwerkslebenszyklen nach der DIN 18960

2.6 Abfallmanagement zur Wertschöpfung

Ein Abfallmanagement mit Wiederverwendung, Aufbereitung, Verwertung und Endlagerung ist bei wertschöpfendem Instandhalten, Modernisieren, Abbrechen und Rückbauen konzeptionell für nachhaltige Bauwerkslebenszyklen von großer Bedeutung.

Im Folgenden wird Abfallmanagement in Umweltmanagementsystemen bei wertschöpfendem Instandhalten, Modernisieren, Abbrechen und Rückbauen für nachhaltige Bauwerkslebenszyklen im Rahmen der DIN EN ISO 14001:2015-11 - Umweltmanagementsysteme - Anforderungen mit Anleitung zur Anwendung und Beteiligte in diesen Prozessen übertragen dargestellt.

Bild 2.28 Abfallmanagement mit Metallbauteiltrennung

Umweltmanagementsysteme mit Abfallmanagement zur Wertschöpfung

In nachhaltigen Bauwerkslebenszyklen muss auch bei wertschöpfendem Instandhalten, Modernisieren und Abbrechen einem systematischen Ansatz beim Abfallmanagement im Rahmen des Umweltmanagements gefolgt werden, mit dem Ziel, durch die Verwirklichung von Umweltmanagementsystemen einen Beitrag zur Wertschöpfung im Rahmen des Abfallmanagements zu leisten.

Der Zweck beispielsweise der DIN EN ISO 14 001:2015-11 ist, auch im Rahmen von Abfallmanagement in nachhaltigen Bauwerkslebenszyklen, Verantwortlichen einen Rahmen bereitzustellen, um die Umwelt bezüglich Abfall zu schützen und auf sich ändernde Umweltzustände im Einklang mit sozioökonomischen Erfordernissen wertschöpfend zu reagieren. Sie legt Anforderungen fest, die es ermöglichen, beabsichtigte Ergebnisse des wertschöpfenden Abfallmanagements in Umweltmanagementsystemen zu erreichen.

Der Erfolg eines wertschöpfenden Abfallmanagements in Umweltmanagementsystemen hängt von den Verpflichtungen aller Beteiligter ab.

Planen, Durchführen, Prüfen und Handeln beim wertschöpfenden Abfallmanagement

Der Ansatz, der wertschöpfendem Abfallmanagement in Umweltmanagementsystemen zugrunde liegt, begründet sich auf dem Zyklus von Planen-Durchführen-Prüfen-Handeln auch abgekürzt international genannt PDCA: Plan-Do-Check-Act.

Ein PDCA-Zyklus stellt iterative Prozesse bereit, um auch kontinuierliche Verbesserungen zu erreichen. Er kann für Umweltmanagementsysteme und ihrer Elemente angewendet werden.

Er lässt sich kurz wie folgt beschreiben:

- Planen: erforderliche Umweltziele und Prozesse werden festgelegt, um Ergebnisse in Übereinstimmungen mit den Umweltpolitiken zur Wertschöpfung zu erhalten,
- Durchführen: Prozesse werden wie geplant verwirklicht,
- Prüfen: Prozesse werden überwacht und an der Wertschöpfung, einschließlich der Verpflichtungen, Ziele und Ablaufkriterien gemessen und die Ergebnisse berichtet sowie
- Handeln: Maßnahmen zur kontinuierlichen Verbesserung werden ergriffen.

Bild 2.29 zeigt, wie der in der DIN EN ISO 14 001:2015-11 eingeführte Rahmen in ein PDCA-Modell integriert werden könnte, um neue und gegenwärtige Anwender beim Verstehen der Bedeutung eines System-Ansatzes unterstützen zu können.

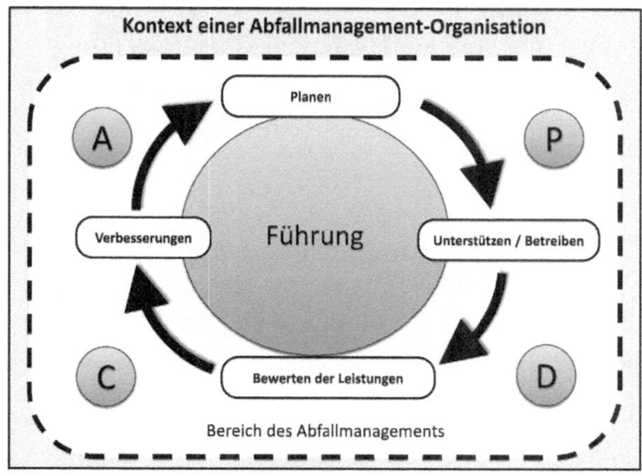

Bild 2.29 Beziehung zwischen PDCA und wertschöpfendem Abfallmanagement

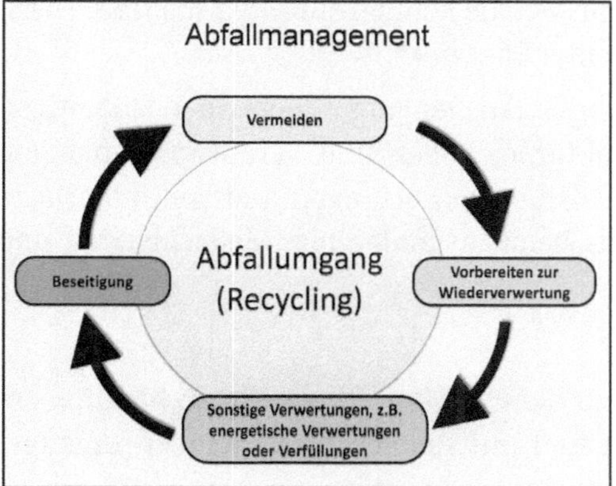

Bild 2.30 Abfallmanagement für nachhaltige Bauwerkslebenszyklen

Die DIN EN ISO 14 001:2015-11 entspricht den Anforderungen von ISO an Managementsystemnormen. Diese Anforderungen schließen eine „ISO-Grundstruktur für Managementsystemnormen" ein, die entworfen wurde, um die Umsetzung für diejenigen Anwender zu erleichtern, die mehrere ISO-Managementsystemnormen verwirklichen. Diese internationale Norm ermöglicht Verantwortlichen einen einheitlichen Ansatz und eine risikogestützte Denkweise anzuwenden, um ihr Umweltmanagementsystem mit Anforderungen von wertschöpfenden Abfallmanagementsystemen zusammenzuführen. DIN EN ISO 14 001:2015-11 enthält die Anforderungen, die zur Bewertung der Konformität verwendet werden und legt Anforderungen an Umweltmanagementsysteme auch für wertschöpfendes Abfallmanagement fest, die Verantwortliche zu Verbesserungen ihrer Umweltleistungen in nachhaltigen Bauwerkslebenszyklen verwenden können.

In Übereinstimmung mit dem wertschöpfenden Abfallmanagement schließen die beabsichtigten Ergebnisse von Umweltmanagementsystemen Folgendes ein:

- Verbesserung des wertschöpfenden Abfallmanagements,
- Erfüllung von bindenden Verpflichtungen sowie
- Erreichen von Abfallzielen.

Begriffe zum wertschöpfenden Abfallmanagement

Für die Anwendung der DIN EN ISO 14 001:2015-11 zum wertschöpfenden Abfallmanagement in Umweltmanagementsystemen gelten insbesondere folgende Begriffe.

Wertschöpfendes Abfallmanagementsystem

Sätze zusammenhängender oder sich gegenseitig beeinflussender Elemente im wertschöpfendem Abfallmanagement, um Ziele sowie Prozesse zum Erreichen der Wertschöpfung festzulegen. Managementsysteme können eine oder mehrere Disziplinen behandeln (z. B. Abfälle, Umwelt und Energie).

Die Elemente der wertschöpfenden Abfallmanagementsysteme in nachhaltigen Bauwerkslebenszyklen beinhalten Strukturen, Rollen und Verantwortlichkeiten, Planungen und Betriebsweisen sowie Leistungsbewertungen und kontinuierliche Verbesserungen für verwertbare Abfälle beim Instandhalten, Modernisieren und Abbrechen.

Umweltmanagementsysteme

Teile der Managementsysteme, die dazu dienen, Umweltaspekte zu handhaben, bindende Verpflichtungen zu erfüllen und mit Risiken und Chancen umzugehen.

Abfallpolitik

Absichten und Ausrichtungen von Abfallmanagement-Verantwortlichen in Bezug auf die Abfallmanagementleistungen.

Organisationen im Abfallmanagement

Personen oder Personengruppen, die eigene Funktionen mit Verantwortlichkeiten, Befugnissen und Beziehungen haben, um ihre Ziele im Abfallmanagement in nachhaltigen Bauwerkslebenszyklen zu erreichen.

Interessierte Parteien im Abfallmanagement

Personen oder Organisationen, die Entscheidungen oder Tätigkeiten im Abfallmanagement beeinflussen können, die davon beeinflusst sein können oder die sich davon beeinflusst fühlen können. Beispielsweise: Kunden, Lieferanten, Aufsichtsbehörden, Nichtregierungsorganisationen, Investoren und Mitarbeiter. „Sich beeinflusst fühlen„ bedeutet z. B., dass die Empfindungen Organisationen gegenüber bekannt gemacht wurden.

Abfallaspekte

Bestandteile der Tätigkeiten oder Produkte oder Dienstleistungen in nachhaltigen Bauwerkslebenszyklen, die in Wechselwirkungen mit den Umwelten in Bezug auf Abfälle beim wertschöpfenden Instandhalten, Modernisieren und Abbrechen treten oder treten können.

Ziele von wertschöpfendem Abfallmanagement

Ziele von wertschöpfenden Abfallmanagement sind zu erreichende Ergebnisse als positive Abfallbilanzen in nachhaltigen Bauwerkslebenszyklen. Zu erreichende Ziele bei wertschöpfendem Instandhalten, Modernisieren und Abbrechen in Bezug auf Abfälle können strategisch, taktisch oder operativ sein. Ziele können sich auf verschiedene Disziplinen beziehen (z.B. finanzielle, gesundheits-, sicherheits- und abfallbezogene Umweltziele usw.) und für verschiedene Ebenen gelten (wie z.B. strategisch, organisationsweit, projekt-, produkt-, dienstleistungs- und prozessbezogen).

Verhindern von Umweltbelastungen durch Abfälle

Nutzungen von Prozessen, Tätigkeiten, Techniken, Materialien, Produkten, Dienstleistungen oder Energien, um (getrennt oder in Kombination) Entstehungen, Emissionen oder Freisetzungen jeglicher Art von umweltbelastenden Stoffen oder Abfall zu vermeiden, zu reduzieren oder zu überwachen, mit den Zielen, nachteilige Umweltauswirkungen bezüglich Abfall in nachhaltigen Bauwerkslebenszyklen zu verringern. Verhindern von Umweltbelastungen durch Abfälle können deren Reduzierungen, Wiederverwendungen, Verwertungen oder Beseitigungen an der Quelle, Prozess-, Produkt- oder Dienstleistungsänderungen, effiziente Nutzungen von Ressourcen, Material- und Energiesubstitutionen, Verbesserung, Behandlung usw., umfassen.

Anforderungen im wertschöpfenden Abfallmanagement

Erfordernisse oder Erwartungen im wertschöpfenden Abfallmanagement, die festgelegt, üblicherweise vorausgesetzt oder verpflichtend sind. „Üblicherweise vorausgesetzt„ bedeutet, dass es für die Abfallmanagement-Verantwortlichen und andere interessierte Parteien üblich oder allgemeine Praxis ist, dass die entsprechenden Erfordernisse oder die entsprechenden Erwartungen vorausgesetzt werden. Festgelegte Anforderungen sind solche, die beispielsweise in dokumentierten Informationen enthalten sind. Andere als rechtliche Anforderungen werden verpflichtend, wenn die Organisationen sich zu ihren Erfüllungen entscheiden.

Risiken und Chancen im wertschöpfenden Abfallmanagement

Risiken werden häufig durch Bezugnahmen auf mögliche „Ereignisse“ und „Folgen“ oder durch Kombinationen beider charakterisiert. Risiken werden häufig mittels Folgen von Ereignissen in Verbindung mit den „Wahrscheinlichkeiten“ ihres Eintretens beschrieben.

Bild 2.31 Rückgewinnung im wertschöpfenden Abfallmanagement

Risiken und Chancen im wertschöpfenden Abfallmanagement sind potenziell ungünstige Auswirkungen (Schad- und Problemstoffe usw.) und potenziell günstige Auswirkungen (verwertbare Abfälle, Wiederverwendung usw.).

Kompetenzen im wertschöpfenden Abfallmanagement

Fähigkeiten, Wissen und Fertigkeiten im wertschöpfenden Abfallmanagement anzuwenden, um beabsichtigte Ergebnisse durch optimierte Wertschöpfung in nachhaltigen Bauwerkslebenszyklen beim wertschöpfenden Instandhalten, Modernisieren und Abbrechen zu erzielen.

Dokumentierte Informationen im wertschöpfenden Abfallmanagement

Informationen zum wertschöpfenden Abfallmanagement, beispielsweise Abfallbilanzen in nachhaltigen Bauwerkslebenszyklen, die von Verantwortlichen gelenkt und aufrechterhalten werden müssen, und das Medium, auf dem sie enthalten sind.

Lebenswege im wertschöpfenden Abfallmanagement

Aufeinander folgende und miteinander verknüpfte Phasen eines Produktsystems (oder Dienstleistungssystems) im wertschöpfenden Abfallmanagement in nachhaltigen Bauwerkslebenszyklen, von der Rohstoffgewinnung oder Rohstofferzeugung bis zur endgültigen Beseitigung nach Kreislaufwirtschaftsgesetz bei Instandhaltungen, Modernisierungen, Abbrüchen und Rückbau. Die Abschnitte des Lebenswegs von Abfällen umfassen dabei Rohstoffbeschaffung, Entwicklung, Herstellung, Transport bzw. Lieferung, Nutzung, Abfall, Behandlung am Ende des Lebenswegs, Verwertung und Nichtverwertung.

Fortlaufende Verbesserungen im wertschöpfenden Abfallmanagement

Wiederkehrende Tätigkeiten zum Steigern der Leistung. Die Steigerung der Leistung betrifft die Anwendung des wertschöpfenden Abfallmanagements im Umweltmanagementsystem, um eine Verbesserung der Abfallleistung in nachhaltigen Bauwerkslebenszyklen zu erzielen. Diese Tätigkeiten sollten in allen wertschöpfenden Instandhaltungen, Modernisierungen und Abbrüchen ständig durchgeführt werden.

Bild 2.32 Abfallverwertung von Mauersteinen in nachhaltigen Bauwerkslebenszyklen

Kennzahlen im wertschöpfenden Abfallmanagement

Messbare Darstellung der Beschaffenheit oder des Status von wertschöpfendem Betrieb und Abfallmanagement in nachhaltigen Bauwerkslebenszyklen beim Instandhalten, Modernisieren und Abbrechen.

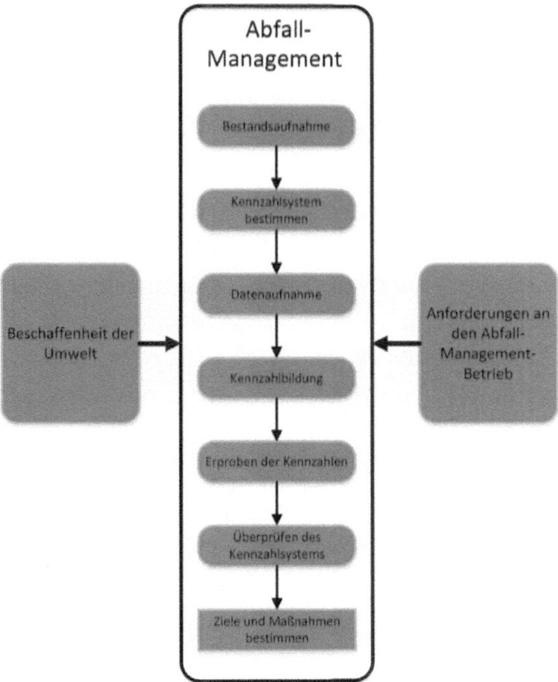

Bild 2.33 Bildung von Kennzahlen im wertschöpfenden Abfallmanagement

Überwachungen im wertschöpfenden Abfallmanagement

Bestimmung des Zustands eines Systems, eines Prozesses oder einer Tätigkeit. Zum Bestimmen des Zustands eines wertschöpfenden Abfallmanagements ist es erforderlich, in Bauwerkslebenszyklen wertschöpfende Instandhaltungen, Modernisierungen und Abbrüche zu prüfen, zu beaufsichtigen und kritisch zu beobachten.

Umweltleistungen im wertschöpfenden Abfallmanagement

Leistungen bezogen auf das Management von Abfallaspekten im wertschöpfenden Abfallmanagement in Umweltmanagementsystemen. Für wertschöpfendes Abfallmanagement in nachhaltigen Bauwerkslebenszyklen können Ergebnisse in Bezug auf Abfallmanagement bei Instandhaltung, Modernisierung und Abbruch, Abfallziele oder weitere Kriterien mit Kennzahlen gemessen werden.

Bild 2.34 Bildung von Umweltkennzahlen im wertschöpfendem Abfallmanagement

Um die beabsichtigten Ergebnisse, einschließlich der Verbesserung ihrer Umweltleistung, zu erreichen, müssen Abfallmanagement-Organisationen entsprechend den Anforderungen dieser internationalen Norm ein Umweltmanagementsystem aufbauen, verwirklichen, aufrechterhalten und fortlaufend verbessern, einschließlich der benötigten Prozesse und ihrer Wechselwirkungen. Eine Abfallmanagement-Organisation muss das gewonnene Wissen berücksichtigen, wenn sie ein Umweltmanagementsystem aufbaut und aufrechterhält.

Planung von Maßnahmen im wertschöpfenden Abfallmanagement

Die Verantwortlichen für wertschöpfendes Abfallmanagement müssen in nachhaltigen Bauwerkslebenszyklen beim Instandhalten, Modernisieren und Abbrechen:

- planen, Maßnahmen zu ergreifen, für den Umgang mit ihren:
  - bedeutenden Abfallaspekten,
  - bindenden Verpflichtungen und
  - Risiken und Chancen im Abfallmanagement mit Umweltmanagementsystem,

- planen, wie:
  - die Maßnahmen in ihre Abfallmanagement-Prozesse im Umweltmanagementsystem oder in andere Bauwerkslebenszyklusprozesse integriert und dort verwirklicht werden und
  - die Wirksamkeit der Maßnahmen des wertschöpfenden Abfallmanagements im Umweltmanagementsystem bewertet wird.

Bei der Planung dieser Maßnahmen müssen für wertschöpfendes Abfallmanagement die technologischen Möglichkeiten und ihre finanziellen, betrieblichen und geschäftlichen Anforderungen in nachhaltigen Bauwerkslebenszyklen berücksichtigt werden.

Bild 2.35 Asbesthaltiger Abfall im baulichen Bestand

Abfallziele und Planung zu deren Erreichung im wertschöpfenden Abfallmanagement

Verantwortliche für das wertschöpfende Abfallmanagement müssen Abfallziele für nachhaltige Bauwerkslebenszyklen mit Instandhaltungen, Modernisierungen und Abbrüchen festlegen, dabei den bedeutenden Abfallaspekten und damit verbundenen bindenden Verpflichtungen im Umweltmanagementsystem Rechnung tragen, und Risiken und Chancen berücksichtigen.

Die Abfallziele müssen:

- im Einklang mit der Abfallpolitik stehen,
- messbar sein (sofern machbar),
- überwacht werden,
- vermittelt werden und
- soweit erforderlich, aktualisiert werden.

Es müssen dokumentierte Informationen zu Abfallzielen aufrechterhalten werden. Bei der Planung zum Erreichen der Abfallziele muss in nachhaltigen Bauwerkslebenszyklen bestimmt werden:

- was bei Instandhaltung, Modernisierung und Abbruch getan wird,
- welche Ressourcen erforderlich sind,
- wer verantwortlich ist,
- wann es abgeschlossen wird und
- wie die Ergebnisse bewertet werden, einschließlich Kennzahlen zur Überwachung der Fortschritte in Bezug auf das Erreichen ihrer messbaren Abfallziele im Umweltmanagementsystem.

Die Verantwortlichen müssen berücksichtigen, wie Maßnahmen zum Erreichen ihrer Abfallziele im wertschöpfenden Abfallmanagement des Umweltmanagementsystems in die Bauwerks- Lebenszyklusprozesse integriert werden können. Sie müssen auch die erforderlichen Ressourcen für den Aufbau, die Verwirklichung, die Aufrechterhaltung und die fortlaufende Verbesserung des wertschöpfenden Abfallmanagements im Umweltmanagementsystem bestimmen und bereitstellen.

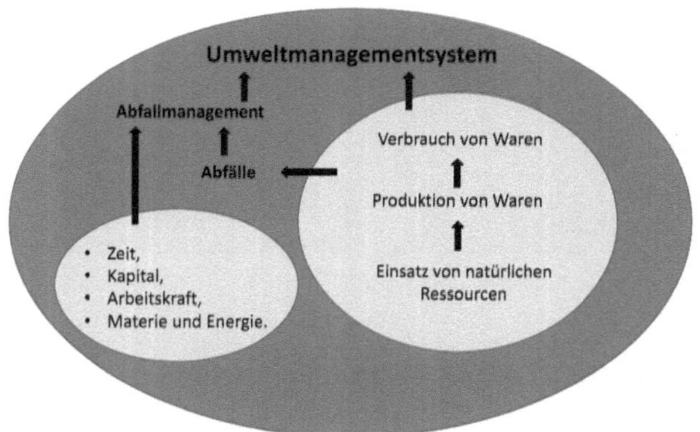

Bild 2.36 Ressourcen: Zeit, Kapital, Arbeitskraft, Materie und Energie im wertschöpfenden Abfallmanagement bei Umweltmanagementsystemen

Kommunikation im wertschöpfenden Abfallmanagement

Für das wertschöpfende Abfallmanagement Verantwortliche müssen die benötigten Prozesse für die interne und externe Kommunikation in Bezug auf das Abfallmanagement im Umweltmanagementsystem für nachhaltige Bauwerkslebenszyklen beim Instandhalten, Modernisieren und Abbrechen aufbauen, verwirklichen und aufrechterhalten, einschließlich:

- worüber,
- wann,
- mit wem und
- wie

kommuniziert wird.

Wenn Verantwortliche ihre Kommunikationsprozesse aufbauen, müssen sie:

- ihren bindenden Verpflichtungen Rechnung tragen und
- sicherstellen, dass die kommunizierte umweltbezogene Information mit der Information übereinstimmt, die innerhalb des wertschöpfenden Abfallmanagements im Umweltmanagementsystem erzeugt wird und dass diese verlässlich ist.

Die Verantwortlichen müssen auf relevante Äußerungen bezogen auf ihr wertschöpfendes Abfallmanagement im Umweltmanagementsystem reagieren und soweit angemessen, dokumentierte Informationen als Nachweis für ihre Kommunikation aufbewahren.

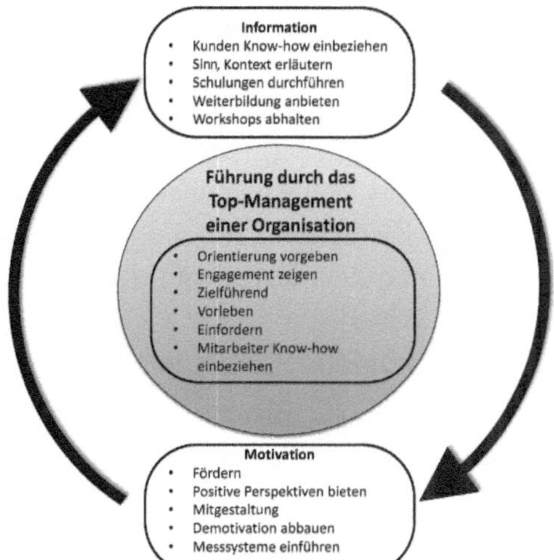

Bild 2.37 Kommunikation im wertschöpfenden Abfallmanagement

Betrieb des wertschöpfenden Abfallmanagements

Im wertschöpfenden Abfallmanagement über nachhaltige Bauwerkslebenszyklen müssen die Prozesse zur Erfüllung der Anforderungen an das Umweltmanagementsystem und zur Durchführung der normativ ermittelten Maßnahmen beim Instandhalten, Modernisieren und Abbrechen aufgebaut, verwirklicht, gesteuert und aufrechterhalten werden indem:

- betriebliche Kriterien für die Abfallmanagement-Prozesse festgelegt sowie
- die Steuerung der Abfallmanagement-Prozesse in Übereinstimmung mit den betrieblichen Kriterien der Bauwerke durchgeführt werden.

Steuerung kann Verfahren und technische Maßnahmen im wertschöpfenden Abfallmanagement umfassen sowie einer Hierarchie folgend (z. B. Beseitigung, Substitution, administrativ) verwirklicht und einzeln oder in Kombination genutzt werden.

Bild 2.38 Beseitigung von Holzbalken im baulichen Bestand

Die Verantwortlichen im wertschöpfenden Abfallmanagement müssen geplante Änderungen überwachen sowie die Folgen unbeabsichtigter Änderungen beurteilen und, falls notwendig, Maßnahmen ergreifen, um jegliche negativen Auswirkungen zu vermindern. Es muss sichergestellt sein, dass ausgegliederte Prozesse gesteuert oder beeinflusst werden. Die Art und das Ausmaß der Steuerung oder des Einflusses, die auf diese Prozesse angewendet werden, müssen innerhalb des wertschöpfenden Abfallmanagements im Umweltmanagementsystem festgelegt sein.

Notfallvorsorge und Gefahrenabwehr im wertschöpfenden Abfallmanagement

Abfallmanagement-Verantwortliche müssen die Prozesse aufbauen, verwirklichen und aufrechterhalten, die sie für die Vorbereitung und Reaktion auf mögliche ermittelte, Notfallsituationen, Gefahren, Altlasten, Schadstoffe usw. benötigen, um:

- sich auf die Gefahrenabwehr durch die Planung von Maßnahmen zur Verhinderung oder Minderung nachteiliger Umweltauswirkungen aufgrund von Notfallsituationen vorbereiten,
- auf eintretende Notfallsituationen und Problemstoffe reagieren,
- dem Ausmaß des Notfalls und der möglichen Umweltauswirkung angemessene Maßnahmen ergreifen, um die Folgen von Notfallsituationen zu verhindern oder zu mindern,
- regelmäßig die geplanten Gefahrenabwehrmaßnahmen testen, soweit praktikabel,
- regelmäßig die Prozesse und geplanten Gefahrenabwehrmaßnahmen überprüfen und überarbeiten, insbesondere nach dem Auftreten von Notfallsituationen oder Übungen und
- relevante Informationen und Schulung über die Notfallvorsorge und Gefahrenabwehr in angemessener Form den relevanten interessierten Parteien, einschließlich Personen, die unter ihrer Aufsicht Tätigkeiten bei Instandhaltung, Modernisierung und Abbruch verrichten, zur Verfügung stellen.

Die Verantwortlichen im wertschöpfenden Abfallmanagement müssen dokumentierte Informationen im notwendigen Umfang aufrechterhalten, um darauf vertrauen zu können, dass die Prozesse wie geplant durchgeführt wurden.

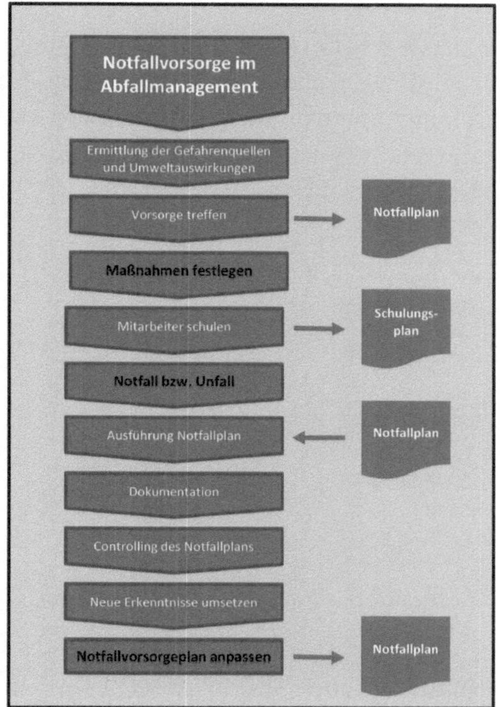

Bild 2.39 Notfallvorsorge im wertschöpfenden Abfallmanagement

Bewertung der Leistung zum wertschöpfenden Abfallmanagement

Wertschöpfendes Abfallmanagement in nachhaltigen Bauwerkslebenszyklen muss beim Instandhalten, Modernisieren und Abbrechen überwacht, gemessen, analysiert und bewertet werden. Es muss bestimmt werden:

- was überwacht und gemessen werden muss,
- welche Methoden zur Überwachung, Messung, Analyse und Bewertung angewandt werden, sofern zutreffend, um gültige Ergebnisse sicherzustellen,
- welche Kriterien zugrunde liegen, anhand derer die Verantwortlichen die Wertschöpfung im Abfallmanagement mit angemessenen Kennzahlen bewerten können,
- wann die Überwachung und Messung durchzuführen ist und
- wann die Ergebnisse der Überwachung und Messung zu analysieren und zu bewerten sind.

Die Verantwortlichen müssen die Wertschöpfung und die Wirksamkeit des Abfallmanagements im Umweltmanagementsystem über den nachhaltigen Bauwerkslebenszyklus bewerten. Sie sollten geeignete dokumentierte Informationen als Nachweis der Ergebnisse der Überwachung, Messung, Analyse und Bewertung aufbewahren.

Verbesserungen zum wertschöpfenden Abfallmanagement

In nachhaltigen Bauwerkslebenszyklen müssen beim wertschöpfenden Instandhalten, Modernisieren und Abbrechen die Möglichkeiten zur Verbesserung des wertschöpfenden Abfallmanagements bestimmt und notwendige Maßnahmen verwirklicht werden, um die beabsichtigten Ergebnisse des wertschöpfenden Abfallmanagements im Umweltmanagementsystem zu erreichen.

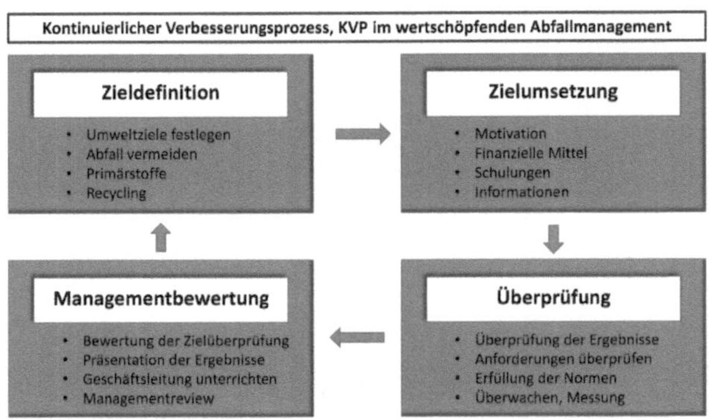

Bild 2.40 Der „KVP“ im wertschöpfenden Abfallmanagement

In nachhaltigen Bauwerkslebenszyklen müssen beim wertschöpfenden Instandhalten, Modernisieren und Abbrechen die Eignung, Angemessenheit und Wirksamkeit des wertschöpfenden Abfallmanagements im Umweltmanagementsystem kontinuierlich verbessert werden, um die Wertschöpfung zu verbessern.

Bild 2.41 Modell eines wertschöpfenden Abfallmanagementsystems

2.7 Umweltmanagement zur Wertschöpfung

Ein Umweltmanagement ist bei wertschöpfenden Instandhaltungen, Modernisierungen, Abbruch und Rückbau konzeptionell für nachhaltige Bauwerkslebenszyklen von großer Bedeutung. Im Folgenden werden ausgewählte Umweltmanagement-Aspekte zur Wertschöpfung in Bauwerkslebenszyklen dargestellt.

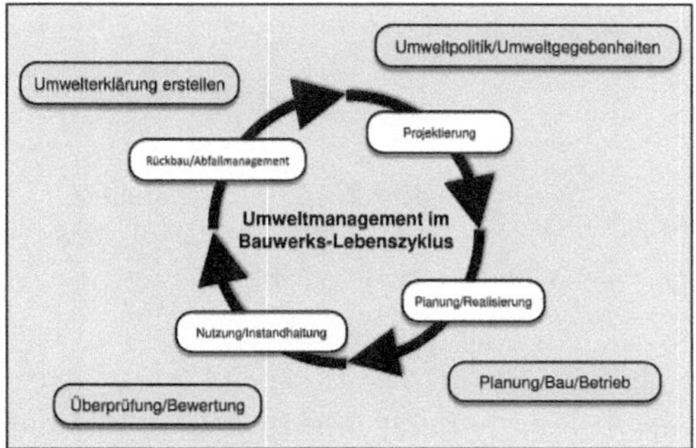

Bild 2.42 Umweltmanagement im Bauwerkslebenszyklus

Umweltmanagement ist ein Teilbereich des Managements von nachhaltigen Bauwerkslebenszyklen, der sich mit den bauwerksbezogenen und behördlichen Umweltbelangen der Bauwerke auch bei Instandhaltung, Modernisierung und Abbruch beschäftigt. Es dient zur Sicherung einer nachhaltigen Umweltverträglichkeit der Bauwerke und ihrer Prozesse einerseits sowie der Verhaltensweisen der Nutzer und aller Bauwerksbeteiligten andererseits. Hierzu gehören u. a.

- die Umweltpolitik der Verantwortlichen nachhaltiger Bauwerkslebenszyklen, z. B. eine Identifizierung und Aktivierung der Schnittmengen aus ökologisch und ökonomisch sowie soziologisch vorteilhaften Maßnahmen,
- der Umweltschutz, z. B. technische, organisatorische, aktive und passive Maßnahmen zur Verringerung der Umwelteinwirkungen, Vermeidung von nicht vertretbaren Umweltschädigungen und -inanspruchnahmen, Beiträge zur wertschöpfenden Instandhaltung und Modernisierung,
- die Umweltleistungen als messbare Ergebnisse bzgl. der Umweltauswirkungen, also z. B. Emissionen, Energie- und Ressourcenverbräuche, Abwasser, Bodenverunreinigungen usw.,
- die Einhaltung der behördlichen Auflagen bzw. der gesetzlichen Grenzwerte,
- die Normierungsverantwortung, das heißt eine Unterstützung einer Ökologie gerechten Verhaltensnormierung der Beteiligten in nachhaltigen Bauwerkslebenszyklen.

Ein wertschöpfendes Umweltmanagement in nachhaltigen Bauwerkslebenszyklen wird normativ in der Regel von Umweltmanagementbeauftragten geführt und betreut. In Form eines Umweltmanagementsystems werden Zuständigkeiten, Verhaltensweisen, Abläufe und Vorgaben zur Umsetzung des Umweltmanagements strukturiert festgelegt.

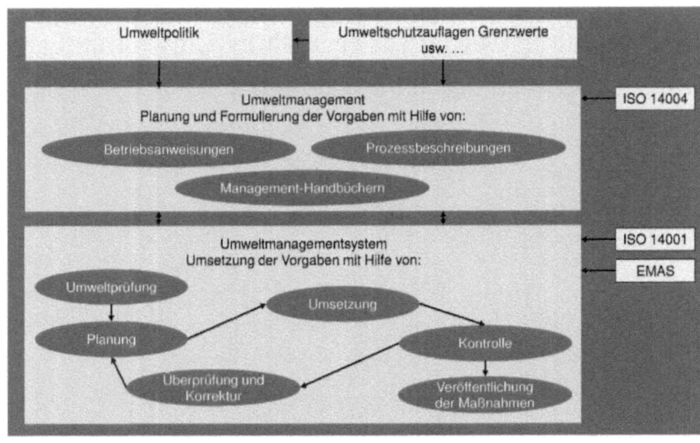

Bild 2.43 Schnittstellen zwischen normativem Umweltmanagement und Umweltmanagementsystem

Normatives Umweltmanagement zur Wertschöpfung setzt mithilfe eines Umweltmanagementsystems die Vorgaben der Verantwortlichen von nachhaltigen Bauwerkslebenszyklen und damit auch die behördlichen/gesetzlichen Anforderungen hinsichtlich des Umweltschutzes um. Hierzu werden normative Anforderungen im Managementhandbuch, in diversen Anweisungen und/oder in Prozessbeschreibungen festgelegt, deren Umsetzung und Überwachung dann durch das Umweltmanagementsystem erfolgt. Ein Umweltmanagementsystem für nachhaltige Bauwerkslebenszyklen mit wertschöpfendem Instandhalten, Modernisieren und Abbrechen kann frei oder gemäß einer Vorgabe, beispielsweise der Umweltmanagementnorm ISO 14 001 oder der EMAS-Verordnung aufgebaut sein.

Wertschöpfende Empfehlungen für das Umweltmanagement (und für das Umweltmanagementsystem) finden sich in der als Leitfaden konzipierten Norm ISO 14 004 (Umweltmanagementsysteme: Allgemeiner Leitfaden über Grundsätze, Systeme und Hilfsinstrumente). Die Umweltmanagementnormen ISO 14 001:2004 bzw. EMAS sind sehr ähnlich strukturiert wie die ISO 9001, Norm für Qualitätsmanagementsysteme. Qualitätsmanagementsysteme können daher wertschöpfend sowohl um das Umweltmanagement als auch beispielsweise das Energiemanagement aus der ISO 50 001 ergänzt werden. Dabei wird von „Integrierten Managementsystemen“ gesprochen.

Bauwerks-Verantwortliche, die ein Umweltmanagementsystem entsprechend den Vorgaben der ISO 14 001 und/oder der EMAS-Verordnung aufgebaut haben, können ihr UMS von externen Auditoren oder Umweltgutachter nach ISO 14 001 zertifizieren bzw. EMAS validieren, um die Wertschöpfung nachhaltiger Bauwerkslebenszyklen zu erhöhen.

Die im wertschöpfenden Umweltmanagement üblichen sogenannten Vorgabedokumente, Handbücher, Anweisungen, Beschreibungen usw., legen neben den zur Erreichung der Ziele der Umweltpolitik für nachhaltige Bauwerkslebenszyklen notwendigen Vorgaben auch die jeweiligen Verantwortlich- und Zuständigkeiten fest. Dabei findet sich oft ein modularer Aufbau der Umweltmanagementdokumentation.

Wie im Management generell üblich, beinhaltet ein Umweltmanagement Planung, Ausführung, Kontrolle und ggfs. Optimierung als sogenannter PDCA-Zyklus:

- Planung: Festlegung der Zielsetzungen und Prozesse, um die Umsetzung der Umweltpolitik der Verantwortlichen in nachhaltigen Bauwerkslebenszyklen zu erreichen,
- Ausführung: Umsetzung der Umweltmanagementsystem-Prozesse,
- Kontrolle: Überwachung der Umweltmanagementsystem-Prozesse hinsichtlich rechtlicher und anderer Anforderungen sowie Zielen der Umweltpolitik, ggfs. Dokumentation der Umweltleistung und von Verbesserungsmöglichkeiten,
- Optimierung: Falls notwendig müssen Umweltmanagementsystem-Prozesse angepasst werden, die Norm ISO 14 001 und die EMAS-Verordnung sprechen von einer ständigen Verbesserung der Prozesse, d.h. in nachhaltigen Bauwerkslebenszyklen sollten die Prozesse laufend optimiert und kontinuierlich verbessert werden.

Umweltschutz ist für nachhaltige Bauwerkslebenszyklen mit wertschöpfendem Instandhalten, Modernisieren und Abbrechen zu einer wichtigen Managementaufgabe geworden. Folgende Faktoren nehmen darauf insbesondere wertschöpfend Einfluss:

- Politik: Restriktionen (v.a. in Bereichen Energie, Ressourcen, Abfälle, Gefahrstoffe, Risiken usw.) oder Anreize (Förderungen).
- Öffentlichkeit: Übt Druck aus und kann ein Umdenken bewirken (z.B. Asbest).
- Umweltrisiken: Ein Bauwerk kann sich selbst zum Risiko entwickeln.
- Versicherungen: Umwelteinflüsse werden berücksichtigt und bewertet, Schäden und Risiken fließen in die Beiträge ein.
- Nutzer: Offensive und defensive ökologische Aktivität, Lieferantenaudits, Nutzer wollen umwelt-, ressourcen- und energiebewusste Bauwerke.
- Offensive Ökologiestrategie: Substitution von fossilen Energien, Differenzierung, Eröffnung neuer Marktsegmente, Umweltschutz ist nicht nur reiner Kostenfaktor.

Aktives Umweltmanagement kann Kosten einsparen und Wertschöpfung steigern. Ein Ansatz zur Verminderung von Umweltbelastungen ist „Clean Life-Cycle Engineering“. Hier werden die Ursachen für Emissionen, Ressourcen- und Energieverschwendung sowie Abfall systematisch analysiert und organisatorische, aktive, passive und technische Verbesserungsansätze aufgezeigt. Insbesondere beim Ressourcen- und Energieverbrauch sind hohe Einsparungen erzielbar, z. B. durch optimierte Stoff-Energie- und Wasser-Konzepte mit optimaler Erzeugung, Umwandlung, Speicherung und Nutzung.

Nachhaltige Bauwerkslebenszyklen können sich durch wertschöpfendes Umweltmanagement von anderen Bauwerken differenzieren und sich so wertsteigern. Steigendes öffentliches und privates Interesse sowie gesetzliche Auflagen bieten weitere Anreize, in diese Richtung zu gehen. Umweltprobleme werden so zu ökologischen Wertschöpfungsfeldern. Damit sind umweltbedingte Veränderungen kein Schicksal mehr für Bauwerke, sondern eine Managementaufgabe mit eigenen Chancen und Risiken.

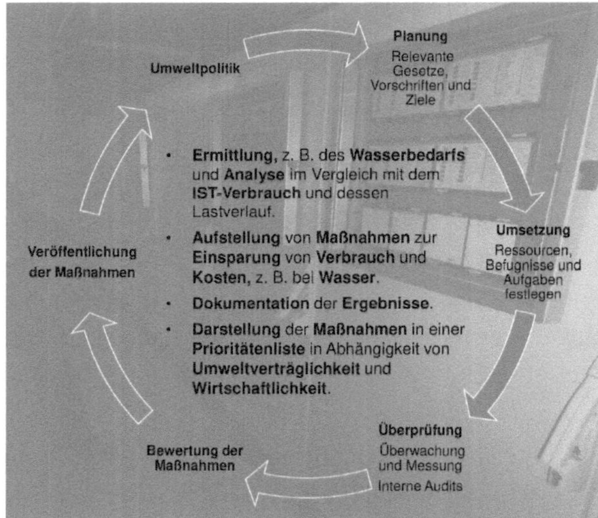

Bild 2.44 Wassersparkonzept in einem Umweltmanagementsystem für Bauwerke

3 Leistungen

Zunächst werden im ersten Abschnitt Instandhaltungsleistungen zur Wertschöpfung insbesondere nach der DIN 31 051 thematisiert. Im zweiten Abschnitt werden aktuelle Modernisierungsleistungen zur Wertschöpfung für nachhaltige Bauwerkslebenszyklen dargestellt. Der dritte Abschnitt erläutert Abbruch- und Rückbauleistungen zur Wertschöpfung insbesondere nach der ATV DIN 18 459 und der VDI 6210.

3.1 Instandhaltungsleistungen zur Wertschöpfung

Die DIN 31 051:2003-06 Grundlagen der Instandhaltung ist eine wichtige Norm für wertschöpfende Instandhaltungsleistungen in nachhaltig konzipierten Bauwerkslebenszyklen. Sie gliedert die Instandhaltungen vollständig in Grundmaßnahmen und definiert Begriffe, die, zusammen mit Begriffen nach der DIN EN 13 306:2001-09, zum Verständnis der Zusammenhänge notwendig sind. Zudem enthält sie datierte oder undatierte Verweisungen und Festlegungen aus anderen Publikationen. Die DIN EN 13 306, Begriffe der Instandhaltung; dreisprachige Fassung EN 13 306:2001, ist wichtig in Bezug auf Begriffe zur Instandhaltung.

Grundmaßnahmen wertschöpfender Instandhaltungen

Wertschöpfende Instandhaltungen in nachhaltigen Bauwerkslebenszyklen können normativ vollständig in die Grundmaßnahmen Wartung, Inspektion, Instandsetzung und Verbesserung unterteilt werden.

Instandhaltungen zur Wertschöpfung schließen ein:

- Berücksichtigung inner- und außerbauwerklicher Forderungen,
- Abstimmungen der Instandhaltungsziele mit Lebenszykluszielen sowie
- Berücksichtigung entsprechender Instandhaltungsstrategien.

Bild 3.1 zeigt normativ Unterteilungen zu Instandhaltungen.

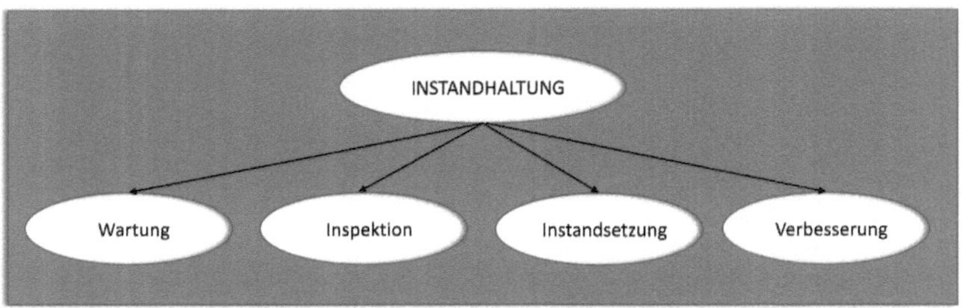

Bild 3.1 Unterteilungen zu Instandhaltungen im nachhaltigen Bauwerkslebenszyklus

Wertschöpfende Instandhaltungen sind Kombinationen aller technischen und administrativen Maßnahmen sowie Maßnahmen der Bauwerks-Verantwortlichen während der Lebenszyklen von Betrachtungseinheiten zur Erhaltung der funktionsfähigen Zustände oder der Rückführungen in diese, sodass sie die geforderten Funktionen erfüllen können.

Wertschöpfende Wartungen sind Maßnahmen zur Verzögerung des Abbaus der vorhandenen Abnutzungsvorräte in nachhaltigen Bauwerkslebenszyklen, z. B.:

- Aufträge, Auftragsdokumentationen und Analysen der Auftragsinhalte,
- Erstellung von Wartungsplänen, die auf die spezifischen Belange der jeweiligen Bauwerkslebenszyklen abgestellt sind und hierfür verbindlich gelten. Diese Pläne sollten u. a. Angaben über Orte, Termine, Maßnahmen und zu beachtende Merkmalswerte enthalten,
- Vorbereitungen der Durchführungen,
- Vorwegmaßnahmen wie Arbeitsplatzausrüstungen, Schutz- und Sicherheitseinrichtungen usw. sowie
- Überprüfungen der Vorbereitungen und der Vorwegmaßnahmen einschließlich der Freigaben zu Durchführungen (Durchführungen, Funktionsprüfungen, Rückmeldungen usw.).

Wertschöpfende Inspektionen sind Maßnahmen zu Feststellung und Beurteilung der Istzustände von nachhaltigen Bauwerkslebenszyklen einschließlich der Bestimmungen der Ursachen der Abnutzung und der Ableitung der notwendigen Konsequenzen für künftige Nutzungen, z. B.:

- Aufträge, Auftragsdokumentationen und Analysen zu Auftragsinhalten,
- Erstellung von Plänen zu Feststellungen der Istzustände, die auf die spezifischen Belange der jeweiligen Bauwerkslebenszyklen abgestellt sind und hierfür verbindlich gelten. Diese Pläne sollen u. a. Angaben über Orte, Termine,

Methoden, Geräte, Maßnahmen und zu betrachtende Merkmalswerte enthalten:

- Vorbereitungen der Durchführungen,
- Vorwegmaßnahmen wie Arbeitsplatzausrüstungen, Schutz- und Sicherheitseinrichtungen usw.,
- Überprüfungen der Vorbereitungen und der Vorwegmaßnahmen einschließlich der Freigaben zu Durchführungen,
- Durchführungen, vorwiegend quantitative Ermittlungen bestimmter Merkmalswerte,
- Vorlagen der Ergebnisse der Istzustandfeststellungen,
- Auswertungen der Ergebnisse zu Beurteilungen der Istzustände,
- Fehleranalysen,
- Planungen im Sinne des Aufzeigens und Bewertens alternativer Lösungen unter Berücksichtigung betrieblicher und außerbetrieblicher Forderungen,
- Entscheidungen für eine Lösung (Instandsetzung, Verbesserung oder andere Maßnahmen) sowie
- Rückmeldungen.

Der in der DIN EN 13 306:2001-09 definierte Begriff „Konformitätsprüfung" ist ein normativer Teilaspekt der Inspektion.

Bild 3.2 Sicherheitseinrichtung bei wertschöpfender Instandhaltung

Wertschöpfende Instandsetzungen sind Maßnahmen zu Rückführungen von Betrachtungseinheiten nachhaltiger Bauwerkslebenszyklen in funktionsfähige Zustände, mit Ausnahme von Verbesserungen, z. B.:

- Aufträge, Auftragsdokumentationen und Analysen zu Auftragsinhalten,
- Vorbereitungen der Durchführungen, beinhaltend Kalkulationen, Terminplanungen, Abstimmungen, Bereitstellungen von Personal, Mitteln und Material, Erstellung von Arbeitsplänen,
- Vorwegmaßnahmen wie Arbeitsplatzausrüstungen, Schutz- u. Sicherheitseinrichtungen,
- Überprüfungen der Vorbereitungen und der Vorwegmaßnahmen einschließlich der Freigaben zu Durchführungen,
- Durchführungen,
- Funktionsprüfungen und Abnahmen,
- Fertig- und Rückmeldungen,
- Auswertungen einschließlich Dokumentationen, Kostenaufschreibungen, Aufzeigen der Möglichkeiten von Verbesserungen usw.

Die Maßnahme „Instandsetzung“ ist in allen in DIN EN 13 306:2001-09, Abschnitt 7, definierten Instandhaltungsarten enthalten.

Begriffe zu wertschöpfenden Instandhaltungen

(Betrachtungs-)Einheiten in nachhaltigen Bauwerkslebenszyklen

Alle Teile, Bauelemente, Geräte, Teilsysteme, Funktionseinheiten, Betriebsmittel oder Systeme in Bauwerken, die für sich allein betrachtet werden können.

Abnutzungen in Bauwerkslebenszyklen

Abbau der Abnutzungsvorräte, hervorgerufen durch chemische und physikalische Vorgänge in nachhaltigen Bauwerkslebenszyklen. Solche Vorgänge, die durch unterschiedliche Beanspruchungen hervorgerufen werden, sind z. B. Reibung, Korrosionen, Ermüdung, Alterung, Kavitationen, Brüche usw. Abnutzungen sind grundsätzlich unvermeidbar.

Abnutzungsvorräte und -grenzen in Bauwerkslebenszyklen

Vorräte der möglichen Funktionserfüllungen unter festgelegten Bedingungen, die Betrachtungseinheiten im baulichen Bestand aufgrund der Herstellung, Instandsetzungen oder Verbesserungen innewohnen.

Grenzen sind die vereinbarten oder festgelegten Mindestwerte der Abnutzungsvorräte.

Abnutzungsprognosen in Bauwerkslebenszyklen

Vorhersagen über Abnutzungsverhalten von Betrachtungseinheiten in Bauwerkslebenszyklen, die mithilfe der Abnutzungsmechanismen aus den bekannten oder angenommenen Belastungen der zukünftigen Bedarfsforderungen ermittelt werden, ausgehend von Istzuständen der Betrachtungseinheiten. Abnutzungsverhalten werden durch die Abbaukurven der Abnutzungsvorräte beschrieben.

Bild 3.3 Abbau des Abnutzungsvorrates eines Bauwerks durch fehlende Instandhaltung

Nutzungen in Bauwerkslebenszyklen

Bestimmungsgemäße und den allgemein anerkannten Regeln der Technik entsprechende Verwendungen von Betrachtungseinheiten, wobei unter Abbau der Abnutzungsvorräte Sach- und/oder Dienstleistungen entstehen.

Nutzungsvorräte und -mengen in Bauwerkslebenszyklen

Vorräte der bei den Nutzungen unter festgelegten Bedingungen erzielbaren Sach- und/oder Dienstleistungen. Mengen der bei Nutzungen der Betrachtungseinheiten im baulichen Bestand erzielten Sach- und/oder Dienstleistungen.

Nutzungsgrade in Bauwerkslebenszyklen

Verhältnisse von Nutzungsmengen zu Nutzungsvorräten, die durch Nutzungsart bedingt sind.

Fehler in Bauwerkslebenszyklen

Zustände von Betrachtungseinheiten, in denen sie unfähig sind, eine geforderte Funktion zu erfüllen, ausgenommen die Unfähigkeiten während der Wartungen oder anderer geplanter Maßnahmen oder infolge des Fehlens äußerer Mittel.

Fehlerdiagnosen in Bauwerkslebenszyklen

Tätigkeiten zu Fehlererkennungen, Fehlerortungen und Ursachenfeststellungen.

Fehlerortungen in Bauwerkslebenszyklen

Tätigkeiten zur Erkennung der fehlerhaften Einheiten der geeigneten Gliederungsebenen.

Begriffe im Zusammenhang mit Funktionen in Bauwerkslebenszyklen

Funktionen in Bauwerkslebenszyklen

Die bei der Herstellung von Bauwerken definierten Anforderungen. Die Herstellung beginnt mit Planungen und Entwicklungen und endet mit Auslieferungen der

Betrachtungseinheiten. Unter Herstellung werden auch Änderungen (Modifikationen) mit dem Ziel Änderungen der Funktionen verstanden. Herstellung beinhaltet die Erzeugung von Abnutzungsvorräten. Änderungen (Modifikationen) sind immer mit Änderungen der Funktionen verbunden.

Änderungen und Modifikationen in Bauwerkslebenszyklen

Kombination aller technischen und administrativen Maßnahmen sowie Maßnahmen in Bauwerkslebenszyklen zu Änderungen der Funktion von Betrachtungseinheiten. Änderungen bedeuten nicht den Ersatz durch gleichwertige Betrachtungseinheiten und sie sind keine Instandhaltungsmaßnahmen, sondern sie sind die Änderungen der geforderten Funktionen von Betrachtungseinheiten in neue geforderte Funktionen. Änderungen können Einflüsse auf Funktionssicherheiten oder Leistungen der Betrachtungseinheiten oder auf beides haben.

Funktionserfüllungen in Bauwerkslebenszyklen

Erfüllen der bei der Herstellung von Betrachtungseinheiten in Bauwerkslebenszyklen definierten Anforderungen.

Ingangsetzungen in Bauwerkslebenszyklen

Auslösen der Funktionserfüllungen in Bauwerkslebenszyklen. Inbetriebnahmen werden als Synonym für Ingangsetzungen verwendet.

Stillsetzungen in Bauwerkslebenszyklen

Für Instandhaltungen und andere Zwecke zeitlich vorausgeplanter Unterbrechungen der Funktionserfüllungen. Betriebsunterbrechungen werden als Synonym für Stillsetzungen verwendet.

Funktionsfähigkeiten in Bauwerkslebenszyklen

Fähigkeiten von Betrachtungseinheiten in Bauwerkslebenszyklen zu Funktionserfüllungen aufgrund ihrer Zustände.

Ausfälle in Bauwerkslebenszyklen

Beendigungen der Fähigkeiten von Betrachtungseinheit in Bauwerkslebenszyklen, geforderte Funktionen zu erfüllen.

Außerbetriebsetzungen in Bauwerkslebenszyklen

Beabsichtigte befristete Unterbrechungen der Funktionsfähigkeiten von Betrachtungseinheiten in Bauwerkslebenszyklen während der Nutzungen.

Außerbetriebnahmen in Bauwerkslebenszyklen

Beabsichtigte unbefristete Unterbrechungen der Funktionsfähigkeiten von Betrachtungseinheiten in Bauwerkslebenszyklen.

Verfügbarkeiten in Bauwerkslebenszyklen

Fähigkeiten von Einheiten in Bauwerkslebenszyklen, zu gegebenen Zeitpunkten oder während gegebener Zeitintervalle in Zuständen zu sein, dass sie geforderte

Funktionen unter gegebenen Bedingungen unter Annahmen erfüllen können, dass die erforderlichen äußeren Hilfsmittel bereitgestellt sind. Diese Fähigkeiten hängen von den kombinierten Gesichtspunkten der Zuverlässigkeit, der Instandhaltbarkeit und dem Instandhaltungsvermögen ab. Die erforderlichen äußeren Hilfsmittel, die nicht Instandhaltungshilfsmittel sind, beeinflussen nicht die Verfügbarkeiten.

Bild 3.4 Fensterausfall aufgrund nicht erfolgter Instandhaltung

Ersatzteile in Bauwerkslebenszyklen

Einheiten zum Ersatz von entsprechenden Betrachtungseinheiten in Bauwerkslebenszyklen, um ursprüngliche Funktionen der Betrachtungseinheiten wiederherzustellen.

Zeitbegrenzte Teile in Bauwerkslebenszyklen

Betrachtungseinheiten in Bauwerkslebenszyklen, deren Lebensdauern im Verhältnis zu Lebensdauern der übergeordneten Betrachtungseinheiten verkürzt sind und mit technisch möglichen und wirtschaftlich vertretbaren Mitteln nicht verlängert werden können.

Verschleißteile in Bauwerkslebenszyklen

Betrachtungseinheiten in Bauwerkslebenszyklen, die an Stellen, an denen betriebsbedingt Abnutzungen auftreten, aus wirtschaftlichen Gründen eingesetzt werden, um dadurch andere Betrachtungseinheiten vor Abnutzungen zu schützen, und die vom Konzept her für den Austausch vorgesehen sind.

Sollbruchteile in Bauwerkslebenszyklen

Betrachtungseinheiten in Bauwerkslebenszyklen, die bei betriebsbedingten Überbeanspruchungen andere Betrachtungseinheiten durch Eigenverzehr (z. B. Brüche usw.) vor Schaden schützen und die vom Konzept her für den Austausch vorgesehen sind.

Bild 3.5 aus Anhang A der DIN 31 051:2003-06 zeigt eine normative Fehleranalyse zu wertschöpfenden Instandhaltungen in nachhaltigen Bauwerkslebenszyklen.

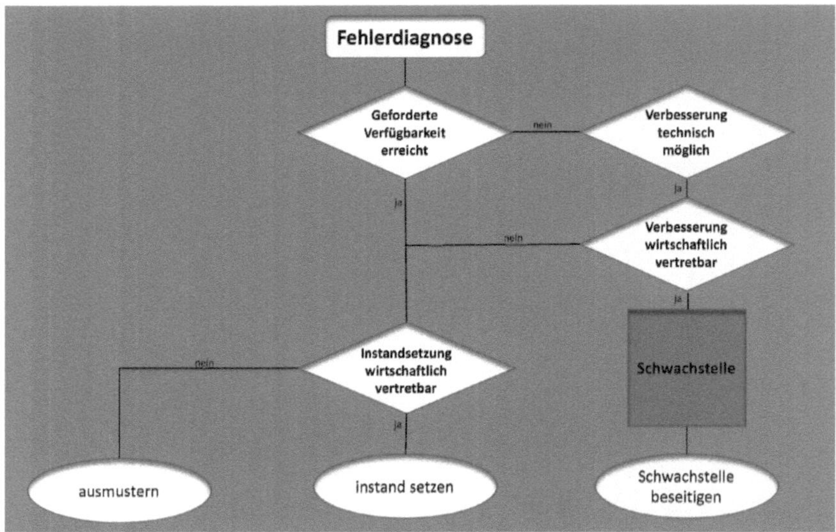

Bild 3.5 Normative Fehleranalyse beim wertschöpfenden Instandhalten in nachhaltigen Bauwerkslebenszyklen

3.2 Modernisierungsleistungen zur Wertschöpfung

Unter einer Modernisierung wird im Bauwesen die baulich-technische Wiederherstellung oder Modernisierung einer oder mehrerer Geschosse bzw. eines gesamten Bauwerks oder mehrerer Bauwerke, um Schäden zu beseitigen und/oder die Wertschöpfung zu erhöhen, verstanden. In erster Linie geht es um Werterhaltung, -schöpfung und -stabilität des Bauwerks. Dies betrifft vorrangig den technischen Ausbau, aber auch geringfügiger den Rohbau.

Eine wertschöpfende Modernisierung geht als Verbesserung über die Instandsetzung hinaus. Sie kann erhebliche Eingriffe in die Bausubstanz beinhalten wie u.a. als sogenannte „Kernsanierung“ unter Beibehaltung der Bauwerkshülle und beinhaltet meist eine modernisierende Verbesserung. Eine Modernisierung der Grundsubstanz von Baudenkmälern kommt beispielsweise dann wertschöpfend zum Einsatz, wenn die Erhaltung des Bauwerks gefährdet ist. In Deutschland muss nach Maßgabe des Denkmalschutzes die Untere Denkmalbehörde bei vorgenannten weitreichenden Eingriffen in ein Baudenkmal die Grenze zwischen einer substanzerhaltenden Modernisierung und der reversiblen Restaurierung festlegen.

Ein aktuelles Teilgebiet wertschöpfender Modernisierungsleistungen sind energetische Modernisierungen. Für beispielsweise alters- bzw. behindertengerechte Bauwerke kann auch barrierefreies Bauen Ziel von Teilmodernisierungen sein.

Ziel einer wertschöpfenden Modernisierung ist die Wiederherstellung eines standsicheren, gebrauchstauglichen und zweckbestimmt nutzbaren Zustands auf dem neuesten Stand der Technik, im Idealfall darüber hinaus nach dem neuesten Stand der Wissenschaft. Der Zustand einer Bausubstanz in nachhaltigen Bauwerkslebenszyklen hängt hierbei maßgeblich von der Planungs-, Baustoff-, Ausführungs- und Betriebsqualität sowie externen natürlichen und menschlichen Einflussfaktoren ab und kann mittels geeigneter Verfahren ermittelt werden. Um vorhandene Mängel festzustellen, wird häufig eine Voruntersuchung gemacht, die Mängel- bzw. Schadensursachen erkennt und beschreibt sowie wertschöpfende Modernisierungsmaßnahmen vorschlägt.

Unter einer wertschöpfenden Bauwerksmodernisierung wird eine wertschöpfende Verbesserung der einzelnen Bau- und Anlagentechnik oder des gesamten Bauwerks definiert.

Insgesamt umfasst eine wertschöpfende Modernisierung vier unterschiedliche Themenbereiche:

- Verbesserung wegen Überalterung, Abnutzung, Umweltschäden usw.,
- Umsetzung von bau- und anlagentechnischen Maßnahmen zur Anpassung an neue Vorschriften und Gesetze (wie in Deutschland z. B. GEG usw.),
- Modernisierung aufgrund unzureichender Wartung, Pflege, Inspektion und Instandsetzung in der Vergangenheit und daraus resultierenden hohen Betriebs- und Modernisierungskosten,
- Verbesserung aufgrund des geänderten Nutzungsbedarfs.

Eine wertschöpfende Modernisierung in nachhaltigen Bauwerkslebenszyklen kann ökonomisch, ökologisch und soziologisch sinnvoll sein: zum einen, weil beispielsweise die Alternative Abbruch und Neubau oft teurer bzw. zeitaufwendig ist, zum anderen, weil Finanzen, Ressourcen und Nutzer geschont werden.

Spezielle Modernisierungsformen sind:

- „Kernsanierung“ als Wiederherstellung der Bausubstanz,
- „Rekonstruktion“ als neuerliches Herstellen sowie
- „Translozierung“ als Versetzung, also Abbau und originalgetreuer Aufbau an einem anderen Ort.

Die DIN 31 051:2003-06 Grundlagen der Instandhaltung ist auch eine wichtige Norm für wertschöpfende Modernisierungsleistungen in nachhaltigen Bauwerkslebenszyklen. Sie gliedert die Instandhaltungen vollständig in Grundmaßnahmen und definiert Begriffe, die, zusammen mit Begriffen nach der DIN EN 13 306:2001-09 zum Verständnis der Zusammenhänge notwendig sind.

Die DIN EN 13 306, Begriffe der Instandhaltung; dreisprachige Fassung EN 13 306:2001, ist wichtig in Bezug auf Begriffe zur Modernisierung.

Grundmaßnahme wertschöpfende Modernisierung

Wertschöpfende Modernisierungen in nachhaltigen Bauwerkslebenszyklen werden normativ in die Grundmaßnahme Verbesserung unterteilt.

Modernisierungen zur Wertschöpfung schließen ein:

- Berücksichtigung inner- und außerbauwerklicher Forderungen,
- Abstimmungen der Modernisierungsziele mit Lebenszykluszielen sowie
- Berücksichtigung entsprechender Modernisierungsstrategien.

Wertschöpfende Verbesserungen sind Kombinationen aller technischen und administrativen Maßnahmen sowie Maßnahmen der Bauwerks-Verantwortlichen zu Steigerungen der Funktionssicherheiten von Betrachtungseinheiten in nachhaltigen Bauwerkslebenszyklen, ohne die von ihnen geforderten Funktionen zu ändern, z.B.:

- Aufträge, Auftragsdokumentationen und Analysen zu Auftragsinhalten,
- Vorbereitung der Durchführungen, beinhaltend Kalkulationen, Terminplanungen, Abstimmungen, Bereitstellungen von Personal, Mitteln und Material, Erstellung von Arbeitsplänen,
- Vorwegmaßnahmen wie Arbeitsplatzausrüstungen, Schutz- u. Sicherheitseinrichtungen,
- Überprüfungen der Vorbereitungen und der Vorwegmaßnahmen einschließlich der Freigaben zu Durchführungen,
- Durchführungen,
- Funktionsprüfungen und Abnahmen,
- Fertig- und Rückmeldungen,
- Auswertungen einschließlich Dokumentationen, Kostenaufschreibungen usw.

Schwachstellen in nachhaltigen Bauwerkslebenszyklen

Betrachtungseinheiten, bei denen Ausfälle häufiger, als es den geforderten Verfügbarkeiten entspricht, eintreten und bei denen Verbesserungen möglich und wirtschaftlich vertretbar sind.

Schwachstellenbeseitigungen in nachhaltigen Bauwerkslebenszyklen

Maßnahmen zu wertschöpfenden Verbesserungen von Betrachtungseinheiten nachhaltiger Bauwerkslebenszyklen in der Weise, dass das Erreichen von festgelegten Abnutzungsgrenzen mit Wahrscheinlichkeit zu erwarten ist, die im Rahmen der geforderten Verfügbarkeiten liegen.

Fehleranalysen in nachhaltigen Bauwerkslebenszyklen

Fehlerdiagnosen mit anschließenden Prüfungen, ob Verbesserungen machbar und wirtschaftlich vertretbar sind.

Funktionen in nachhaltigen Bauwerkslebenszyklen

Die bei der Herstellung von nachhaltigen Bauwerken definierten Anforderungen. Die Herstellung beginnt mit Planungen und Entwicklungen und endet mit Auslieferungen der Betrachtungseinheiten. Unter Herstellung werden auch Änderungen (Modifikationen) mit dem Ziel Änderungen der Funktionen verstanden. Herstellung beinhaltet die Erzeugung von Abnutzungsvorräten. Verbesserungen, z. B. mit dem Ziel von Schwachstellenbeseitigungen, führen nicht zu Änderungen der Funktionen.

Bild 3.6 Verbesserung durch Modernisierung einer Bauwerks-Fassade

Bild 3.7 Schwachstelle bei der Verbesserung durch Modernisierung

3.3 Abbruch- und Rückbauleistungen zur Wertschöpfung

Die DIN 18 459:2015-08 zur VOB Teil C: Allgemeine Technische Vertragsbedingungen für Bauleistungen - Abbruch- und Rückbauarbeiten ist wichtig für Leistungsbeschreibungen als Grundlage zum wertschöpfenden Abbrechen und Rückbauen in Bauwerkslebenszyklen.

Normatives Aufstellen einer Leistungsbeschreibung für wertschöpfendes Abbrechen und Rückbauen

Wertschöpfende Angaben zur Abbruch- bzw. Rückbau-Baustelle:

- Art, Baujahr, Historie der ehemaligen Nutzungen und Kontaminationen der abzubrechenden oder rückzubauenden baulichen und technischen Anlagen.
- Statische Systeme und Konstruktionen der abzubrechenden oder rückzubauenden baulichen und technischen Anlagen.
- Gründungstiefen, Gründungsarten und Lasten benachbarter Bauwerke.
- Standsicherheit verbleibender u. benachbarter Bauwerke, -teile u- Flächen u. deren Nutzung.
- Art, Lage, Maße/Ausbildung sowie Termine des Auf- und Abbaus von bauseitigen Gerüsten.
- Betriebsabläufe, die während der Ausführung aufrechterhalten werden müssen.

Bild 3.8 Abbruch- und Rückbauarbeiten auf der Baustelle der Hochschule Hannover (Bethe)

Wertschöpfende Angaben zu Abbruch- bzw. Rückbau-Ausführungen:

- Abbruch- oder Rückbaugrenzen.
- Zulässige Abweichungen und Ausbildung der Abbruchkanten.

- Anzahl, Art, Lage, Maße, Stoffe und Ausbildung abzubrechender oder rückzubauender baulicher und technischer Anlagen.
- Ausbildung von Baugruben zum Abbruch von baulichen und technischen Anlagen unter Gelände.
- Art, Umfang und Zeitdauer von Beweissicherungsmaßnahmen.
- Sachverständigengutachten und inwieweit sie bei der Ausführung zu beachten sind, z. B. Schadstoffkataster, Lärm- und Erschütterungsgutachten.
- Anzahl, Art, Lage, Maße und Ausbildung von Abschlüssen und Anschlüssen an angrenzende Bauteile.
- Anzahl, Art, Lage, Maße und Massen von zu bergenden oder zu sichernden Bauteilen und Stoffen.
- Anzahl, Art, Lage und Maße von herzustellenden Aussparungen, z. B. Öffnungen.
- Anzahl, Art, Lage, Maße und Beschaffenheit von Installations- und Einbauteilen.
- Art und Umfang von Brand- und Emissionsschutzmaßnahmen, insbesondere Lärmschutz- und Staubminderungsmaßnahmen. Einschränkungen beim Einsatz von Wasser.
- Schutz von Bau- oder Anlagenteilen, Einrichtungsgegenständen und dergleichen sowie von benachbarten Grundstücken und Bauwerken.
- Art und Umfang von Leistungen zur Aufrechterhaltung des Betriebes.
- Vorgezogenes oder nachträgliches Abbrechen oder Rückbauen von baulichen und technischen Anlagen.
- Einschränkungen in Hinblick auf das Überschneiden der Ecken bei Sägearbeiten.
- Einschränkungen hinsichtlich der Abbruch- oder Rückbauverfahren.
- Einzelangaben bei Abweichungen von den ATV.

Wenn andere wertschöpfende Maßnahmen als die in dieser ATV vorgesehenen Regelungen getroffen werden sollen, sind diese in der Leistungsbeschreibung eindeutig und im Einzelnen anzugeben.

Abweichende Regelungen zur Wertschöpfung können insbesondere in Betracht kommen:

- wenn wertschöpfende Verfahren, Arbeitsabläufe, Geräte und Maschinen vorgegeben werden,
- wenn die Wahl der Förderwege dem Auftragnehmer nicht überlassen bleiben soll,
- wenn andere als die dort aufgeführten Abweichungen zulässig sein sollen,
- wenn weitere Wertschöpfungen vorgesehen sind.

Wertschöpfende Abrechnungseinheiten zum Abbruch bzw. Rückbau:

Im Leistungsverzeichnis sind die Abrechnungseinheiten wie folgt vorzusehen:

- Raummaß (m^3), getrennt nach Bauart und Maßen, für
  - Fundamente, Bodenplatten, Decken, Wände,
  - Stützen, Unter- und Überzüge, Binder, Sparren und dergleichen,
  - Widerlager, Rampen, Treppen,
  - Flüssigkeiten.
- Flächenmaß (m^2), getrennt nach Bauart und Maßen, für
  - Bauteile,
  - Wände, Decken,
  - Bodenplatten, Fundamente,
  - Boden-, Wand- und Deckenbeläge,
  - Putz, Fliesen, Estriche,
  - Dämmstoffe, Bekleidungen,
  - Dacheindeckungen,
  - Trenn- und Zwischenwände,
  - Schnitte,
  - Sägeschnitte nach Schnittfläche,
  - thermisches Trennen nach Trennfläche,
  - Hochdruckschneiden nach Schnittfläche,
  - Fräsen und Schleifen.
- Flächenmaß (cm^2), getrennt nach Bauart und Maßen, für Stahlschnitte und Stahlanschnitte für einzelne Schnitt- und Querschnittflächen.
- Längenmaß (m), getrennt nach Bauart und Maßen, für
  - Geländer, Brüstungen,
  - Rohre,
  - Einfassungen,
  - Bohrungen,
  - Schlitze,
  - Trennschnitte.
- Anzahl (Stück), getrennt nach Bauart und Maßen, für
  - Fenster, Türen,
  - Wand- und Deckendurchbrüche,

  - Behälter, Tanks, Heizkörper, Heizungsanlagen und dergleichen,
  - Leuchten, Leuchtstoffröhren, Kondensatoren.
- Masse (kg, t), getrennt nach Baustoffen.

Bild 3.9 Stahlschnitte auf der Baustelle der Hochschule Hannover

Bild 3.10 Kunststoffe bei Abbruch- und Rückbauarbeiten auf der Baustelle der Hochschule Hannover

Geltungsbereich der DIN 18 459:2015-08 für wertschöpfendes Abbrechen und Rückbauen

Die ATV DIN 18 459 „Abbruch- und Rückbauarbeiten" gilt für den teilweisen oder vollständigen wertschöpfenden Abbruch oder Rückbau von baulichen und technischen Anlagen in nachhaltigen Bauwerkslebenszyklen. Sie gilt auch für Fördern, Lagern und Laden der abgebrochenen oder rückgebauten Anlagen sowie der gewonnenen Stoffe und Bauteile.

Sie gilt nicht für:

- Erdarbeiten (siehe ATV DIN 18 300 „Erdarbeiten") sowie
- Rodungsarbeiten (siehe ATV DIN 18 320 „Landschaftsbauarbeiten").

Ergänzend gilt die ATV DIN 18 299 „Allgemeine Regelungen für Bauarbeiten jeder Art“, Abschnitte 1 bis 5. Bei Widersprüchen gehen die Regelungen der ATV DIN 18 459 vor.

Stoffe und Bauteile beim wertschöpfenden Abbrechen und Rückbauen

Ergänzend zur ATV DIN 18 299 gilt nach der ATV DIN 18 459:

Bei den Abbruch- und Rückbauarbeiten anfallende Stoffe und Bauteile gehen nicht in das Eigentum des Auftragnehmers über. Für die Bezeichnung und Einstufung der anfallenden Stoffe gilt der Abfallschlüssel der Abfallverzeichnis-Verordnung (AVV) zum Kreislaufwirtschaftsgesetz (KrWG).

Als Bedenken nach § 4 Abs. 3 VOB/B können insbesondere in Betracht kommen:

- Abweichungen des Bestandes gegenüber den Vorgaben sowie
- ungenügende Tragfähigkeit des Untergrundes.

Die Wahl des Verfahrens und des Arbeitsablaufes sowie die Wahl und der Einsatz der Geräte und Maschinen sind Sache des Auftragnehmers. Der Auftragnehmer hat vor Beginn der Arbeiten das gewählte Verfahren und die geplante Vorgehensweise dem Auftraggeber schriftlich bekannt zu geben, besser wertschöpfend vor dem Angebot das Verfahren miteinander abzustimmen.

Gefährdete bauliche Anlagen sind zu sichern, die DIN 4123 ist zu beachten. Bei Schutz- und Sicherungsmaßnahmen für Bauwerke, Leitungen, Kabel, Dräne und Kanäle sind die Vorschriften der Eigentümer oder anderer Weisungsberechtigter zu beachten.

Die erforderlichen Leistungen sind Besondere Leistungen.

Wenn die Lage vorhandener Leitungen, Kabel, Dräne, Kanäle, Vermarkungen, Hindernisse und sonstiger baulicher Anlagen vor Ausführung der Arbeiten nicht angegeben werden kann, ist diese zu erkunden. Leistungen zur Erkundung sind Besondere Leistungen. Werden unvermutet Hindernisse, z. B. nicht angegebene Leitungen, Kabel, Dräne, Kanäle, Vermarkungen, sonstige bauliche Anlagen, angetroffen, ist der Auftraggeber unverzüglich darüber zu unterrichten.

Es sind in Abstimmung mit dem Auftraggeber besondere Maßnahmen zu ergreifen. Sollten hierfür Leistungen erforderlich werden, sind dies Besondere Leistungen.

Gefährdete Bäume, Pflanzenbestände und Vegetationsflächen sind zu schützen, die DIN 18 920 ist zu beachten. Solche Schutzmaßnahmen sind Besondere Leistungen.

Vorbereiten des Baugeländes beim wertschöpfenden Abbrechen und Rückbauen

Grenzsteine und Festpunkte dürfen nur nach Zustimmung der Auftraggeber beseitigt werden. Festpunkte der Auftraggeber für Abbruch- bzw. Rückbauarbeiten haben die Auftragnehmer zu sichern.

Aufwuchs darf über den vereinbarten Umfang hinaus nur mit Zustimmung der Auftraggeber beseitigt werden.

Bild 3.11 Baumschutz bei Abbruch- und Rückbauarbeiten auf der Baustelle der Hochschule Hannover

Durchführungen von wertschöpfendem Abbrechen und Rückbauen

Die Arbeiten sind in wertschöpfender Vorgehensweise auszuführen.

Unkontrollierte Einstürze sind auszuschließen.

Die Standsicherheit ist in allen Phasen der Arbeiten bis zum Zeitpunkt des kontrollierten Abbruchs oder Rückbaus sicherzustellen.

Bei unvorhergesehenen Ereignissen, z.B. Wasserandrang, Bodenauftrieb, Grundbruch, Schäden an baulichen Anlagen, ist der Auftraggeber unverzüglich zu unterrichten. Bei Gefahr in Verzug hat der Auftragnehmer unverzüglich die notwendigen Sicherungsmaßnahmen zu treffen. Die weiteren Maßnahmen sind gemeinsam festzulegen. Erforderliche Leistungen sind Besondere Leistungen, sofern sie nicht der Auftragnehmer zu vertreten hat.

Werden bei den Arbeiten Abweichungen gegenüber den Angaben in der Leistungsbeschreibung angetroffen, z.B. hinsichtlich der Stoffe, Konstruktionen, Bauzustände, statischer Systeme, unvermuteter Kontamination oder Bauteile, ist der Auftraggeber unverzüglich zu unterrichten. Bei Gefahr in Verzug hat der Auftragnehmer unverzüglich die notwendigen Sicherungsmaßnahmen zu treffen. Die weiteren Maßnahmen sind gemeinsam festzulegen. Erforderliche Leistungen sind Besondere Leistungen.

Bei Arbeiten anfallendes Wasser, z.B. bei Säge-, Fräs- oder Bohrarbeiten, ist aufzufangen und zu entsorgen.

Alle bei den Arbeiten anfallenden Stoffe und Bauteile sind nach den abfallrechtlichen Bestimmungen und den Vorgaben des Auftraggebers zu trennen, getrennt zu halten, zu sammeln und zu lagern.

Bild 3.12 Kontaminierte Bauteile bei Abbruch- und Rückbauarbeiten auf der Baustelle der Hochschule Hannover

Stoffe und Bauteile sind auf folgende Größen zu zerkleinern:

- mineralische Baustoffe: < 60 cm Kantenlänge,
- Holz: < 6 m Länge, < 1,5 m Breite und < 50 cm Dicke,
- Metallbauteile: < 6 m Länge, < 1,5 m Breite und < 50 cm Dicke bei einer Masse von höchstens 20 t sowie
- sonstige Bauteile: < 1,5 m Länge, < 50 cm Breite und < 50 cm Dicke.

Fördern und Laden beim wertschöpfenden Abbrechen und Rückbauen

Das Aufnehmen und Fördern der anfallenden Stoffe und Bauteile,

- horizontal außerhalb von Bauwerken bis zu einer Entfernung von 50 m, innerhalb von Bauwerken bis zu einer Entfernung von 20 m sowie
- vertikal bis zu einer Entfernung von 5 m, bei Verwendung von Schuttrutschen 10 m, sowie das Lagern oder das unmittelbare Laden gehören zur Leistung.

Die Wahl der Förderwege sollte wertschöpfend untereinander abgesprochen werden.

Bild 3.13 Förderwege bei Abbruch- und Rückbauarbeiten auf der Baustelle der Hochschule Hannover

Zulässige Abweichungen beim wertschöpfenden Abbrechen und Rückbauen

Bei nicht vorgegebenen Verfahren sind folgende Abweichungen von den Nennmaßen zulässig:

- bei der Herstellung von Durchbrüchen: +10 cm,
- bei der Herstellung von Schlitzen: +10 cm für die Breite und +5 cm für die Tiefe sowie
- für das Abbrechen von Bauteilen innerhalb von Bauwerken: +10 cm.

Stoff- und strukturbedingte Abplatzungen an verbleibenden Bauteilen bis zu einem Abstand von 1 m von der Abbruchgrenze sind zulässig.

Bei vorgegebenen Kernbohrungen sind je 10 cm Bohrtiefe höchstens 5 mm Abweichung von der Bohrachse zulässig.

Beim Sägen mineralischer Baustoffe dürfen Eckbereiche um Bauteildicke überschnitten werden. Bei vorgegebenen Sägearbeiten an Bauteilen, deren Ebenheit im Rahmen der DIN 18 202:2013-04, Tabelle 3, Zeile 1, „Toleranzen im Hochbau – Bauwerke" liegen, sind folgende Grenzwerte von den Nennmaßen zulässig:

- Sägen mit Fugenschneider bei ebenen Oberflächen:
  - in der Schnittlänge: höchstens 3 cm bezogen auf den Endpunkt,
  - in der Schnitttiefe: höchstens 2 cm je 30 cm sowie
  - in der Schnittlinie: 1,2 cm bis 3 m Schnittlänge, 1,6 cm über 3 m Schnittlänge.
- Sägen mit Wandsägen bei ebenen Oberflächen:
  - in der Schnittlänge: höchstens 1 cm bezogen auf den Endpunkt,
  - in der Schnitttiefe: höchstens 2 cm je 30 cm sowie
  - in der Schnittlinie: 1,2 cm.
- Sägen mit Seilsägen:
  - in der Schnittlänge: höchstens 1 cm bezogen auf den Endpunkt sowie
  - in der Schnittlinie: 3 cm.

Beläge und schwimmende Estriche sind vollständig, Verbundmassen mit folgenden Grenzabweichungen zu entfernen: in der Dicke 5 mm, an Umgrenzungen 2 cm.

Nebenleistungen und Besondere Leistungen beim wertschöpfenden Abbrechen und Rückbauen

Nebenleistungen sind ergänzend zur ATV DIN 18 299, Abschnitt 4.1, insbesondere:

- Feststellen des Zustandes der Straßen, der Geländeoberfläche, der Vorfluter und dergleichen nach § 3 Abs. 4 VOB/B.

- Eindämmen der Staubentwicklung durch Niederschlagen mit Wasser, jedoch maximal bis zum Einsatz eines C-Schlauches je Staubanfallstelle.
- Schutz von Bau- und Anlagenteilen vor Verunreinigungen und Beschädigungen im Arbeitsbereich von bis zu 20 m^2 während der Abbruch- und Rückbauarbeiten durch loses Abdecken, Abhängen oder Umwickeln, ausgenommen Schutzmaßnahmen nach Abschnitt 4.2.11.
- Auf-, Um- und Abbauen sowie Vorhalten von Gerüsten für eigene Leistungen, sofern die zu bearbeitende oder zu bekleidende Fläche nicht höher als 3,50 m über der Standfläche des hierfür erforderlichen Gerüstes liegt.
- Ausgleichen abgestufter oder geneigter Standflächen von Gerüsten bis zu 40 cm Höhenunterschied, z. B. über Treppen oder Rampen.
- Auffangen und Entsorgen des bei Hochdruckwasserstrahl-, Bohr- und Sägearbeiten anfallenden Wassers.

Besondere Leistungen sind ergänzend zur ATV DIN 18 299, z. B.:

- Besondere wertschöpfende Maßnahmen.
- Besondere Maßnahmen zum Feststellen des Zustandes der baulichen und technischen Anlagen einschließlich der Straßen sowie der Ver- und Entsorgungsanlagen vor Beginn der Arbeiten.
- Auf-, Um- und Abbauen sowie Vorhalten von Gerüsten für Leistungen anderer Unternehmer.
- Auf-, Um- und Abbauen sowie Vorhalten von Gerüsten für eigene Leistungen, sofern die zu bearbeitende oder zu bekleidende Fläche höher als 3,50 m über der Standfläche des hierfür erforderlichen Gerüstes liegt.
- Auf-, Um- und Abbauen sowie Vorhalten von Gerüsten mit abgestufter oder geneigter Standfläche, z. B. über Treppen oder Rampen, sofern ein Ausgleich von mehr als 40 cm erforderlich ist.
- Sichern, Abtrennen und Verschließen von stillgelegten und freigeschalteten Ver- und Entsorgungsleitungen.
- Besondere Maßnahmen zur Minderung von Lärmemissionen, z. B. Errichten von Lärmschutzwänden oder Einschränkungen bei den Verfahren und Verfahrensabläufen.
- Besondere Maßnahmen zum Eindämmen der Staubentwicklung, z. B. Wasserschleier, Wasserkanone, Staubschutzwände.
- Messungen und Prüfungen, z. B. Erschütterungs-, Lärm-, Setzungs-, Neigungs- und geodätische Messungen einschließlich Dokumentationen.
- Demontieren, Ausbauen, Sichern und Transportieren von zu erhaltenden oder zu bergenden Bauteilen.

- Besonderer Schutz von Bau- und Anlagenteilen sowie Einrichtungsgegenständen, z.B. Abkleben von Fenstern, Türen, Böden, Belägen, Treppen, Hölzern, Dachflächen, oberflächenfertigen Teilen, staubdichtes Abkleben von empfindlichen Einrichtungen und technischen Geräten, Staubschutzwände, Notdächer, Auslegen von Hartfaserplatten oder Bautenschutzfolien ab 0,2 mm Dicke.
- Erstellen statischer Berechnungen und der für Nachweise erforderlichen Zeichnungen für verbleibende oder benachbarte Bauwerke und Bauteile.
- Sicherungsmaßnahmen für verbleibende Bauteile und benachbarte Bauwerke, soweit die Notwendigkeit hierfür nicht vom Auftragnehmer verursacht ist.
- Herstellen von Abdeckungen und Umwehrungen nach Beendigung der Abbruch- und Rückbauarbeiten.
- Zerkleinerung der Stoffe über die normativ genannten Maße und Massen hinaus.
- Fördern der Stoffe über die normativ genannten Entfernungen hinaus.

Bild 3.14 Schutzmaßnahmen bei Abbruch- und Rückbauarbeiten auf der Baustelle der Hochschule Hannover

Abrechnungen beim wertschöpfenden Abbrechen und Rückbauen

Ergänzend zur ATV DIN 18 299 gilt nach der ATV DIN 18 459:

Der Ermittlung der Leistung, gleichgültig, ob sie nach Zeichnung oder nach Aufmaß erfolgt sind die Maße:

- der abzubrechenden Bauwerke,
- der abzubrechenden, rückzubauenden technischen Anlagen sowie
- der abzubrechenden, rückzubauenden Bauteile zugrunde zu legen.

Zur Leistungsermittlung sind die vereinfachenden Regeln wie Übermessungsregeln und Einzelregelungen anzuwenden.

Ermittlung der Maße und Mengen beim wertschöpfenden Abbrechen und Rückbauen

Ist nach Masse abzurechnen, so kann diese durch Wiegen oder Berechnung festgestellt werden. Die Berechnung erfolgt durch Ermittlung des Raummaßes und unter Einbeziehung der Baustoffwichten nach der DIN EN 1991-1-1 und der DIN EN 1991-1-1/NA „Nationaler Anhang".

Bei Kernbohrarbeiten beträgt die Mindest-Abrechnungslänge je Bohrloch 10 cm.

Bei der Berechnung des Flächenmaßes von Sägearbeiten, ermittelt aus Schnittlänge und Schnitttiefe, ist bei Beton und Mauerwerk eine Schnitttiefe von mindestens 3 cm zugrunde zu legen.

Übermessungsregeln beim wertschöpfenden Abbrechen und Rückbauen

Übermessen werden insbesondere:

- Bei der Abrechnung nach Raummaß:
  - Aussparungen < 0,5 m^3 Einzelgröße.
- Bei der Abrechnung nach Flächenmaß:
  - Aussparungen < 2,5 m^2 Einzelgröße, bei manuellen Verfahren Aussparungen < 0,5 m^2 Einzelgröße sowie
  - Unterbrechungen in der abzubrechenden oder rückzubauenden Fläche durch Bauteile, mit einer Einzelbreite < 30 cm.
- Bei der Abrechnung nach Längenmaß:
  - Unterbrechungen < 1 m Einzellänge, außer bei Kernbohrungen.
- Bei Abrechnung nach Schnittfläche:
  - Unterbrechungen < 0,1 m^2 Einzelgröße.
- Bei Kernbohrarbeiten:
  - Unterbrechungen < 15 cm in der Bohrtiefe.

Einzelregelungen: Bei Stahlbetonsäge- und -bohrarbeiten werden Stahlschnitte bis 2 cm^2 Einzelschnittfläche übermessen.

4 Durchführungen

Im ersten Abschnitt dieses Kapitels werden ausgewählte Durchführungen von wertschöpfenden Instandhaltungen insbesondere zu Inspektionen, Wartungen und Pflege sowie Instandsetzungen über nachhaltige Bauwerkslebenszyklen dargestellt.

Folgend werden im zweiten Abschnitt ausgewählte Durchführungen von wertschöpfenden Modernsierungen insbesondere als Verbesserungen, Rückbau und Neubau thematisiert.

Im dritten Abschnitt werden ausgewählte Durchführungen von wertschöpfendem Abbruch insbesondere als Grundlagen wie Begriffe, Rahmenbedingungen, Anforderungen an die Beteiligten sowie Aufgaben, Standsicherheiten, Tragfähigkeiten, Ver- und Entsorgungs- und Prozessanlagen, Schadstoffe, Kampfmittel, Denkmäler, archäologische Funde, Mengenermittlungen, Koordinationen, Beteiligte, Beweissicherungen, Sicherheitsleistungen, Vorbereitungen, Genehmigungen, Anzeigen, Verfahren, Konzepte, Baustelleneinrichtungen, Abnahmen, Abrechnungen, Dokumentationen, sachverständige Feststellungen, Abbruchverfahren sowie Regelvermutungen erläutert.

4.1 Durchführungen von wertschöpfenden Instandhaltungen

In Abschnitt 4.1.1 werden ausgewählte Durchführungen von wertschöpfenden Inspektionen bei Instandhaltungen dargestellt.

In Abschnitt 4.1.2 werden ausgewählte Durchführungen von wertschöpfenden Wartungen mit Pflege bei Instandhaltungen thematisiert.

In Abschnitt 4.1.3 werden ausgewählte Durchführungen von wertschöpfenden Instandsetzungen bei Instandhaltungen behandelt.

4.1.1 Inspektionen bei Instandhaltungen

Eine wertschöpfende Inspektion bezeichnet eine wertschöpfende Überprüfung als überprüfende Betrachtung bzw. Besichtigung oder Kontrolle bei Instandhaltungen in nachhaltigen Bauwerkslebenszyklen von dazu Beauftragten zu einer Bau- oder Anlagentechnik auf optimale Funktion. In nachhaltigen Bauwerkslebenszyklen sind wertschöpfende Inspektionen Bestandteile der Instandhaltungen. Gemäß der DIN 31 051 umfasst die Inspektion/Durchsicht Maßnahmen zur Beurteilung des Ist-Zustandes von technischen Mitteln eines Systems als:

- technische Überprüfung,
- Unfallverhütung,
- formale Qualitätssicherungsmaßnahme usw.

Wertschöpfende Inspektionen im Sinne der mit Kontrolle beauftragten Instandhaltungsverantwortlichen sind:

- behördliche Inspektionen, manche Behörden unterhalten einen Inspektionsdienst, der vor allem im Außendienst Dienstaufsicht führt,
- Sicherheitsdienste zu Bauwerken, zuweilen als Hausinspektion bezeichnet usw.

Bei wertschöpfenden Bauwerks-Inspektionen geht es um alle Aktivitäten, die von unabhängigen Inspektionsunternehmen an den Bauwerks-Gewerken durchgeführt werden. Es gibt verschiedene Kategorien bei diesen Arten von Inspektionen. Eine davon ist die Lieferantenüberwachung, die bei wertschöpfendem Instandhalten durchgeführt wird und bei der einige Inspektionen stattfinden.

Die zweite Kategorie ist die Besichtigung der Bauwerks-Bau- und -Anlagentechnik bei wertschöpfenden Instandhaltungen. Die Inspekteure führen die ganze Inspektion durch, um fach- und sachgerechte Bau- und Anlagentechnik nach den allgemein anerkannten Regeln der Technik zu erhalten.

Eine dritte Kategorie bezieht sich auf die Inspektion die bei Bauwerken zur periodischen Überprüfung im Rahmen der wertschöpfenden Instandhaltung in nachhaltigen Bauwerkslebenszyklen durchgeführt wird. In diesem Fall erfolgen die Inspektionen zum Zwecke der Bautechnik- und Anlagenintegrität und für einen optimalen und sicheren Betrieb.

Ausgewählte Inspektionsaspekte bei wertschöpfenden Instandhaltungen in nachhaltigen Bauwerkslebenszyklen

Tabelle 4.1 zeigt ausgewählte Inspektionsaspekte, die bei wertschöpfenden Instandhaltungen im Rahmen von Durchführungen insbesondere beachtet werden sollten.

Tabelle 4.1 Liste ausgewählter Inspektionsaspekte bei wertschöpfenden Instandhaltungen im nachhaltigen Bauwerkslebenszyklus

Hauptaspekte bei wertschöpfender Inspektion	Unteraspekte bei wertschöpfenden Inspektionen
Bauwerkserscheinungsbild	Optische Prüfungen auf Verkehrssicherung usw.
Bauwerksfassaden, Fenster und Türen	Prüfungen auf Funktion sowie Verkehrssicherung usw.
Bauwerkswände und -decken	Optische Prüfungen auf Verkehrssicherung usw.
Bauwerksdächer	Optische Prüfungen auf Verkehrssicherung usw.
Innenböden und -treppen	Prüfungen auf Funktion sowie Verkehrssicherung usw.
Heizung, Lüftung, Klima	Prüfungen auf Funktion sowie Verkehrssicherung usw.
Elektrik	Prüfungen auf Funktion sowie Verkehrssicherung usw.
Sanitär	Prüfungen auf Funktion sowie Verkehrssicherung usw.
Bauwerksaußenbereiche	Prüfungen auf Funktion sowie Verkehrssicherung usw.

4.1.2 Wartungen und Pflege bei Instandhaltungen

Folgend werden ausgewählte Durchführungen von wertschöpfenden Wartungen mit Pflege bei Instandhaltungen thematisiert.

Wertschöpfende Wartungen bei Instandhaltungen

Als Wartungen werden grundsätzlich gemäß der DIN 31 051 Maßnahmen zur Verzögerung des Abbaus des vorhandenen Abnutzungsvorrats der Betrachtungseinheit verstanden. Sie werden wertschöpfend während eines nachhaltigen Bauwerkslebenszyklus im Rahmen von Instandhaltungen angewandt.

Eine Wartung wird nach technischen Regeln oder einer Herstellervorschrift durchgeführt, beispielsweise nach einer bestimmten Laufleistung oder Zeitdauer, dem Wartungsintervall. Damit wird im Rahmen der wertschöpfenden Instandhaltungsscheidung bereits der Umfang der Wartung und damit auch deren Kapital-, Objektmanagement-, Betriebs- und Instandsetzungskosten festgelegt.

Zu unterscheiden ist die übergeordnete Instandhaltung, Wartung ist wie Instandsetzung und Inspektion Bestandteil der Instandhaltung. Diese kann in Art und Umfang vom Betreiber/Instandhalter nach seinen Vorgaben wertschöpfend gestaltet werden.

Wertschöpfende Wartungen bei Instandhaltungen werden im Allgemeinen in regelmäßigen Abständen und häufig von ausgebildetem Fachpersonal durchgeführt.

So können eine möglichst lange Bauwerkslebensdauer und ein geringer Verschleiß der gewarteten Objekte gewährleistet werden. Fachgerechte Wartung ist oft auch Voraussetzung zur Gewährung der Gewährleistung.

Nach einer ggf. erforderlichen Sicherung des Wartungspersonals durch Wartungssicherungen umfasst eine Wartung bei wertschöpfenden Instandhaltungen z.B. Nachstellen, Schmieren, Konservieren, Nachfüllen, Ergänzen oder Ersetzen von Betriebsstoffen oder Verbrauchsmitteln (z.B. Brennstoff, Schmierstoff oder Wasser) und planmäßiges Austauschen von Verschleißteilen (z.B. Filter oder Dichtungen), wenn deren noch zu erwartende Lebensdauer offensichtlich oder gemäß Herstellerangabe kürzer ist als das nächste Wartungs-Intervall.

Auch Reinigen ist Bestandteil von wertschöpfenden Wartungen. Dabei umfasst das Reinigen das Entfernen von Fremd- und Hilfsstoffen (durch Saugen, Scheuern, Anwendung von Lösungsmitteln usw.). Die Teilmaßnahmen der Wartung führen zu einer Abbauverlangsamung des Abnutzungsvorrats ab dem Zeitpunkt der Wartung.

Ein Ersatz von defekten Teilen im Rahmen wertschöpfender Instandhaltungen in nachhaltigen Bauwerkslebenszyklen gehört zur Instandsetzung. Kleinere Defekte, Mängel und Schäden werden häufig im Zuge von regelmäßigen Wartungsarbeiten als sogenannte kleine Instandsetzung behoben. Die Abgrenzung zur Wartung und die durchzuführenden Maßnahmen sowie die einzuhaltenden Fristen legen in der Regel Gebrauchsanleitungen fest.

Um Wartungen einzutakten, wird Wartungsplanungssoftware verwendet. In der Lösung werden die technischen Daten der zu wartenden Anlage erfasst. Das System erzeugt sodann automatische Erinnerungen, wann das technische Objekt wieder gewartet werden muss. Umfangreiche Lösungen beinhalten auch ein Ticketsystem und Plantafeln, um alle Einsätze im Blick zu behalten. Eine Wartungsplanung kann auch Bestandteil von ERP-Lösungen oder Service-Management-Software sein.

Wertschöpfende Pflege bei Instandhaltungen

Unter wertschöpfende Pflege fallen alle unterstützenden Maßnahmen und Handlungen, die der Erhaltung, Wiederherstellung oder Anpassung der Bau- und Anlagetechnik bei wertschöpfenden Instandhaltungen in nachhaltigen Bauwerkslebenszyklen dienen. Harmonisierte Pflege der Bau- und Anlagentechnik von Bauwerken stellt ein unerlässliches Element der wertschöpfenden Instandhaltung über deren Lebens- und Nutzungsdauern dar.

Ausgewählte Wartungs- und Pflegeaspekte bei wertschöpfenden Instandhaltungen in nachhaltigen Bauwerkslebenszyklen

Tabelle 4.2 zeigt ausgewählte Wartungs- und Pflegeaspekte, die bei wertschöpfenden Instandhaltungen im Rahmen von Durchführungen insbesondere beachtet werden sollten.

Tabelle 4.2 Liste ausgewählter Wartungs- und Pflegeaspekte bei wertschöpfenden Instandhaltungen im nachhaltigen Bauwerkslebenszyklus

Hauptaspekte bei wertschöpfender Wartung und Pflege	Unteraspekte bei wertschöpfender Wartung und Pflege
Bauwerkserscheinungsbild	Wartung sowie Pflege usw.
Bauwerksfassaden, Fenster und Türen	Reinigungswartung und -pflege, Anstriche, Gangbarkeit, Funktion, Verkehrssicherung usw.
Bauwerkswände und -decken	Wartung sowie Pflege usw.
Bauwerksdächer	Wartung sowie Pflege, Verkehrssicherung usw.
Innenböden und -treppen	Wartung sowie Pflege, Verkehrssicherung usw.
Heizung, Lüftung, Klima	Schornsteinfeger, Wartung sowie Pflege, Steuerung und Regelung, Einstellungen, Reinigung, Hygiene, Verkehrssicherung, Verbrennungsluftversorgung, Funktion usw.
Elektrik	E-Check, Steuerung sowie Regelung, „smart metering“, Funktionsprüfungen usw.
Sanitär	Wartung sowie Pflege usw.
Bauwerksaußenbereiche	Gartenpflege, Verkehrssicherung usw.

4.1.3 Instandsetzungen bei Instandhaltungen

Folgend werden ausgewählte Durchführungen von wertschöpfenden Instandsetzungen bei Instandhaltungen behandelt.

Unter Instandsetzung oder auch Reparatur wird der Vorgang verstanden, bei dem ein defektes Bauteil, -element oder -werk in einen funktionsfähigen Zustand zurückversetzt wird.

Bekannt ist, dass beispielsweise sogenannte reaktive Instandsetzungen bei Instandhaltungen mehr Kosten verursachen und materielle und personelle Ressourcen in Anspruch nehmen als vorausschauende, wertschöpfende Instandsetzungen bei Instandhaltungen in nachhaltigen Bauwerkslebenszyklen.

Wertschöpfende Instandsetzungen werden zu einem optimalen Zeitpunkt harmonisiert durchgeführt und die einzelnen Gewerke der Bau- und Anlagentechnik stehen im Fokus, um das gesamte Bauwerk möglichst langlebig zu erhalten. So werden auch Kosten durch ungeplante Nutzungsausfälle vermieden. Dass das sowohl Kosten als auch Ressourcen schont, liegt eigentlich genauso auf der Hand wie das Wissen, dass es ärgerlich und unnötig ist, zu früh neue Bau- und Anlagentechnik kaufen zu müssen.

Bei zu vielen Bauwerken werden Instandsetzungen der Bau- und Anlagentechnik allerdings noch reaktiv durchgeführt und im Bauwerkslebenszyklus wird erst gehandelt, wenn ein Problem auftritt.

Auch für den Bereich Instandsetzung bedeutet es, dass Bau- und Anlagentechnik, die unter Hinzunahme vieler verschiedener Ressourcen hergestellt wurden, sollten möglichst lange verwendet werden mit hoher Nutzungsdauer. Das ist wertschöpfend, betriebswirtschaftlich sinnvoll und nachhaltig. Festgesetzte Instandsetzungsintervalle und teure Instandsetzungsverträge können dem tatsächlich entgegenstehen und zu gravierenden Mehrkosten und Ressourcenverschwendung führen. Denn bei dieser starren Herangehensweise werden oft noch voll funktionsfähige Bauteile und -elemente ausgetauscht, da beispielsweise die bauwerksspezifischen Umweltfaktoren und ihr Einfluss auf die einzelnen Bauteile und -elemente nicht berücksichtigt werden.

Dagegen wird mit einer harmonisierten, vorrausschauenden Instandsetzungsstrategie und „intelligentem Ersatzteilmanagement" die Produktivität der Bau- und Anlagentechnik und ihre tatsächliche Lebens- und Nutzungsdauer optimal ausgeschöpft. Eine wertschöpfende Instandhaltung bietet ein organisiertes Vorgehen, bei dem Instandsetzungen zu einem idealen Zeitpunkt durchgeführt werden, und zwar dann, wenn es wirklich notwendig ist. Durch spezielles Basiswissen über das Verhalten von Bauteilen und -elementen unter bestimmten Umweltbedingungen und ihre Ausnutzung finden instandsetzende Arbeiten an der Bau- und Anlagentechnik in nachhaltigen Bauwerkslebenszyklen geplant statt und störungsanfällige Bauteile und -elemente werden gezielt erneuert. Hierfür kann der Einsatz einer passenden Instandsetzungssoftware hilfreich sein.

Mit einer vorrausschauenden Instandsetzungsstrategie bei wertschöpfenden Instandhaltungen wird zudem ein wichtiger Beitrag zu einer nachhaltigen Ressourcenverwendung geleistet. Außerdem unterstützt eine datenbasierte Instandsetzung auch in einer zukunftsweisenden und nachhaltigen Führung nachhaltiger Bauwerkslebenszyklen, da sich teure Nutzungsausfälle und ungeplante Mehrkosten verringern.

Harmonisierte Instandsetzungsrhythmen

Instandsetzungsmaßnahmen bei wertschöpfenden Instandhaltungen hängen auch stark vom Geschmack und den Ansprüchen der Verantwortlichen ab. Häufig sind beispielsweise Sanitärbereiche noch voll funktionsfähig, sollen aber instandgesetzt werden, weil Farbe, Form von Fliesen, Objekten und Armaturen einfach nicht mehr gefallen.

Wann welches Bauteil bzw. -element in nachhaltigen Bauwerkslebenszyklen instandsetzungsbedürftig ist, lässt sich in Bezug auf Lebens- und Nutzungsdauer kaum vorhersagen. Die Notwendigkeit einer Instandsetzung hängt insbesondere von der Qualität der Planung, der Ausführung und des Betriebs, der Abnutzung/Verschleiß und gesetzlichen Vorschriften, die Instandsetzung zwingend vorschreiben, ab.

Insofern können die in Tabelle 4.3 angegebenen Zeitspannen für Instandsetzungsrhythmen lediglich eine grobe Orientierung sein, sie sollten aber harmonisch mit anderen wertschöpfenden Maßnahmen in nachhaltigen Bauwerkslebenszyklen abgestimmt sein.

Tabelle 4.3 Ausgewählte Instandsetzungsrhythmen wertschöpfender Instandhaltungen im nachhaltigen Bauwerkslebenszyklus

Instandsetzung nach ca. 5 bis 10 Jahren	Instandsetzung nach ca. 15 bis 30 Jahren	Instandsetzung nach ca. 30 bis 50 Jahren
Wandbeläge (Tapeten, Dachrinnen und Fallrohre, Dacheindeckung, Innenanstriche)	Verglasung der Fenster	Außentüren
Fußbodenbeläge (Abdichtung, Außenbauteile, Außenfester, Auslegware, Laminat)	Verbrennungsheizung	Innenfliesen
Fassadenanstrich	Klimaanlage	Wasserleitungen
Fensteranstrich	Lüftungsanlage	Fußbodenheizung
Außenanstriche	Kühlgeräte	Heizungsrohre
Deckenanstriche usw.	WDVS usw.	Elektrik (Schalter/ Steckdosen) usw.

Ausgewählte Instandsetzungsaspekte bei wertschöpfenden Instandhaltungen in nachhaltigen Bauwerkslebenszyklen

Tabelle 4.4 zeigt ausgewählte Instandsetzungsaspekte, die bei wertschöpfenden Instandhaltungen im Rahmen von Durchführungen insbesondere vorliegen können.

Tabelle 4.4 Liste ausgewählter Instandsetzungsaspekte bei wertschöpfenden Instandhaltungen im nachhaltigen Bauwerkslebenszyklus

Hauptaspekte bei wertschöpfender Instandsetzung	Unteraspekte bei wertschöpfender Instandsetzung
Bauwerkserscheinungsbild	Erscheinungsbild, Verfärbungen, Abplatzungen usw.
Bauwerksfassaden, Fenster und Türen	Risse, Farbe, Ausblühungen, Frostschäden, Schädlinge, Rahmen, Flügel, Mechanik, Verglasung, Scharniere, Oliven, Fugen, Oberflächen usw.

Hauptaspekte bei wertschöpfender Instandsetzung	Unteraspekte bei wertschöpfender Instandsetzung
Bauwerkswände und -decken	Oberflächenrisse, Setzungen usw.
Bauwerksdächer	Entwässerung, Abdichtung, Verwitterung, Korrosion, Durchfeuchtungen, Durchgänge, Dämmungslücken, Moose usw.
Erdberührte Bauteile	Undichte Abdichtung, Risse, Setzung usw.
Innenböden und -treppen	Schäden, Risse, Geländer, Stufen, Abnutzungen usw.
Heizung, Lüftung, Klima	Feuerungsanlage, Kamin, Schornstein, Versorgungsleitung, Tankdichtheit, Versottung, Standsicherheit, rauchdicht, brandbeständig, Hygiene, Lautstärke usw.
Elektrik	Beleuchtung, Fehlerstromschutzschalter, Warmwassergeräte, Elektroheizungen, Pumpen, Antriebe, Zuleitungen, Starkstrom usw.
Sanitär	Stock- und Schimmelflecken, Verkalkungen, Verstopfungen, Fliesenschäden, Sanitärkeramik, innenliegende Lüftung, Oberflächenrisse, Saunaschäden usw.
Bauwerksaußenbereiche	Garagen, Carports, Gartenanlage, Pflasterungen, Einfriedungen usw.

4.2 Durchführungen von wertschöpfenden Modernisierungen

In Abschnitt 4.2.1 werden ausgewählte Durchführungen von wertschöpfenden Verbesserungen bei Modernisierungen dargestellt.

In Abschnitt 4.2.2 werden ausgewählte Durchführungen von wertschöpfendem Rückbau bei Modernisierungen thematisiert.

In Abschnitt 4.2.3 werden ausgewählte Durchführungen von wertschöpfendem Neubau bei Modernisierungen behandelt.

4.2.1 Verbesserungen bei Modernisierungen

Folgend werden ausgewählte Durchführungen von wertschöpfenden Verbesserungen bei Modernisierungen dargestellt.

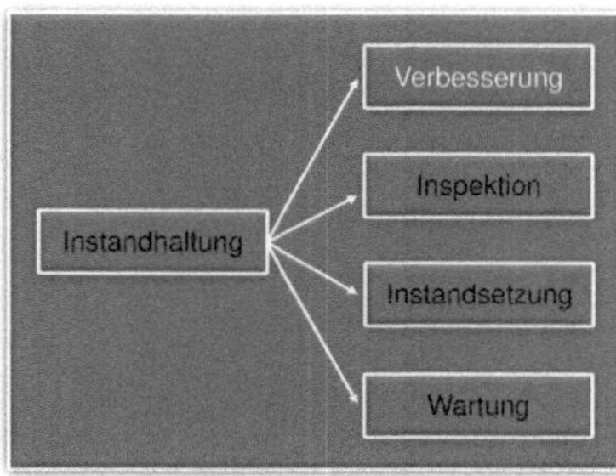

Bild 4.1 Verbesserungen in dem Modell Instandhaltungen im nachhaltigen Bauwerkslebenszyklus

Unter wertschöpfenden Verbesserungen bei Modernisierungen in nachhaltigen Bauwerkslebenszyklen kann grundsätzlich verstanden werden:

- Erhöhungen von Planungs-, Bau-, Betriebs- und Abbruchqualität,
- Berichtigungen von Fehlern, Mängeln und Schäden durch Korrekturen,
- „Lesbarmachung" von Bauwerks-Dokumentationen,
- in der Bauphysik die Optimierung von Kennzahlen usw.

Wertschöpfende Verbesserungen durch Modernisierungsmaßnahmen in nachhaltigen Bauwerkslebenszyklen sind beispielsweise:

- Wertschöpfende Dachmodernisierung bezeichnet in der Regel nicht nur den Austausch der Dachdeckung und gegebenenfalls des kompletten Dachtragwerks sowie -konstruktion, sondern auch bauphysikalische und -konstruktive Energieeffizienzmaßnahmen zum Wärme-, Kälte-, Feuchte- und Dichtheitsschutz, sowie beispielsweise nutzungsgerechten Um- und Ausbau des Dachraumes sowie gestalterische und denkmalpflegerische Verbesserungen.
- Wertschöpfende Tragwerks- und Deckenmodernisierung bezeichnet in der Regel die Erneuerung bzw. Ertüchtigung und Verbesserung des Tragwerks, wie seiner Bauteile, Mauern, Stützen usw. sowie der Decken durch Verstärkung oder Austausch von Bauteilen und -elementen.
- Wertschöpfende Bauwerkshüllenmodernisierung bezeichnet in der Regel die gestalterische, energieeffiziente, konstruktive usw. Verbesserung in nachhaltigen Bauwerkslebenszyklen von Fassaden, Öffnungen, Sockeln usw.
- Wertschöpfende Bauwerksgründung bezeichnet in der Regel die Verbesserung erdberührter Bauteile und Elemente vertikaler und horizontale Bauwerksabdichtungen und -dämmungen unterhalb der Geländeoberkante gegen den Lastfall Wasser bzw. bei Wärmeverlusten.
- Wertschöpfende Schadstoffsanierungen bezeichnet in der Regel die Entfernung von gefährlichen Schadstoffen in der Bau- bzw. Anlagentechnik oder den Austausch gegen unbedenklichere Baustoffe.

In Deutschland betrug die Modernisierungsquote bei der Gebäudemodernisierung 2017 leider nur 0,7 % pro Jahr. Minimum wäre eine Modernisierungsquote von 2 % pro Jahr, optimal, im Sinne der Wertschöpfung, von theoretisch 100 %.

Ausgewählte Verbesserungsaspekte bei wertschöpfenden Modernisierungen in nachhaltigen Bauwerkslebenszyklen

Tabelle 4.5 zeigt ausgewählte Verbesserungsaspekte, die bei wertschöpfenden Modernisierungen im Rahmen von rhythmisierenden Durchführungen insbesondere beachtet werden sollten.

Tabelle 4.5 Liste ausgewählter Verbesserungsaspekte bei wertschöpfenden Modernisierungen im nachhaltigen Bauwerkslebenszyklus

Hauptaspekte bei wertschöpfender Verbesserung	Unteraspekte bei wertschöpfender Verbesserung
Bauwerkserscheinungsbild	Image, Aussehen, Regenablaufspuren usw.
Bauwerksfassaden, Fenster und Türen	Sicherheits-, Sonnen-, Schall, und Einbruchschutzglas, Brüstungshöhen, Wärme- und Schalldämmung, Wind- und Luftdichtheit usw.
Bauwerkswände und -decken	Oberflächenoptik usw.
Bauwerksdächer	Dämmung, Gefälle, Dichtheit usw.
Erdberührte Bauteile	Dämmung usw.
Innenböden und -treppen	Barrierefrei, altersgerecht, Optik usw.
Heizung, Lüftung, Klima	Energieeinsparung, hydraulischer Abgleich, Brennwert, Grenzwerte, Emissionen, Behaglichkeit, Hygiene usw.
Elektrik	Steckdosen, Warmwassergeräte, Elektroheizungen, Photovoltaik, Gebäudeautomation und -leittechnik, Netzwerk, Kommunikation, LED, Jalousien, Steuerung und Regelung, Alarmanlage, Gegensprechanlage, „Ambient Assistet/Smart Living“ usw.
Sanitär	Barrierefreiheit und Altersgerechtigkeit, Wassereinsparung, Bleirohrtausch, Bewegungs- und Stellflächen, Hilfsmittelabstellung, Schwellen, Türbreiten usw.
Bauwerksaußenbereiche	Garagenantriebe, E-Ladesäulen, Gartenumgestaltung usw.

4.2.2 Rückbau bei Modernisierungen

Folgend werden ausgewählte Durchführungen von wertschöpfendem Rückbau bei Modernisierungen in nachhaltigen Bauwerkslebenszyklen thematisiert.

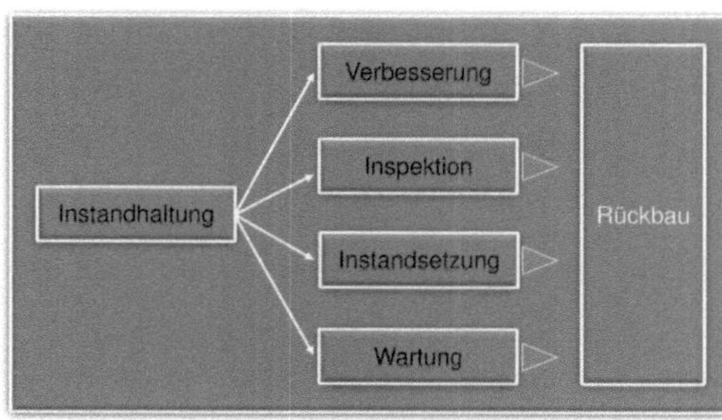

Bild 4.2 Rückbau bei Modernisierungen in dem Modell Instandhaltungen im nachhaltigen Bauwerkslebenszyklus

Rückbaumaßnahmen bei Modernisierungen sind im Prinzip grundsätzlich in der Reihenfolge umgekehrte Neubaumaßnahmen. Um Bau- und Anlagentechnik in nachhaltigen Bauwerkslebenszyklen rückzubauen, müssen vorher sämtliche erforderlichen Rückbaustrecken bis zur Rückbaugrenze festgelegt worden sein. Anschließend kann dann ein Rückbau im Rahmen von Modernisierungsmaßnahmen wertschöpfend erfolgen.

Rückbauprozesse mit dem Ziel, Stoffkreisläufe zu schließen unter besonderer Berücksichtigung der Wertschöpfung, müssen systematisch geplant werden.

Am Ende des Lebenszyklus von Bau- und Anlagentechnik steht bei wertschöpfenden Modernisierungen deren Rückbau sowie die Verwertung von Rückbau-Reststoffen oder -Abfällen. Ausgeführt werden Rückbau- und Entsorgungsprozesse mit folgenden Modernisierungsmaßnahmen. Auf die Art von Rückbau und Entsorgung wird bereits bei der Planung der Modernisierungsmaßnahmen in nachhaltigen Bauwerkslebenszyklen Einfluss genommen.

Das Schaffen von Voraussetzungen für eine beispielsweise sortenreine Trennung der anfallenden Reststoffe entscheidet darüber, ob ein Recycling im Sinne einer stofflichen und thermischen Verwertung stattfinden kann und möglichst ein hoher Anteil von verwertbarem Abfall gegeben ist. Das Recycling von Baustoffen, -teilen und -elementen führt nicht nur zur Einsparung von Deponieraum, Rohstoffen und Produktionsenergie, sondern auch zu damit einhergehenden Kostensenkungen bei Rückbau, Modernisierung und Entsorgung.

Mit der Ausführung von Rückbauarbeiten treten sowohl Wirkungen auf die Mitarbeiterschaft, ggf. die Nachbarschaft (u. a. Staub, Lärm, Erschütterungen im Zusammenhang mit Arbeiten und Transporten) als auch die lokale Umwelt auf.

Aufgaben im Handlungsfeld wertschöpfender Rückbau umfassen die Vorbereitung, Begleitung und Entsorgung bei Rückbauarbeiten. Dies beinhaltet unter anderem:

- Einhaltung des Wertschöpfungsgrundsatzes „Weiternutzung vor Modernisierung vor Verwertung vor Beseitigung“,

- Prüfung von wertschöpfenden Varianten für Modernisierungen sowie der Möglichkeiten zur Umnutzung,
- Prüfung von Möglichkeiten zur wertschöpfenden Wieder- und Weiterverwendung von Bau- und Anlagenteilen,
- Erarbeitung und Umsetzung von wertschöpfenden Rückbaukonzepten bei Modernisierungen sowie
- fach- und sachgerechte gerechte Rückbauarbeiten im Hinblick Wertschöpfung.

Voraussetzungen von wertschöpfenden Durchführungen der Rückbaumaßnahmen bei Modernisierungen sind insbesondere:

- Berücksichtigung von wertschöpfenden Rückbau- und Recyclingdurchführungen, langlebigen Konstruktionen mit hoher Flexibilität sowie Anpassungs- und Umnutzungsfähigkeit bereits in der Planung,
- sortenreine Trennung der Rückbauabfallfraktionen,
- Analyse der verfügbaren technischen Verfahren zur Verwertbarkeit von Baustofffraktionen, Auswahl und Anwendung zweckmäßiger Durchführungen,
- Prüfung der Wieder- und Weiterverwertbarkeit bei Rückbaumaßnahmen,
- konsequente sortenreine Trennung der Materialien beim selektiven Rückbau,
- vorherige Prüfung der Bauwerke auf Altlasten per Bauwerksdiagnose,
- Renaturierung freiwerdender Flächen usw.

Für wertschöpfenden Rückbau bei Modernisierungen sind folgende abgekürzte Quellen insbesondere wichtig: AbfRRL, BaustellV, KrWG, ProgRess, SiGePlan, städtische Satzungen, VDI 2074 sowie VDI 6210.

Ausgewählte Rückbauaspekte bei wertschöpfenden Modernisierungen in nachhaltigen Bauwerkslebenszyklen

Tabelle 4.6 zeigt ausgewählte Rückbauaspekte, die bei wertschöpfenden Modernisierungen im Rahmen von Durchführungen insbesondere vorliegen können.

Tabelle 4.6 Liste ausgewählter Rückbauaspekte bei wertschöpfenden Modernisierungen im nachhaltigen Bauwerkslebenszyklus

Hauptaspekte bei wertschöpfendem Rückbau	Unteraspekte bei wertschöpfendem Rückbau
Verfahren	Rückbau ist kontrollierter als Abbruch usw.
Rückbau vs. Instandsetzung	Abnutzungsvorrat beendet usw.
Schäden	Hochwasser- und andere Feuchteschäden, Bergsenkung, Trennrisse, Setzungen, Hebungen, übermäßige Verkehrsbelastung usw.

Hauptaspekte bei wertschöpfendem Rückbau	Unteraspekte bei wertschöpfendem Rückbau
Standsicherheit	Gefährdung der Standsicherheit, nachbarschaftliche Baumaßnahmen, geothermische Bohrungen usw.
Rückbaukosten	Grundstückswertentwicklung, Rückbaukosten wirtschaftlich usw.

4.2.3 Neubau bei Modernisierungen

Folgend werden ausgewählte Durchführungen von wertschöpfenden Neubauaspekten bei Modernisierungen behandelt.

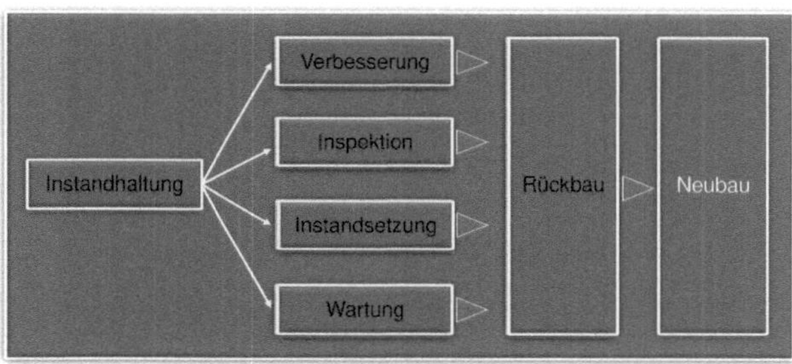

Bild 4.3 Neubau bei Modernisierungen in dem Modell Instandhaltungen im nachhaltigen Bauwerkslebenszyklus

Als Neubau wird ein neu gebautes oder wieder errichtetes Bauwerk bezeichnet. Die Dauer, für die ein solches Bauwerk als Neubau gilt, ist uneinheitlich und reicht je nach Kontext beispielsweise entweder bis zur ersten durchgreifenden Modernisierung, insbesondere bis das Bauwerk sichtbare Abnutzungsspuren aufweist oder beispielsweise sich der gegenwärtige Architekturstil oder die Bautechnologie soweit gewandelt hat, dass das Bauwerk so nicht mehr neu gebaut würde.

Der Begriff steht im Gegensatz zum Begriff des Altbaus. In Bezug auf die Modernisierung vorhandener Bauwerke und deren baurechtlich garantiertem Bestandsschutz ist die Begriffsdefinition für einen „Neubau“ von nicht unerheblicher Bedeutung. Vonseiten des öffentlichen Baurechts wird der Begriff meistens juristisch so ausgelegt, dass es sich dann um einen Neubau handelt, wenn bei einem Umbauvorhaben oder einer Bauwerksmodernisierung wesentliche Teile der Bausubstanz insbesondere Tragwerksteile in veränderter Form neu errichtet werden. Als untere Grenze für den Schutz des Bestandes wird ein Anteil von mindestens 50 % der vorhandenen Bausubstanz angenommen, oftmals darf der Neubauanteil aber nicht mehr als 40 % betragen. Hierbei ist von zentraler Bedeutung, worauf sich diese prozentualen Anteile beziehen.

Betroffen von der Auslegung dieser Anteile und der Art einer Baumaßnahme im Bestand sind wesentliche baurechtliche Bestimmungen, wie die zulässigen Abstandsflächen und die bautechnische Ausbildung raumbegrenzender Bauteile.

Ausgewählte Neubauaspekte bei wertschöpfenden Modernisierungen in nachhaltigen Bauwerkslebenszyklen

Tabelle 4.7 zeigt ausgewählte Neubauaspekte, die bei wertschöpfenden Modernisierungen im Rahmen von Durchführungen insbesondere vorliegen können.

Tabelle 4.7 Liste ausgewählter Neubauaspekte für wertschöpfende Modernisierungen im nachhaltigen Bauwerkslebenszyklus

Hauptaspekte bei wertschöpfendem Neubau	Unteraspekte bei wertschöpfendem Neubau
Investitionskosten	Aufwand und Nutzen in ein wirtschaftliches Verhältnis bringen, Wertzuwachs usw.
Amortisation	Langfristige Wertschöpfung, Rendite usw.
Eigentum	Status und Image, Neubau mindestens 10 Jahre im Eigentum, Wertstabilität usw.
Wertzuwachs	Trotz Kaufnebenkosten Wertzuwachs usw.
Nutzungskosten	Reduktion der Nutzungskosten, Nachhaltigkeit usw.

4.3 Durchführungen von wertschöpfenden Abbrüchen

In Abschnitt 4.3.1 werden ausgewählte Begriffe, Grundlagen und Rahmenbedingungen von wertschöpfenden Abbrüchen dargestellt.

In Abschnitt 4.3.2 werden ausgewählte Anforderungen und Aufgaben von wertschöpfenden Abbrüchen thematisiert.

In Abschnitt 4.3.3 werden ausgewählte Aspekte zu Standsicherheiten und Tragfähigkeiten von wertschöpfenden Abbrüchen behandelt.

In Abschnitt 4.3.4 werden ausgewählte Ver-, Entsorgungs- und Prozessanlagen von wertschöpfenden Abbrüchen dargestellt.

In Abschnitt 4.3.5 werden ausgewählte Aspekte zu Schadstoffen, Kampfmitteln, Denkmälern und archäologischen Funden von wertschöpfenden Abbrüchen thematisiert.

In Abschnitt 4.3.6 werden ausgewählte Aspekte zu Mengenermittlungen, Koordinationen, Beteiligten, Beweissicherungen, Sicherheitsleistungen, Vorbereitungen, Genehmigungen und Anzeigen von wertschöpfenden Abbrüchen behandelt.

In Abschnitt 4.3.7 werden ausgewählte Verfahren, Konzepte sowie Baustelleneinrichtungen von wertschöpfenden Abbrüchen dargestellt.

In Abschnitt 4.3.8 werden ausgewählte Aspekte zu Abnahmen, Abrechnungen und Dokumentationen von wertschöpfenden Abbrüchen thematisiert.

In Abschnitt 4.3.9 werden ausgewählte Aspekte zu sachverständigen Feststellungen, Abbruchverfahren und Regelvermutungen von wertschöpfenden Abbrüchen behandelt.

4.3.1 Begriffe, Grundlagen und Rahmenbedingungen von Abbrüchen

In diesem Kapitel werden Begriffe, Grundlagen und Rahmenbedingungen beim wertschöpfenden Abbrechen in nachhaltigen Bauwerkslebenszyklen insbesondere nach der VDI 6210 dargestellt. Unter Beachtung der Vorgaben und Empfehlungen der Richtlinie VDI 1000 bestimmt die VDI 6210 für alle am Abbruch Beteiligten Verfahren und Beurteilungsgrundlagen für wertschöpfende Planung und Durchführung des Abbruchs von Bauwerken und technischen Anlagen. Diese Richtlinie gilt für Abbrucharbeiten ortsfester und ortsveränderlicher baulicher sowie technischer Anlagen. Sie gilt für das Planen, Durchführen und Nachbereiten solcher Arbeiten sowie für das Gewinnen, Bereitstellen, (Zwischen-) Lagern, Behandeln und Umschlagen der dabei anfallenden Materialien und Abfälle.

Die VDI 6210 umfasst nicht die Anforderungen, die an die anfallenden Materialien für ihre Wiederverwendung und die an Abfälle für deren Verwertung oder Beseitigung gestellt werden. Sie gilt aber nicht für Anlagen, die dem Atomrecht unterliegen, sowie Erdarbeiten und Deponien.

Bild 4.4 Abbrucharbeiten auf dem Campus der Hochschule Hannover

Die folgenden Dokumente sind für die Anwendung dieser Richtlinie für wertschöpfendes Abbrechen in nachhaltigen Bauwerkslebenszyklen erforderlich:

Verordnung über das Europäische Abfallverzeichnis (Abfallverzeichnis-Verordnung - AVV) vom 10. Dezember 2001

Allgemeine Verwaltungsvorschrift zum Schutz gegen Baulärm, Geräuschimmissionen (AVV Baulärm) vom 19. August 1970 zum Schutz gegen Baulärm, Geräuschimmissionen (AVV Baulärm) vom 19. August 1970

Verordnung über Sicherheit und Gesundheitsschutz bei der Bereitstellung von Arbeitsmitteln und deren Benutzung bei der Arbeit, über Sicherheit beim Betrieb überwachungsbedürftiger Anlagen und über die Organisation des betrieblichen Arbeitsschutzes (Betriebssicherheitsverordnung - BetrSichV) vom 27. September 2002

Gesetz zum Schutz vor schädlichen Umwelteinwirkungen durch Luftverunreinigungen, Geräusche, Erschütterungen und ähnliche Vorgänge (Bundes-Immissionsschutzgesetz - BImSchG) vom 17. Mai 2013

32. Verordnung zur Durchführung des Bundes-Immissionsschutzgesetzes (Geräte- und Maschinenlärmschutzverordnung - 32. BImSchV) vom 29. August 2002

Verordnung über Sicherheit und Gesundheitsschutz bei Tätigkeiten mit Biologischen Arbeitsstoffen (Biostoffverordnung - BioStoffV) vom 15. Juli 2013

Gesetz über Naturschutz und Landschaftspflege (Bundesnaturschutzgesetz - BNatSchG) vom 29. Juli 2009

Verordnung zum Schutz vor Gefahrstoffen (Gefahrstoffverordnung - GefStoffV) vom November 2010, zuletzt geändert Juli 2013

Gesetz zur Förderung der Kreislaufwirtschaft und Sicherung der umweltverträglichen Bewirtschaftung von Abfällen (Kreislaufwirtschaftsgesetz - KrWG) vom 24. Februar 2012

Verordnung über den Schutz vor Schäden durch ionisierende Strahlen (Strahlenschutzverordnung - StrlSchV) vom 20. Juli 2001

Feststellung und Beurteilung von Geruchsimmissionen (Geruchsimmissions-Richtlinie - GIRL)

Sechste Allgemeine Verwaltungsvorschrift zum Bundes-Immissionsschutzgesetz (Technische Anleitung zum Schutz gegen Lärm - TA Lärm) vom 26. August 1998

Erste Allgemeine Verwaltungsvorschrift zum Bundes-Immissionsschutzgesetz (Technische Anleitung zur Reinhaltung der Luft - TA Luft) vom 24. Juli 2002

Technische Regeln für Arbeitsstätten (ASR)

ATV DIN 18 459:2012-09 VOB Vergabe- und Vertragsordnung für Bauleistungen; Teil C: Allgemeine Technische Vertragsbedingungen für Bauleistungen (ATV); Abbruch- und Rückbauarbeiten

DGUV Regel 113-001:2015-03 Explosionsschutz-Regeln (EX-RL) - Sammlung technischer Regeln für das Vermeiden der Gefahren durch explosionsfähige Atmosphäre mit Beispielsammlung zur Einteilung explosionsgefährdeter Bereiche in Zonen

DGUV Regel 101-004 (bisher BGR 128):2006-02 Kontaminierte Bereiche

DIN 4107 Geotechnische Messungen

DIN 4123:2013-04 Ausschachtungen, Gründungen und Unterfangungen im Bereich bestehender Gebäude

DIN 4150 Erschütterungen im Bauwesen

DIN 18 299:2012-09 VOB Vergabe- und Vertragsordnung für Bauleistungen, Teil C: Allgemeine Technische Vertragsbedingungen für Bauleistungen (ATV), Allgemeine Regelungen für Bauarbeiten jeder Art

TRGS 524:2010-02 Schutzmaßnahmen für Tätigkeiten in kontaminierten Bereichen

TRGS 720:2006-03 Technische Regeln für Betriebssicherheit; Technische Regeln für Gefahrstoffe; Gefährliche explosionsfähige Atmosphäre; Allgemeines

VDI 2263:1992-05 Staubbrände und Staubexplosionen; Gefahren, Beurteilung, Schutzmaßnahmen

VDI 4700 Blatt 1:2015-10 Begriffe der Bau- und Gebäudetechnik. Berlin: Beuth Verlag

VDI/GVSS 6202 Blatt 1:2013-10 Schadstoffbelastete bauliche und technische Anlagen; Abbruch-, Sanierungs- und Instandhaltungsarbeiten

Ausgewählte Begriffe zu wertschöpfenden Abbrucharbeiten ortsfester und ortsveränderlicher baulicher sowie technischer Anlagen

Für die Anwendung der Richtlinie VDI 6210 gelten die Begriffe nach VDI 4700 Blatt 1 und die folgenden ausgewählten Begriffe:

Wertschöpfende Abbrüche

Planvolle wertschöpfende Teilungen eines vorherigen Ganzen in zwei oder mehrere Teile, bei Anwendungen geeigneter Verfahren zum ganzen oder partiellen Zerlegen von baulichen oder technischen Anlagen.

Wertschöpfende Abbruchanweisungen

Arbeitsanweisungen, in denen alle für die Abbrucharbeiten relevant wertschöpfenden Daten in Kurzformen zusammengefasst sind. Die Abbruchanweisungen sind von Abbruchunternehmern rechtzeitig vor Beginn der Abbrucharbeiten zu erstellen und den verantwortlichen Beteiligten zur Verfügung zu stellen. Die Beschäftigten sind vor Abbruchbeginn zu unterweisen.

Wertschöpfende Abbruchbaustellen

Regelmäßig nicht öffentlich zugänglich gekennzeichnete Räume, in denen wertschöpfende Baumaßnahmen durchgeführt werden.

Wertschöpfende Abfälle

Verwertbare Stoffe oder Gegenstände, die unmittelbaren Wiederverwendungen zugeführt werden.

Bild 4.5 Verwertbare Abbruch-Abfälle auf dem Campus der Hochschule Hannover

Abfallbesitzer

Natürliche oder juristische Personen, die die tatsächlichen Sachherrschaften über Abfälle haben.

Abfallerzeuger

Natürliche oder juristische Personen, durch deren Tätigkeiten Abfälle anfallen, oder Personen, die Vorbehandlungen, Mischungen oder sonstige Behandlungen vornehmen, die Veränderungen der Beschaffenheiten oder Zusammensetzungen dieser Abfälle bewirken.

Bei Durchführungen von Abbrucharbeiten werden oft die mit dem Anfall von Abfällen verbundenen Tätigkeiten von Bauherren ausgeübt, weil Bauherren sich der dabei anfallenden Stoffe und Materialien entledigen wollen. Erst auf deren Veranlassung werden Abbruchunternehmer tätig.

Für die Verantwortlichkeit als Abfallerzeuger bleibt außer Betracht, dass Bauherren sich im Rahmen der Werkverträge „Abbrucharbeiten" zugleich auch schon zur ordnungsgemäßen Entsorgung der angefallenen Abfälle von Dritten, nämlich der Abbruchunternehmer, bedienen können.

Unter Heranziehung der ATV DIN 18 459, Abschnitt 2.1, nach der die angefallenen Stoffe und Bauteile nicht in das Eigentum der Abbruchunternehmer übergehen, sind grundsätzlich die Bauherren als Abfallerzeuger verantwortlich.

Wertschöpfende Bauelemente

Eindeutig wertschöpfende Produkte, die für bestimmte Zwecke als unteilbar angesehen werden und/oder die nicht zerlegt werden können, ohne sie zu zerstören.

Baufelder

Nicht öffentlich zugängliche gekennzeichnete Teilbereiche von Abbruchbaustellen, in denen Abbruchunternehmer für wertschöpfende Arbeiten die Verantwortung tragen.

Wertschöpfende Baumaßnahmen

Wertschöpfendes Errichten, Instandhalten oder Ändern einer oder mehrerer baulicher oder technischer Anlagen.

Bauwerke

Summe von Bauteilen, die bestimmten Funktionen dienen.

Wertschöpfendes Beräumen (Entrümpeln)

Wertschöpfendes Entfernen von nicht mit Bauwerken fest verbundenen Materialien und Gegenständen. Dies gilt für die Abbruchbaustellen einschließlich der zu Ausführungen erforderlichen Freiflächen.

Wertschöpfendes Bereitstellen

Transportbezogene Vorgänge, der der wertschöpfenden Beförderung selbst unmittelbar vorausgehen. Die Dauer des Bereitstellens ist kürzer als die des Lagerns. In der Regel ist das Bereitstellen im Rahmen der Abbruchgenehmigungen erfasst.

Wertschöpfende Demontagen

Zerstörungsarmer Abbruch von Bauteilen bis hin zu vollständigen baulichen oder technischen Anlagen durch Lösen der Verbindungen und/oder Herstellen von Trennschlitzen und Abheben der Bauteile zum Schutz verbleibender Bauwerksteile und/oder mit dem Ziel der wertschöpfenden Wieder- oder Weiterverwendung ausgebauter Bauteile. Rückbauen ist ein Synonym für Demontagen.

Bild 4.6 Wertschöpfende Demontagen auf dem Campus der Hochschule Hannover

Wertschöpfende Entkernungen

Wertschöpfende Abbrüche von Bauteilen des baulichen und technischen Ausbaus von Bauwerken bis auf Rohbauzustände. Entkernungsarbeiten dienen auch regelmäßig zur Vorbereitung von maschinellen Abbrucharbeiten oder wertschöpfenden Instandhaltungs- und Modernisierungsarbeiten.

Kontaminierte Bereiche

Bereiche von baulichen oder technischen Anlagen, die über gesundheitlich unbedenkliche Grundbelastungen hinaus mit Schadstoffen verunreinigt sind.

Wertschöpfendes Lagern (Zwischenlagern)

Wertschöpfendes Ansammeln und Aufbewahren von Materialien und/oder Abfällen lediglich während bestimmter Dauern. Lagern ist nach Ablauf eines Jahres im Gegensatz zum Bereitstellen gesondert genehmigungsbedürftig.

Wertschöpfende Materialien

Beim Abbruch anfallende Bestandteile des vorherigen Ganzen, die wertschöpfend wiederverwendet werden sollen, mit Ausnahme solcher, die einem Verbot des Wiederinverkehrbringens unterliegen.

Radiusklausel

Klausel in gewerblichen Haftpflichtversicherungsverträgen, die eine durch Radien bestimmte Fläche um Abbruchbauwerke herum vom Versicherungsschutz ausschließt.

Schadstoffe

Gefährliche Stoffe im Sinne der GefStoffV und biologischer Arbeitsstoffe nach BiostoffV.

Schadstoffkataster

Dokumentationen der festgestellten baustoffimmanenten Schadstoffe und der nutzungsbedingt schadstoffbelasteten Baustoffe, deren Bezeichnungen, Konzentrationen, Lagen und Ausdehnungen.

Sonderbereiche

Bereiche, in denen spezielle technische und rechtliche Anforderungen zu beachten sind, wie z. B. militärische Liegenschaften, Liegenschaften der Bahnen, Explosionsschutzbereiche und andere funktionale Flächen.

Stäube

Feste Stoffe in disperser Verteilung in der Luft oder auf Oberflächen, beispielsweise entstanden durch chemische oder mechanische Prozesse sowie durch Aufwirbelung bereits vorhandener Partikel.

Wertschöpfende Teilabbrüche

Wertschöpfende Abbrüche von Bauwerksteilen, Bauelementen, Bau-/Anlagenteilen, Baustoffe und Abfälle.

Bild 4.7 Teilabbrüche auf dem Campus der Hochschule Hannover

Wertschöpfende Totalabbrüche

Wertschöpfendes vollständiges Abbrechen einer baulichen oder technischen Anlage oder kompletter Bauwerksteile (z. B. Anbau, Geschoss usw.).

Wertschöpfendes Umschlagen

Wertschöpfendes Umladen von Materialien von einem Transportmittel auf ein anderes, z. B. von Schiff auf Lkw oder von Bahn auf Lkw. Das Beladen von Transportmitteln an der Abbruchbaustelle stellt kein Umschlagen dar. Die Materialien können beim Umschlagen kurzfristig zwischen Umladevorgängen auf dafür geeigneten Flächen abgelegt werden. Dieses Ablegen im Zusammenhang mit dem Umladen stellt kein Lagern dar.

Grundlagen und Rahmenbedingungen für wertschöpfende Abbruchleistungen

Zu den Grundlagen und Rahmenbedingungen für die Planung und Ausführung wertschöpfender Abbruchleistungen gehören:

- Angaben zu Abbruchbaustellen,
- Angaben zu Inhalten und Umfängen der Leistungen,
- Angaben zu Toleranzen,
- Angaben zu Baustellenemissionen und Schutzmaßnahmen vor schädlichen Immissionen sowie weiteren Umwelteinwirkungen,
- Angaben zu Wasserhaltungen, Boden- und Grundwasserverunreinigungen, Fauna und Flora sowie
- Beschreibungen von Arbeiten in Sonderbereichen.

Sie gelten gleichermaßen für Bauherren, Planer und Abbruchunternehmer.

Bild 4.8 Wertschöpfende Abbruchbaustelle auf dem Campus der Hochschule Hannover

Angaben zu wertschöpfenden Abbruchbaustellen

Angaben zu wertschöpfenden Abbruchbaustellen sind insbesondere:

- örtliche Lage, Größe der Abbruchbaustellen und der zur Verfügung stehenden Flächen,
- Verkehrsanbindungen,
- zu erhaltende bauliche und technische Anlagen,
- Versorgungs- und Entsorgungsanlagen,
- räumliche Verhältnisse zur Nachbarbebauung,
- zu beachtende Einschränkungen usw.

Leistungsbeschreibungen zum wertschöpfenden Abbruch

Leistungsbeschreibungen bilden die Grundlagen der Kalkulationen und der Bauverträge zum wertschöpfenden Abbruch.

In der VOB werden zwei Formen von Leistungsbeschreibungen unterschieden:

- Leistungsbeschreibung mit Leistungsverzeichnis (LV),
- Leistungsbeschreibung mit Leistungsprogramm (LP).

Die strukturierte Beschreibung und Auflistung der im Einzelnen geforderten Leistungen mittels eines LV stellt nach VOB das Regelverfahren dar. Leistungsbeschreibungen mit LP, häufig auch als „funktionale Leistungsbeschreibungen" bezeichnet, sind für wertschöpfende Abbruchleistungen in nachhaltigen Bauwerkslebenszyklen nur geeignet, wenn die Teilleistungen vollständig beschrieben werden.

Es wird zwischen vertraglichen Leistungen, einschließlich Nebenleistungen, und Besonderen Leistungen unterschieden.

Leistungsbeschreibungen für wertschöpfendes Abbrechen setzen sich dabei normativ aus den im Folgenden genannten Komponenten zusammen und sollen die Tätigkeiten strukturiert wiedergeben. Dabei sollten Abbruch-, Transport- und Entsorgungsleistungen jeweils als getrennte Leistungspositionen in LVs beschrieben werden.

Der Mindestumfang von wertschöpfenden Leistungsbeschreibungen besteht insbesondere aus:

- Baubeschreibungen oder Beschreibungen der Vorhaben, z.B.:
  - Baustellen,
  - Umfelder der Baustellen,
  - Verkehr von und zu den Baustellen,
  - Natur- und Umweltschutz sowie
  - wertschöpfende Ausführungen.
- LV oder LP, z.B.:

- Baustelleneinrichtungen mit Ver- und Entsorgungen der Baustellen, Verkehrswege und Verkehrsflächen, Lagerflächen, Büro- und Sozialcontainer, Gerüste und Hebewerkzeuge, Verkehrssicherungen und Bauzäune, Beleuchtungen, besondere Maßnahmen,
- Entkernungsarbeiten gegebenenfalls mit Schadstoffsanierungsarbeiten,
- Abbrucharbeiten, Bereitstellung der Abfälle zum Abtransport, gegebenenfalls Reinigungsarbeiten sowie
- Nachweisleistungen.

- weitere wertschöpfende Dokumente, z. B.:
  - Lagepläne,
  - Bauzeitenpläne,
  - Gutachten,
  - Qualitätssicherungsprogramme,
  - Sicherheits- und Gesundheitsschutzpläne sowie
  - Arbeitsschutz- und Sicherheitspläne.

Bild 4.9 Wertschöpfende Abfallsammlung auf dem Campus der Hochschule Hannover

Vertragliche Leistungen zum wertschöpfenden Abbruch

Vertragliche Leistungen sind hier grundsätzlich alle schriftlich vertraglich vereinbarten Leistungen. Bei der Abgrenzung dieser Leistungen sind Vorgaben der VDI 6210 zu beachten. Sofern einzelne Leistungen nicht mit vertretbarem Aufwand hinreichend beschreibbar sind, obliegt es den Planern, sinnvolle Annahmen zu treffen, beispielsweise gemäß der Regelvermutung. Wertschöpfende Leistungen und Maßnahmen, die über die von Planern beschriebenen Leistungen hinausgehen, sind hierbei Besondere Leistungen.

Nebenleistungen zum wertschöpfenden Abbruch

Nebenleistungen sind Leistungen, die auch ohne Erwähnung in Verträgen zu vertraglichen Leistungen gehören. Dazu gehören auch wertschöpfende Maßnahmen zu Beweissicherungen an den durch Abbruchunternehmer genutzten baulichen und technischen Anlagen, im Besonderen an den Zuständen von Straßen, Gehwegen oder Förderwegen innerhalb und außerhalb der Anlagen. Aufwendungen für Nebenleistungen sind von Bietern zu kalkulieren und in die Einheitspreise der zugehörenden Leistungsposition einzurechnen.

Besondere Leistungen zum wertschöpfenden Abbruch

Besondere Leistungen sind Leistungen, die nicht Nebenleistungen sind, die nicht in den Leistungsbeschreibungen erwähnt und die zur Herbeiführung der vertraglichen Leistungen zwingend erforderlich sind, ergänzend zur ATV DIN 18 299 und ATV DIN 18 459:

- Erd- und Abbrucharbeiten, die über vereinbarte vertragliche Leistungen hinausgehen,
- Entrümpeln, das Entfernen, Fördern, Laden und Entsorgen von im Arbeitsbereich befindlichen Abfällen und sonstigen Gegenständen, einschließlich der hierfür notwendigen Analysen und Gutachten sowie Führungen von Entsorgungsnachweisen und Abfallbegleitpapieren,
- Sicherungsmaßnahmen gemäß ATV DIN 18 459 für verbleibende Bauteile und benachbarte Bauwerke, wie Verbau, Grundwasserhaltung und Unterfangungen,
- Herbeiführen und Vorhalten der erforderlichen öffentlich-rechtlichen Genehmigungen und Erlaubnisse, z. B. nach dem Baurecht und dem Wasserrecht, einschließlich der dabei anfallenden Gebühren und Kosten,
- Durchführen von Beweissicherungen, die über die Beweissicherung als Nebenleistungen hinausgehen, im Besonderen die Umgebungsbebauung sowie die unterirdische Infrastruktur betreffend,
- mehrmaliges Einrichten und Räumen der Abbruchbaustellen sowie Vorhalten der Baustelleneinrichtungen bei Unterbrechungen, sofern Abbruchunternehmer die Ursache sind,
- über die Nebenleistungen der ATV DIN 18 459 hinausgehen,
- Anmieten, Vorhalten und Wiederherstellen von zusätzlichen Flächen nach Auftragserteilungen durch Veranlassungen der Bauherren,
- Sicherungen der Grundstücke, der Baugruben, von Öffnungen und von Einzelabschnitten nach Abnahmen der Abbrucharbeiten,

- besondere, organisatorische Schutz- und Sicherheitsmaßnahmen wegen des Vorkommens von wassergefährdenden, bodengefährdenden oder gesundheitsgefährdenden Stoffen beim Abbrechen, Fördern, Bereitstellen und gegebenenfalls Zwischenlagern.

Bild 4.10 Wertschöpfende Erdarbeiten auf dem Campus der Hochschule Hannover

Toleranzen beim wertschöpfenden Abbruch

Grundsätzlich gelten hier für Toleranzen die Regelungen in der ATV DIN 18459. Werden davon abweichende Toleranzen gefordert oder zugelassen, sind diese in die Leistungsbeschreibungen aufzunehmen. Die vereinbarten Toleranzen können die Wahl der wertschöpfenden Verfahrensschritte und Abläufe sowie deren Kosten beeinflussen.

Baustellenemissionen und Schutzmaßnahmen beim wertschöpfenden Abbruch

Je nach Einzelfall können Abbrucharbeiten mit unterschiedlichen Emissionen verbunden sein.

Bild 4.11 Emissionen beim Zerkleinern großer Abbruch-Teile auf dem Campus der Hochschule Hannover

Die zulässigen Immissionsrichtwerte an den relevanten Punkten oder in den Genehmigungen im Einzelfall festgelegten Immissionswerten sowie festgelegte Maßnahmen einschließlich der zur Einhaltung der Werte zugehörigen Nachweise (z. B. Messungen) sind detailliert in die Leistungsbeschreibungen für wertschöpfendes Abbrechen in nachhaltigen Bauwerkslebenszyklen aufzunehmen. Für die Durchführung der wertschöpfenden Maßnahmen zur Einhaltung der Anforderungen sind die Abbruchunternehmer verantwortlich. Messungen sind hierzu durch geeignete Messinstitute durchzuführen.

Soweit in Leistungsbeschreibungen der Immissionsschutz (z. B. zulässige Immissionsrichtwerte und -maßnahmen) nicht beschrieben sind und hieraus nach Auftragsvergaben technische, organisatorische oder sonstige Anforderungen durch Behörden, Bauherren oder Dritte zur Einhaltung der Immissionswerte erforderlich werden, sind diese Leistungen Besondere Leistungen.

Im Folgenden werden einzelne Immissionen, verursacht z. B. durch Lärm, Luftverunreinigungen oder andere schädliche Umwelteinwirkungen, dargestellt. Mögliche Schutzmaßnahmen vor schädlichen Immissionen werden beispielhaft benannt.

Grundsätzlich sollen Emissionsreduzierungen durch aktive Schutzmaßnahmen Vorrang haben, erst dann sind gegebenenfalls passive Maßnahmen zum Immissionsschutz zu ergreifen.

Lärm beim wertschöpfenden Abbruch

Regelungen zur Festsetzung von Immissionsrichtwerten sowie Maßnahmen zu Lärmminderungen treffen hier u. a. die Allgemeine Verwaltungsvorschrift zum Schutz gegen Baulärm (AVV Baulärm), die Geräte- und Maschinenlärmschutzverordnung (32. BImSchV) und die Technische Anleitung zum Schutz gegen Lärm (TA Lärm).

Wertschöpfende Erkundungen des Gebietscharakters sowie der Schutzwürdigkeit der Umfelder liegen in der Verantwortung der Bauherren. Sie sind auch für die Einhaltungen der Immissionsrichtwerte der AVV Baulärm verantwortlich.

Luftverunreinigungen beim wertschöpfenden Abbruch

Luftverunreinigungen können z.B. Stäube, Abgase, Gase, Dämpfe oder Gerüche sein. Einschlägige Regelwerke sind hierzu die Technische Anleitung zur Reinhaltung der Luft (TA Luft) und die Geruchsimmissionsrichtlinie (GIRL).

Von besonderer Bedeutung bei Abbrüchen sind Stäube. Für wertschöpfende Staubminderungen stehen unterschiedliche Verfahren zur Verfügung. Beispielsweise erfolgt die Bindung von Stäuben aus Abbruchtätigkeiten durch Wasser. Dafür sind ausreichende Wasserversorgungen (u.a. Menge, Druck, zeitliche Verfügbarkeit) Voraussetzung.

Bild 4.12 Staubentstehung auf der Abbruchbaustelle auf dem Campus der Hochschule Hannover

Erschütterungen beim wertschöpfenden Abbruch

Bei Abbrucharbeiten können Erschütterungen in unterschiedlichen Umfängen auftreten, für deren Beurteilungen die Grundlagen in der DIN 4150-1 bis DIN 4150-3 geregelt sind. Im Rahmen der Leistungsbeschreibungen sind beispielsweise Angaben zum Abstand zwischen Abbruchobjekten und Umfeldern, zum Baugrund (u.a. Schwingungsübertragungen) sowie zur Schwingungsempfindlichkeit der Umfelder zu machen. Dabei ist zwischen Einwirkungen auf bauliche und technische Anlagen und den Einwirkungen auf Menschen zu unterscheiden. Es wird nicht unterschieden zwischen Einwirkungen innerhalb der zum Abbruch anstehenden baulichen oder technischen Anlagen und Einwirkungen außerhalb der Baustellen.

Besondere Bedeutung kommt Erschütterungen bei Teilabbrüchen von Bauwerken zu, insbesondere dann, wenn einzelne Gebäudeteile während der Teilabbrüche noch genutzt werden, beispielsweise als Büroräume oder zu Wohnzwecken. Durch die Wahl der Abbruchverfahren, durch den Einsatz von Maschinen oder organisatorische Maßnahmen ist den Vorgaben der DIN 4150 Rechnung zu tragen. Es ist beispielsweise bei der Einwirkung von Erschütterungen auf Menschen und Bauwerke zwischen kurzzeitigen Erschütterungen, z.B. durch Sprengung, und der Einwirkung von Dauererschütterungen, z.B. beim Stemmen, zu unterscheiden.

Licht beim wertschöpfenden Abbruch

Bei Abbrucharbeiten verwendete Lichtquellen, wie Arbeitsplatzausleuchtungen und/oder Baustellenbeleuchtungen können zu schädlichen Umwelteinwirkungen gemäß § 3 Abs. 2 BImSchG führen. Hinweise zur Messung und zur Beurteilung von Lichtimmissionen finden sich z. B. im Beschluss des Länderausschusses für Immissionsschutz vom 10. Mai 2000.

Beurteilt werden die verursachten Aufhellungen von Wohnräumen in Umfeldern der Abbruchbaustellen und Blendwirkungen von Lichtquellen aus den Abbruchbaustellen auf die Umgebungen. Minderungen von Lichtimmissionen aus Baustellenbereichen können durch wertschöpfende Abdunklungsmaßnahmen erreicht werden.

Die durch sicherheitstechnische Auflagen und Vorgaben bedingten Ausleuchtungen sind durch Abbruchunternehmer so auszuführen, dass Dritte außerhalb der Baustellen nicht unmittelbar angestrahlt werden. Darüber hinaus gehende Maßnahmen, sofern diese nicht im Leistungsverzeichnis aufgeführt sind, sind Besondere Leistungen.

Splitter-, Trümmer- und Streuflug beim wertschöpfenden Abbruch

Splitter-, Trümmer- und Streuflug können bei Abbruchverfahren auftreten. Zum wertschöpfenden Schutz gegen diese Auswirkungen können folgende Maßnahmen ergriffen werden:

- organisatorische Maßnahmen: Änderung der Abbruchverfahren,
- aktive Maßnahmen: Abschirmen oder überdecken eines Teilbereichs des Abbruchobjekts,

  Hierzu eignen sich z. B. flexible (Geotextile), elastische (Faschinen, Autoreifen, Fallbette), feste und mobile (Schutzwände, Blenden), massive Schutz- und Abdeckmaterialien.
- passive Maßnahmen: Abschirmen oder Aufbringen von Schutzvorrichtungen zur Vermeidung von Schäden an gefährdeten baulichen oder technischen Anlagen sowie an Verkehrswegen. Hierzu eignen sich z. B. Drahtnetze, Stahlplatten, Sandsäcke, Sicherungen von Fensteröffnungen mit Blenden, Schutzwände, Faschinen, Textilvliese, Planen oder Erdabdeckungen.

Wasser beim wertschöpfenden Abbruch

Insbesondere im Rahmen von Abbruchmaßnahmen sind bereits in der Planungsphase grundlegende Szenarien, z. B. Notwendigkeit von Wasserhaltungen, Wasserbedarf und -ableitung zu klären. Wertschöpfendes Erkunden der örtlichen wasserwirtschaftlichen Situation (z. B. Lage in einem Wasserschutzgebiet) und wertschöpfendes Einholen der erforderlichen Genehmigungen oder die dafür erforderlichen Anzeigen liegen in der Verantwortung der Bauherren.

Grundwasserabsenkungen und Wasserhaltungen beim wertschöpfenden Abbruch

Maßnahmen der Grundwasserabsenkungen bzw. Wasserhaltungen können sich auf die Standsicherheiten der Untergründe oder der Bebauungen sowie den Wasserhaushalt auswirken. Dies ist bei Planungen zu berücksichtigen.

Sind für vorgesehene Abbruchmaßnahmen wertschöpfende Grundwasserabsenkungen bzw. Wasserhaltungen erforderlich, haben Bauherren sowohl für die Entnahme von Grundwasser als auch für Ableitungen des entnommenen Grundwassers die Vorschriften in den Landeswassergesetzen der Bundesländer (LWG) zu beachten. Der Grund dafür ist, dass eine Genehmigungs- oder Anzeigepflicht je nach der entwässerten Fläche, der Gesamtentnahmemenge oder der zeitlichen Dauer der Wasserhaltung bestehen kann.

Ableitungen von Wasser beim wertschöpfenden Abbruch

Anfallendes Grund-, Prozess-, Niederschlags- und/oder Oberflächenwasser ist im Bereich der Baustellen wertschöpfend zu fassen, zu sammeln und abzuleiten. Soweit dieses Wasser im Bereich der Baustellen gezielt versickert oder gegebenenfalls in Vorfluter eingeleitet wird, bedarf es einer wasserrechtlichen Erlaubnis, im Übrigen bei der Einleitung in die öffentliche Abwasseranlage einer Indirekteinleitergenehmigung.

Abdeckungen aus Planen, Schutzwänden oder Abdichtungsmaßnahmen an benachbarten Gebäuden sind vorzusehen. Tiefer liegende Bereiche in Baustellen selbst und in Nachbarschaften, z.B. Lichtschächte, tiefer liegende Eingänge und Tiefgaragen, sind gegen aus den Abbruchbaustellen abfließendes Niederschlags-/ und oder Oberflächenwasser, z.B. durch Erdwälle oder Ableitungsgräben, zu schützen. Das Verschleppen von Verschmutzungen, z.B. von Stäuben und Schlämmen aus den Abbruchbaustellen auf Nachbargrundstücke und angrenzende öffentliche Flächen, ist durch regelmäßige Reinigungen der Fahrzeuge und der Flächen zu vermindern.

Sämtliche Maßnahmen, die aus den oben genannten Anforderungen resultieren, sind gesondert durch Bauherren zu planen und zu beschreiben. Für die Einhaltung der Anforderungen und Durchführungen der erforderlichen Maßnahmen sind die Abbruchunternehmer zuständig.

Bild 4.13 Wasserableitung auf der Abbruchbaustelle auf dem Campus der Hochschule Hannover

Boden- und Grundwasserverunreinigungen beim wertschöpfenden Abbruch

Werden bei Durchführungen von Abbruchmaßnahmen unvorhergesehen Boden- und Grundwasserverunreinigungen angetroffen, ist dies unverzüglich den Bauherren und von diesen der zuständigen Umweltbehörde anzuzeigen. Erste wertschöpfende Maßnahmen zu Sicherungen der angetroffenen Boden- und Grundwasserverunreinigungen sowie Maßnahmen zu Verhinderungen von Verschleppungen der Kontaminationen sind unverzüglich zu ergreifen. Diese sind Besondere Leistungen.

Entsprechendes gilt für die in diesem Zusammenhang im Boden angetroffenen schadstoffhaltigen Bauteile.

Kommt es im Rahmen des Betriebs von Abbruchbaustellen trotz ausreichender Vorsorge, z. B. durch Austreten von Betriebsmitteln, zu Schadstoffbelastungen der Böden oder des Grundwassers, sind unverzüglich Maßnahmen zu Schadensbegrenzungen durchzuführen. Der Schadensfall ist dem Bauherrn und der zuständigen Behörde mitzuteilen. Maßnahmen zur Schadensbegrenzung sowie Maßnahmen zu Schadensbeseitigungen gehen zulasten der Verursacher.

Fauna und Flora beim wertschöpfenden Abbruch

Erkundungen des Gebietscharakters sowie Erkundungen der Schutzwürdigkeit der Umfelder in Bezug auf den Naturschutz liegen in der Verantwortung der Bauherren. Bauherren haben aufgrund naturschutzrechtlicher Bestimmungen frühzeitig zu Beginn wertschöpfender Planungen Standorte, Abbruchobjekte und ihre Umfelder untersuchen zu lassen. Sie haben gegebenenfalls rechtzeitig erforderliche artenschutzrechtliche Befreiungen bei den zuständigen Behörden zu beantragen, sodass die sich aus den Entscheidungen der Naturschutzbehörden ergebenden Bedingungen oder Auflagen frühzeitig in die Planungen einfließen können.

Besondere Anforderungen und Maßnahmen zum wertschöpfenden Naturschutz sind von Bauherren gesondert zu planen und zu beschreiben. Dazu gehören auch Anforderungen nach den jeweils geltenden Baumschutzsatzungen.

Die sich aus der Entscheidung der zuständigen Behörden ergebenden Nebenbestimmungen sind entsprechend den jeweiligen Anforderungen vor und/oder während der Abbruchmaßnahmen umzusetzen.

Werden bei Abbruch- oder Ausbauarbeiten besonders oder streng geschützte Tierarten oder deren Lebensstätten angetroffen, sind insbesondere die Verbote gemäß § 44 Absatz 1 Nr. 1 bis Nr. 3 BNatSchG zu beachten. Diese sogenannten „Zugriffverbote“ gelten in besiedelten wie unbesiedelten Bereichen sowie unabhängig von bau- und denkmalschutzrechtlichen Gestattungen. Arbeiten sind sofort zu unterbrechen, wenn Fortpflanzungs- oder Ruhestätten besonders oder streng geschützter Tierarten festgestellt werden. Die Entscheidung der zuständigen Behörden ist abzuwarten. Im Einzelfall können auf Antrag Befreiungen von den Verboten gewährt werden. Unvorhergesehen angetroffene geschützte Tierarten oder deren Lebensstätten können zu Behinderungen oder Stillständen der Abbrucharbeiten führen, die von Bauherren zu vertreten und zu vergüten sind.

Arbeiten in Sonderbereichen beim wertschöpfenden Abbruch

In Sonderbereichen, beispielsweise in Bereichen mit Brand- und Explosionsgefahren sowie in Bereichen, in denen radioaktive Strahlungen auftreten können, sind die besonderen Bedingungen der Auftraggeber und besondere rechtliche Regelungen zu beachten.

Brand- und Explosionsgefahr beim wertschöpfenden Abbruch

Die Ermittlung von objekt- und/oder umgebungsspezifischen Brandschutzbereichen sowie der Explosionsschutzzonen liegt in der Verantwortung der Bauherren. Die in diesen Schutzbereichen erforderlichen besonderen Maßnahmen sind wertschöpfend zu planen und zu beschreiben. Die dafür geeigneten Arbeitsverfahren haben die Abbruchunternehmer auszuwählen und deren Eignungen den Bauherren nachzuweisen. Für die Einhaltung von Schutzmaßnahmen sind die Abbruchunternehmer verantwortlich.

Immissionen durch Zündquellen, offenes Licht, Funkenflug, Feuer, Brandwärmeentwicklungen, Flammenausbreitungen, Rauchentwicklungen und Toxizitätsauswirkungen von Brandgasen sind durch geeignete Schutzmaßnahmen zu verhindern.

Fordern Bauherren objekt- und/oder umgebungsspezifische, zusätzliche wertschöpfende Schutzmaßnahmen, sind sie in die Leistungsbeschreibungen aufzunehmen, z.B.:

- Erstellen von Brandschutzkonzepten,
- Bereitstellen von geeigneten Feuerlöschmitteln,
- Verbieten von Feuer, offenem Licht und Rauchen in gekennzeichneten Bereichen,
- Entfernen aller brennbaren, explosionsfähigen Stoffe, auch explosionsneigende Staubablagerungen aus gefährdeten Umgebungen,
- Abdecken nicht zu entfernender brennbarer Teile mit geeigneten Materialen,
- Abschotten der Arbeitsbereiche, in denen Arbeiten mit Zündquellen ausgeführt werden, z. B. durch Abdichten von Öffnungen,
- Errichten von Prallblechen gegen Funkenflug sowie
- Sichern und Kennzeichnen von Rettungswegen.

Wurde der Brand- und Explosionsschutz nicht berücksichtigt und sind besondere zusätzliche Schutzmaßnahmen nicht in den Leistungsbeschreibungen enthalten, handelt es sich um Besondere Leistungen.

Bild 4.14 Rettungsweg bei der Abbruchbaustelle auf dem Campus der Hochschule Hannover

Radioaktive Strahlung beim wertschöpfenden Abbruch

Bauherren sind für Erkundungen der Abbruchvorhaben und der darin befindlichen radioaktiven Gegenstände verantwortlich. Radioaktive Gegenstände können z. B. Teile von Brandmeldeanlagen, besondere Abbruchmaterialien aus chemischen Anlagen und Laboren (z. B. Messtechnik) sowie Produktionsrückstände und Teile aus Produktionsanlagen mit natürlicher Radioaktivität sein.

Bei Verdacht auf radioaktive Strahlung sind von Bauherren/Planern Messungen durchzuführen und gegebenenfalls die erforderlichen Maßnahmen nach der Strahlenschutzverordnung (StrlSchV) zu treffen.

4.3.2 Anforderungen und Aufgaben von Abbrüchen

Anforderungen an die Beteiligten beim wertschöpfenden Abbruch

Allgemeine und besondere Anforderungen in Abhängigkeit von der Aufgabenstellung bei wertschöpfendem Abbruch in nachhaltigen Bauwerkslebenszyklen richten sich an Bauherren, Planer sowie Abbruchunternehmer.

Die Begriffe Bauherr, Planer und Abbruchunternehmer werden folgend für die verschiedenen Rechtsformen der Unternehmen beim wertschöpfenden Abbruch verwendet.

Bauherren

Soweit Bauherren nicht über eigene Fachkunde verfügt, haben sie sich zu Vorbereitungen, Durchführungen und Nachbereitungen der Maßnahmen geeigneter Fachleute zu bedienen. Diese nehmen die den Bauherren nach den gesetzlichen Bestimmungen obliegenden Aufgaben wahr (Erfüllungsgehilfen). Wesentliche Aufgaben übernehmen hierbei die Planer.

Planer

Planer beraten sachwaltend Bauherren und unterstützen diese bei der Erfüllung ihrer Pflichten. In Abhängigkeit von den wertschöpfenden Aufgabenstellungen kann es erforderlich sein, dass insbesondere neben den Abbruchplanern mehrere Fachplaner, z. B. Baugrundgutachter, Tragwerksplaner, Schadstoffgutachter oder Gutachter für Immissionen, zusätzlich zu beauftragen sind.

Planer-Fachkunde beim wertschöpfenden Abbruch

Planer zum wertschöpfenden Abbruch in nachhaltigen Bauwerkslebenszyklen sollten normativ über eine Ausbildung als Bauingenieur (Dipl.-Ing. oder Master) und mindestens drei Jahre Berufserfahrung in der Fachplanung „Abbruch, Instandhaltung und Abfallmanagement von baulichen oder technischen Anlagen“ verfügen. Solche Anforderungen werden normativ auch von Fachleuten erfüllt, die eine abgeschlossene technische Berufsausbildung, mindestens mit der Qualifikation als Meister, für das Fachgebiet aufweisen, das mit den auszuführenden Leistungen vergleichbar ist. Darüber hinaus sollen sie während einer sechsjährigen praktischen Tätigkeit bei Abbruch, Instandhaltung und Abfallmanagement von baulichen oder technischen Anlagen Berufserfahrungen gewonnen haben.

Die Planer sollen entsprechend der Aufgabenstellung über Fachkunde mindestens auf folgenden Feldern normativ verfügen:

- Abbruch-, Instandhaltungs- und Abfallmanagementtechniken und -verfahren,
- Abfallwirtschaft,
- Bauwerks- und Anlagenkonstruktionen,
- Baustoffkunde,

- Kontaminationen durch Schadstoffe,
- Grundbau, Bodenmechanik und Geotechnik,
- Leistungsbeschreibungen und Ausschreibungsunterlagen,
- Arbeits- und Gesundheitsschutz, Sicherheitstechnik,
- Denkmalschutz,
- Festlegung von Schutz-, Pflege-, Inspektions-, Instandsetzungs- und Verbesserungsmaßnahmen,
- Gesetze, Vorschriften und technische Regeln,
- VOB - Vergabe- und Vertragsordnung für Bauleistungen usw.

Bild 4.15 Abbruchtechnik auf dem Campus der Hochschule Hannover

Planer-Zuverlässigkeit beim wertschöpfenden Abbruch

Die Zuverlässigkeit von Planern beim wertschöpfenden Abbruch ist über die Vorlage von Führungszeugnissen der Betriebsinhaber und der für die Planung Verantwortlichen sowie Auszügen aus dem Gewerbezentralregister nachzuweisen. Zum Vorlagezeitpunkt sollten die Belege nicht älter als drei Monate sein.

Planer-Leistungsfähigkeit und -Qualitätssicherung beim wertschöpfenden Abbruch

Die Leistungsfähigkeit von Planern beim wertschöpfenden Abbruch ist durch ausreichende Personalstärke mit aufgabenangepassten Ausbildungen und durch eine in Bezug auf Risiken der Gesamtprojekte angemessene Berufshaftpflichtversicherungen nachzuweisen. Als Standarddeckungssummen werden je eine Million Euro für Personenschäden, Sach- und Vermögensschäden sowie Umwelt- und Gewässerschäden angesehen. Diese Deckungssummen sollten nach Überprüfungen der Risiken in Einzelfällen angepasst werden. Die Risiken aus Planungen hinsichtlich gefährlicher Stoffe, insbesondere hinsichtlich Asbest, dürfen bei entsprechenden Projekten vom Versicherungsschutz nicht ausgeschlossen sein.

Abbruchunternehmer beim wertschöpfenden Abbruch

An Abbruchunternehmer beim wertschöpfenden Abbruch und an die von ihnen gegebenenfalls beauftragten Nachunternehmer sind für Nachweise ihrer Eignungen Anforderungen an die Fachkunde, die Zuverlässigkeit sowie die Leistungsfähigkeiten und die Qualitätssicherungen zu stellen.

Abbruchunternehmer-Fachkunde beim wertschöpfenden Abbruch

Verantwortliches Leitungspersonal bei Abbruchunternehmen zum wertschöpfenden Abbruch sollte zur Erfüllung der Fachkunde folgende Anforderungen erfüllen. Erforderlich sind Abschlüsse als Bauingenieur (z.B. Dipl.-Ing. oder Master) und mindestens drei Jahre Berufserfahrungen bei Abbruch und Rückbau. Solche Anforderungen werden auch von Fachleuten erfüllt, die eine abgeschlossene technische Berufsausbildung, mindestens mit der Qualifikation als Meister, für das Fachgebiet aufweisen, das mit den auszuführenden Leistungen vergleichbar ist. Darüber hinaus sollen sie während einer sechsjährigen praktischen Tätigkeit zu Abbruch und Rückbau Berufserfahrungen gewonnen haben.

Als Fachkundige gelten diesbezüglich auch Personen, die mindestens sechs Jahre nachweislich Abbruch und Rückbau ordnungsgemäß und eigenverantwortlich ausgeführt haben. Vorgenannte Arbeiten sollen mit eigenem Personal und eigenen Geräten ausgeführt worden sein.

Abbruchunternehmer oder deren verantwortliche Vertreter sollen entsprechend der Aufgabenstellung über Fachkunde mindestens auf folgenden Feldern verfügen:

- Abbruch- und Rückbautechniken und -verfahren,
- Abfallwirtschaft,
- Bauwerks- und Anlagenkonstruktionen,
- Baustoffkunde,
- Kontaminationen durch Schadstoffe,
- Grundbau, Bodenmechanik und Geotechnik,
- Leistungsbeschreibungen und Ausschreibungsunterlagen,
- Arbeits- und Gesundheitsschutz, Sicherheitstechnik,
- Denkmalschutz,
- Festlegung von Schutz-, Pflege-, Inspektions-, Instandsetzungs- und Verbesserungsmaßnahmen,
- Gesetze, Vorschriften und technische Regeln,
- VOB – Vergabe- und Vertragsordnung für Bauleistungen usw.

Dabei erfordert die Fachkunde sowohl in praktischer Tätigkeit erworbene Kenntnisse als auch die gültigen Nachweise über die erfolgreiche Teilnahme an anerkannten Lehrgängen zu den vorstehenden Feldern.

Bild 4.16 Sicherheitstechnik auf der Abbruchbaustelle auf dem Campus der Hochschule Hannover

Abbruchunternehmer-Zuverlässigkeit beim wertschöpfenden Abbruch

Die Zuverlässigkeit von Abbruchunternehmern beim wertschöpfenden Abbruch ist über die Vorlage von Führungszeugnissen der Abbruchunternehmer und ihres Leitungspersonals und bei juristischen Personen durch Auszüge aus dem Gewerbezentralregister nachzuweisen. Zum Vorlagezeitpunkt dürfen die Belege nicht älter als drei Monate sein.

Zur Beurteilung der Zuverlässigkeit des Unternehmens sind folgende Nachweise geeignet:

- Nachweis über die Einhaltung tarifrechtlicher Vorgaben,
- Eintrag von Abbrucharbeiten in der Gewerbeanmeldung,
- Eintragung von Abbrucharbeiten in das Berufsregister seines Sitzes oder Wohnsitzes,
- Unbedenklichkeitsbescheinigung des Finanzamts und Freistellungsbescheinigung Bauabzugssteuer,
- Bescheinigung über die Anmeldung von Beschäftigten in der Gefahrtarifstelle „Abbrucharbeiten" in der Berufsgenossenschaft,
- Nachweis der Betriebshaftpflichtversicherung mit ausreichender Deckung und Ausschluss der Radiusklausel,
- Negativbescheinigung des Sozialversicherungsträgers,
- Auszug aus dem Gewerbezentralregister,
- Eigenerklärung/Nachweis der Zuverlässigkeit gemäß § 21 des Schwarzarbeitsbekämpfungsgesetzes und § 6 Arbeitnehmer-Entsendegesetz.

Zur Beurteilung der Zuverlässigkeit des Unternehmens können ergänzend im Einzelfall, entsprechend der geforderten Leistungen, beispielsweise folgende Nachweise verwendet werden:

- Zertifikat nach DIN EN ISO 9001 oder vergleichbar,
- Safety Certificate Contractors (SCC-Zertifikat),
- Transportgenehmigung, Beförderungserlaubnis,
- gültiges Zertifikat „Entsorgungsfachbetrieb“ nach § 56 KrWG,
- gültiges Zertifikat nach RAL-GZ 509,
- Qualitätszeichen Fachverband Betonbohren und Sägen Deutschland e.V. usw.

Abbruchunternehmer-Leistungsfähigkeit und -Qualitätssicherung beim wertschöpfenden Abbruch

Von Abbruchunternehmen werden beim wertschöpfenden Abbruch in nachhaltigen Bauwerkslebenszyklen zum Nachweis ihrer Leistungsfähigkeit mindestens folgende Angaben verlangt:

- die Zahl der in den letzten drei abgeschlossenen Geschäftsjahren jahresdurchschnittlich beschäftigten Arbeitskräfte, gegliedert nach Berufsgruppen,
- die den Unternehmen für die Ausführung der zu vergebenden Leistungen zur Verfügung stehenden technischen Ausrüstungen,
- das für Leitung und Aufsicht vorgesehene firmenzugehörige, weisungsbefugte technische Personal,
- der Umsatz der Unternehmen in den letzten drei abgeschlossenen Geschäftsjahren, soweit sie Leistungen betreffen, die mit den zu vergebenden Leistungen vergleichbar sind, unter Einschluss des Anteils bei gemeinsam mit anderen Unternehmen ausgeführten Aufträgen sowie
- Aufführung von Leistungen, die in den letzten drei abgeschlossenen Geschäftsjahren mit der zu vergebenen Leistung vergleichbar sind.

Von Abbruchunternehmen werden zum Nachweis ihrer Qualitätssicherung beim wertschöpfenden Abbruch mindestens folgende Angaben verlangt:

- Festlegung von Verantwortungsbefugnissen anhand von Funktionsbeschreibungen und Organisationsplänen,
- Festlegung von Arbeitsabläufen durch Arbeitsanweisungen,
- Zertifikat Arbeitsschutzsystem (z.B. SCC),
- sonstige Bescheinigungen (Fach- und Sachkunde),
- Nachweise über regelmäßige Mitarbeiterschulungen (z.B. Dokumente, Schulungsplan) usw.

Als Standarddeckungssummen werden in der Regel bei Haftpflichtversicherungen mindestens je drei Millionen Euro für Personenschäden, Sach- und Vermögensschäden sowie Umwelt- und Gewässerschäden angesehen.

Die Risiken aus dem Umgang mit gefährlichen Stoffen, insbesondere Asbest, dürfen bei entsprechenden Projekten vom Versicherungsschutz nicht ausgeschlossen sein.

Im Einzelfall können besondere Risiken, die über die regelmäßige Deckung hinausgehen, über Objektversicherungen unter Einbeziehung der Umfelder abgesichert werden.

Aufgaben der Beteiligten beim wertschöpfenden Abbruch

Beim wertschöpfenden Abbruch in nachhaltigen Bauwerkslebenszyklen sind in Regelfällen Bauherren, Planer, Abbruchunternehmer sowie Behörden und Institutionen beteiligt. Objektspezifisch werden im Einzelfall weitere Fachingenieure, Gutachter oder Fachbehörden hinzugezogen.

Bauherrenaufgaben beim wertschöpfenden Abbruch

Als Veranlasser der Baumaßnahmen tragen der Bauherren die Gesamtverantwortungen. Diese besteht aus Auswahl-, Planungs-, Entsorgungs- und Überwachungsverantwortungen sowie aus Verantwortungen für die Sicherheit und den Gesundheitsschutz nach BaustellV. Von besonderer Bedeutung sind hierbei wertschöpfende Auswahlverantwortungen.

Bauherren-Auswahlverantwortungen beim wertschöpfenden Abbruch

Für Planungen zum wertschöpfenden Abbruch in nachhaltigen Bauwerkslebenszyklen haben Bauherren fachkundige, leistungsfähige und zuverlässige Planer, Fachplaner, Bauleiter nach Landesbauordnung, SiGeKo sowie erforderliche Sonderfachleute (z.B. Tragwerksplaner, Schadstoffgutachter usw.) zu bestellen. Mit wertschöpfenden Bauausführungen sind fachkundige, leistungsfähige und zuverlässige Unternehmen zu beauftragen. Beauftragungen erfolgen in der Regel aufgrund vertraglicher Vereinbarungen. Werden gegenüber den privaten Bauherrn Klauseln der VOB Teil B verwendet, unterliegen diese gerichtlichen Inhaltskontrollen. Dies gilt jedoch nicht bei juristischen Personen als Bauherren, auch solchen des öffentlichen Rechts und von öffentlich-rechtlichem Sondervermögen, wenn die VOB Teil B als Ganzes unverändert übernommen wird.

SICHERHEITS - UND GESUNDHEITSSCHUTZPLAN (SiGePlan)

BAUVORHABEN / ADRESSE : Name und Adresse des Bauvorhabens

PERSONEN:	Name	Adresse	Vertreten durch	Tel.Nr.
• Bauherr:				
• Planung:				
• Statik:				
• Projektmanagement				
• Koordinator - Baustelle:				
• Koordinator - Planung				
• usw.				

A	EINRICHTUNG / PLANUNG	Maßnahmen	Regelwerk	Planhinweis	LV-Pos.
A 1	BAUSTELLENEINRICHTUNG	Vorhaltezeit über die gesamte Baudauer !!!			
A 1. 1	Baustellensicherung	Sicherheitshinweistafel bei allen möglichen Zugängen. Geschlossener Bauzaun oder gleichwertige Absicherung an allen zugänglichen und nicht durch einen geeigneten Zaun gesicherten Stellen des Baugeländes. Die Verwendung eines Warnbandes ist ausschließlich als Gefahrenhinweis, keinesfalls als Absperrung zulässig!			
A 1. 2	Baubüro	Bürocontainer und Mannschaftscontainer gem. Baumeister/GU-Ausschreibung. Toiletanlagen gem. ASchG aufstellen und vorhalten (insbesondere laufende Reinigung).			

Bild 4.17 Auszug aus einem SiGe-Plan

Mit dem Abschluss von Werkverträgen zwischen Bauherren und einzelnen Planern/Abbruchunternehmern werden diese für die ihnen übertragenen Teilbereiche der wertschöpfenden Leistungen verantwortlich. Hieraus ergeben sich die Anforderungen an die Auswahl der Planer und Unternehmer.

Bauherren-Planungsverantwortungen beim wertschöpfenden Abbruch

Planungsverantwortungen der Bauherren umfassen u.a. folgend aufgeführte Aufgaben:

- gegebenenfalls Bestellung von Schadstoffgutachtern und/oder Instandsetzungsplanern (s.a. Richtlinie VDI/GVSS 6202 Blatt 1),
- Erarbeiten von wertschöpfenden Abbruch- und Rückbaukonzepten,
- Erarbeiten der Arbeits- und Sicherheitspläne, z.B. gemäß TRGS 524/BGR 128 unter Beachtung ermittelter Schadstoffe,
- Abgaben der Abbruchanzeigen/Einholungen von Abbruchgenehmigungen, im Einzelfall bei Abbrüchen von Wohnräumen auch Zweckentfremdungsgenehmigungen,
- Veranlassungen erforderlicher Anzeigen und Nachweisen an Baubehörden und sonstige zuständige Stellen, z.B. für Standsicherheitsnachweise verbleibender Bauwerke oder Bauteile,
- Einholungen erforderlicher Genehmigungen, beispielsweise nach dem Verkehrs-, Straßen- und Wegerecht, Gewerberecht, Umweltrecht, Denkmalschutzrecht oder Naturschutzrecht,
- Einholungen von Genehmigungen zu Abgrabungen und Verfüllungen oder Aufschüttungen, soweit sich keine sonstige bauliche Maßnahme anschließt,
- Aufstellungen von ausführlichen Leistungsbeschreibungen mit Übernahmen der vorgenannten Genehmigungen einschließlich Nebenbestimmungen unter Aufnahme der Besonderen Leistungen, z.B. Schutz- und Sicherungsmaßnahmen, Überwachung der Abbruch- und Entsorgungsarbeiten sowie Feststellung der Umgebungsbedingungen, z.B. Bodengutachten,
- Vergaben der Abbruchleistungen an fachkundige, leistungsfähige und zuverlässige Abbruchunternehmer,
- Sicherstellen und Nachweisen der Medienfreiheiten vor Arbeitsaufnahmen,
- Regelungen zu Beweissicherungen,
- Regelungen zu Vertragsdetails, z.B. Sicherheitsleistungen usw.

Die aufgelisteten Planungsleistungen können Bauherren an einen oder mehrere Fachplaner delegieren. Auch nach Delegation verbleiben Bauherren die Überwachungsverantwortungen.

Bauherren haben in Planungsphasen für wertschöpfende Abbrucharbeiten, die gleichzeitig oder nacheinander durchgeführt werden, die Ausführungszeiten ausreichend zu bemessen und dabei u.a. die Allgemeinen Grundsätze nach § 4 des ArbSchG sowie nach RAB 33 zu berücksichtigen. Diese Leistungen können nicht delegiert werden. Die Pflichten der Bauherren zur Koordination bleiben hiervon unberührt.

Bauherren-Verantwortungen für Sicherheits- und Gesundheitsschutz nach BaustellV beim wertschöpfenden Abbruch

Zur Wahrnehmung dieser wertschöpfenden Verantwortungen beauftragen Bauherren Koordinatoren für Sicherheits- und Gesundheitsschutz nach BaustellV (SiGeKo).

Zu deren wesentlichen Aufgaben gehören hier insbesondere:

- Erarbeiten von Schutzkonzepten, z.B. Vorankündigungen sowie der Sicherheits- und Gesundheitsschutzpläne (SiGePläne) gemäß BaustellV,
- Zusammenstellungen der Unterlagen für spätere Arbeiten an Bauwerken,
- Überwachungen der Einhaltungen der Sicherheit und des Gesundheitsschutzes gemäß BaustellV,
- Anpassungen und Fortschreibungen der SiGePläne usw.

Bei Übertragungen der genannten Aufgaben verbleiben Bauherren die Überwachungsverantwortungen für die Tätigkeiten der SiGeKo. Bauherren oder die von ihnen beauftragten Dritten werden durch Beauftragungen geeigneter Koordinatoren nicht von ihren Verantwortungen für Sicherheits- und Gesundheitsschutz nach BaustellV entbunden.

Bauherren-Entsorgungsverantwortungen beim wertschöpfenden Abbruch

Entsorgungsverantwortungen von Bauherren umfassen insbesondere:

- Erstellung von Entsorgungskonzepten,
- Entsorgungen sämtlicher Abbruchabfälle,
- Erfüllungen von abfallrechtlichen Nachweis- und Dokumentationspflichten usw.

Entsorgungskonzepte umfassen insbesondere hierbei:

- Deklarationen anfallender Abfälle sowie Abschätzungen der anfallenden Massen,
- Ermittlungen von Entsorgungswegen aller anfallenden Abfälle unter Beachtung der örtlichen Abfall-Satzungen und der länderspezifischen Andienungspflichten gefährlicher Abfälle, Klärung der Annahmebereitschaft der Entsorgungseinrichtung (Annahmeerklärung),
- Vorbehandlungen, Verpackungen, Handhabungen und Bereitstellungen der Abfälle auf den Baustellen,

- Transportwege von den Baustellen zu den Entsorgungseinrichtungen,
- Regelungen zu Handhabungen und Entsorgungen kontaminierter Materialien, die Sanierungsfachbetriebe zur Erfüllung ihrer Aufgaben eingesetzt haben, z. B. Schutzausrüstungen, Filter, Abschottungsmaterialien usw.

Bild 4.18 Abfallsammlung auf der Baustelle der Hochschule Hannover

Die wertschöpfenden Leistungen können Bauherren an Fach- und Sachkundige Dritte übertragen. Nach Übertragung verbleibt den Bauherren die Überwachungsverantwortung.

Bei Probenahmen, Analysen, abfalltechnischen Beurteilungen der anfallenden Abfälle, Entsorgungen der bei Abbrucharbeiten anfallenden Abfälle einschließlich Führungen der Entsorgungsnachweise und Abfallbegleitpapiere handelt es sich um Pflichten der Bauherren als Abfallerzeuger. Dieser Entsorgungspflicht können sich Bauherren auch nicht dadurch entledigen, dass sie Dritte beauftragen.

Bauherren-Überwachungsverantwortungen beim wertschöpfenden Abbruch

Auch wenn sich Bauherren zur Erfüllung ihrer Verantwortungen Dritter bedienen, dazu wertschöpfende Aufgaben auf Planer sowie Abbruchunternehmer übertragen und Leistungen beauftragen, bleiben sie für deren Überwachungen und Koordination verantwortlich. Bauherren wird empfohlen Bauherrenhaftpflichtversicherungen abzuschließen.

Soweit Bauherren nicht über eigene ausreichende Fachkunde im Abbruch verfügen, umfassen ihre wertschöpfende Überwachungsverantwortung insbesondere:

- Kontrolle der Planer und Fachplaner,
- Kontrolle der Bauleiter gemäß Landesbauordnung,
- Kontrolle der SiGeKo,
- Kontrolle der Ausführungen,
- Kontrolle der Entsorgungen usw.

Planer-Aufgaben zum wertschöpfenden Abbruch

Die Aufgaben von Planern beim wertschöpfenden Abbruch orientieren sich u. a. an dem Leistungsbild der AHO-Heft 18. Hierzu gehören wertschöpfende Bestandsaufnahmen. Diese umfassen nach den Erkundungen Beschreibungen der Bauteile und Baustoffe.

Auf wichtige Planungsleistungen im Bereich der Abbrüche baulicher und technischer Anlagen wird im Folgenden eingegangen. Planer haben dabei beispielsweise die in den folgenden Abschnitten genannten Punkte zu berücksichtigen.

Angaben zur Abbruchbaustelle, Baustellenlogistik und Durchführungen beim wertschöpfenden Abbruch

Bezogen auf die Abbruchbaustellen sind beispielsweise folgende Angaben zu treffen:

- Lagen der Abbruchbaustellen und deren äußere und innere Erschließungen,
- Angaben zu Sonderbereichen, z. B. Abbruch in Gewässern usw.,
- schützenswerte Bauwerke (einschließlich Ensemble), Fauna und Flora,
- aufrecht zu erhaltende Geh-, Fahr- und Leitungsrechte sowie vorhandene Leitungen,
- Umgebungsbebauung und -nutzung, z. B. Wohnraum, Gastronomie, Veranstaltungen usw.,
- Immissionsbeschränkungen und -messungen, z. B. für Lärm, Staub, Erschütterungen, Licht,
- Einschränkungen bei Baustellenzufahrten und/ oder -ausfahrten einschließlich verkehrsrechtlicher Anordnungen,
- Angaben zu zeitlichen Abläufen, z. B. Unterbrechungen und Abschnitte, Arbeitszeit- und Nutzungsbeschränkungen usw.,
- Angaben zu Gewichts- und Höhenbeschränkungen, z. B. hinsichtlich der Zu- und Abfahrten,
- Beschränkungen der Arbeitsräume,
- Angaben zu Baustelleneinrichtungsflächen einschließlich straßen- und wegerechtlicher Regelungen,
- Angaben zur Ver- und Entsorgung usw.

Grenzen der Baufelds-Umgebungsbedingungen beim wertschöpfenden Abbruch

Wertschöpfend sind topografische oder sonstige Geländebeschaffenheit zu beschreiben, z. B. Geländeversprünge, Lagen der Abbruchbaustellen in Überschwemmungsgebieten oder Vorhandensein von Flächen mit geringen Tragfähigkeiten.

Die geologischen, bodenmechanischen und hydrogeologischen Verhältnisse sind wertschöpfend darzustellen, z. B. durch Angaben zu Homogenbereichen, der Höhenlagen der Grundwasserspiegel, zum Vorhandensein von Schichtwasser, von gespanntem oder ungespanntem Grundwasser.

Bild 4.19 Abbruch-Baustellenzufahrt

Die Grenzen der Baufelder sind nach Lage und Höhe unter Nutzung von Bezugspunkten innerhalb der Baufelder festzulegen. Auflagen aus beispielsweise Biotopkatastern, Baumschutzverordnungen oder Naturschutzkatastern und daraus resultierende organisatorische und technische Maßnahmen sind darzustellen.

Im Rahmen von Übergaben sollte den Abbruchunternehmern Lagepläne der Baufelder und der unmittelbaren Umgebungen mit exakt dargestellten Grenzen der Abbruchbaustellen ausgehändigt werden.

4.3.3 Standsicherheiten und Tragfähigkeiten von Abbrüchen

Vor wertschöpfendem Abbruchbeginn in nachhaltigen Bauwerkslebenszyklen sind je nach Erfordernissen statische Berechnungen durch geeignete Statiker (Standsicherheitskonzepte usw.) vorzunehmen.

Dabei richten sich die wertschöpfenden Überprüfungen der Standsicherheiten und Tragfähigkeiten sowohl auf die zu erhaltenden Bausubstanzen als auch auf die Sicherheiten der zu schützenden baulichen oder technischen Anlagen.

Im Rahmen der freien Verfahrenswahl obliegt es normativ den Abbruchunternehmern, die Standsicherheiten der abzubrechenden baulichen Anlagen im Bauwerk nachzuweisen.

Hieraus können bestimmte wertschöpfende Sicherungsmaßnahmen folgen, deren Herstellung und Aufrechterhaltung Planer zu überwachen haben.

Bild 4.20 Sicherungsmaßnahme beim Bauwerks-Abbruch

4.3.4 Bauliche und technische Ver-, Entsorgungs- und Prozessanlagen bei Durchführungen von Abbrüchen

Es ist beispielsweise nach der VDI 6210 zu beschreiben, welche baulichen Anlagen für Ver- und Entsorgungen beim wertschöpfenden Abbruch in nachhaltigen Bauwerkslebenszyklen vorhanden sind, ob diese für wertschöpfende Abbruchmaßnahmen zur Verfügung stehen und gegebenenfalls abzubrechen sind.

Es ist darzulegen, in welchen Zuständen, auch in Abhängigkeit von den Bauzeiten und den Abbruchfortschritten die nutzbaren Ver- und Entsorgungseinrichtungen sind.

Aufgabe der Planer ist beim wertschöpfenden Abbruch in nachhaltigen Bauwerkslebenszyklen die Medienfreiheiten der baulichen oder technischen Anlagen zu planen, die Ausführungen zu überwachen und die Nachweise darüber zusammenzustellen.

Bild 4.21 Entsorgungseinrichtungen beim Abbruch von HsH-Gebäuden

Dies betrifft Ver- und Entsorgungsanlagen sowie Prozessanlagen.

Bei immissionsschutzrechtlich genehmigungsbedürftigen Anlagen sind Stilllegungen wertschöpfend anzuzeigen. Nachweise, dass die behördlich zur Stilllegung auferlegten Maßnahmen zur Durchführung gelangt sind, sind den Abbruchunternehmern von Bauherren vorzulegen. Bei beispielsweise stillgelegten Lagerbehältern oder Leitungen sind Bestätigungen über ordnungsgemäße Außerbetriebnahmen oder Stilllegungen vorzulegen.

Die Nachweise über wertschöpfende Entleerungen, Entgasung und Reinigungen sind grundsätzlich durch Bauherren zu führen und den Abbruchunternehmern vorzulegen.

Nachfolgend genannte Maßnahmen beim wertschöpfenden Abbruch in nachhaltigen Bauwerkslebenszyklen sind gesondert zu planen und gegebenenfalls im Leistungsverzeichnis zu beschreiben.

Beispiele hierzu sind:

- Sicherungsmaßnahmen, z. B. Überfahrsicherungen oberflächennaher Gasleitungen,
- Sicherungen von Freileitungen,
- Umverlegungsmaßnahmen, wie z. B. Wasserleitungen, Stromleitungen, Fernwärmeleitungen oder Freileitungen,
- Reinigungs- und Entgasungsmaßnahmen, z. B. von Behältern und Leitungen,
- Maßnahmen zu Freilegungen von Leitungen, z. B. Entfernungen der Oberflächenbefestigungen, Aushübe, Wasserhaltungen oder Verbau,
- besondere Auflagen zu Verfahren, z. B. Einsatz nicht funkenreißender Werkzeuge,
- bei abzubrechenden Medienleitungen sind insbesondere Materialien, Tiefenlagen, Zustände und die dabei zu entfernenden Materialien, z. B. Restflüssigkeiten oder Schlämme, vollständig zu beschreiben,
- nicht in Leistungsverzeichnissen beschriebene Leistungen sind Besondere Leistungen, sofern es sich nicht um Nebenleistungen handelt.

4.3.5 Schadstoffe, Kampfmittel, Denkmäler und archäologische Funde bei Abbrüchen

Häufig weisen Räume sowie bauliche und technische Anlagen in Bauwerkslebenszyklen beim Abbruch Schadstoffe auf. Stoffe wie Asbest, KMF, PCB, PAK, PCP, Lindan, DDT, Nitrosamin usw. wurden in der Vergangenheit wegen ihrer besonderen Eigenschaften in vielfältigen Verwendungen Bestandteil von Baustoffen, Bauteilen und Bauelementen von Bauwerken. Diese Baustoffbestandteile können Gefahren für Mensch und Umwelt mit sich bringen.

Entsprechend den Nutzungszyklen von baulichen und technischen Anlagen ist in nachhaltigen Bauwerkslebenszyklen diese Problematik bei deren Betrieb, Instandhaltung, Modernisierung und Abbruch für Wertschöpfung zu beachten. Dieses Gefährdungspotenzial ist im Hinblick auf arbeitsschutzrelevante Auswirkungen und abfallrechtliche Zuordnungen zu ermitteln.

Themenbereiche der Schadstoffsanierungen sind u.a. in der Richtlinie VDI/GVSS 6202 Blatt 1 behandelt. Bei Maßnahmen, die sowohl Abbruch- als auch Schadstoffsanierungstätigkeiten beinhalten, sind u.a. die Richtlinien VDI 6210 und VDI/GVSS 6202 Blatt 1 zu beachten.

Maßnahmen zum wertschöpfenden Ausbau dieser Schadstoffe sind Besondere Leistungen.

Bild 4.22 Asbestproblemstoffe auf Abbruchbaustelle

Kampfmittel bei Durchführungen von wertschöpfendem Abbruch

Planer holen insbesondere beim wertschöpfenden Abbruch in nachhaltigen Bauwerkslebenszyklen Informationen zum Vorhandensein von Kampfmitteln bei den im jeweiligen Bundesland zuständigen Stellen auf Basis länderspezifischer Regelungen ein.

Eine weitere Möglichkeit sind wertschöpfendes Zusammenarbeiten mit dafür zugelassenen Fachplanern, um mithilfe von Auswertungen von Luftbildern, Befragungen von Zeitzeugen oder Messungen vor Ort Angaben über Kampfmittelvorkommen zu erhalten. Leistungen für Kampfmittelerkundungen und Kampfmittelräumungen sind Besondere Leistungen.

Denkmäler und archäologische Funde bei wertschöpfendem Abbruch

Es ist durch Planer zu prüfen, ob im Rahmen von wertschöpfenden Abbruchmaßnahmen in nachhaltigen Bauwerkslebenszyklen mit historischen Bauteilen oder archäologischen Funden zu rechnen ist. Die daraus folgenden Leistungen sind in die Leistungsbeschreibungen aufzunehmen.

Bild 4.23 Restbauwerk beim Abbruch eines Denkmals in Hannover-Limmer

4.3.6 Mengenermittlungen, Koordinationen, Beteiligte, Beweissicherungen, Sicherheitsleistungen, Vorbereitungen, Genehmigungen und Anzeigen bei Abbrüchen

Mengenermittlungen bei wertschöpfenden Abbrüchen in nachhaltigen Bauwerkslebenszyklen

Die abzubrechenden baulichen oder technischen Anlagen bei Durchführungen von wertschöpfendem Abbruch in nachhaltigen Bauwerkslebenszyklen sind hinsichtlich ihrer Beschaffenheit und der tatsächlichen Mengen je nach Materialarten vollständig zu beschreiben. Es wird hier insbesondere auf die ATV DIN 18 299 in Verbindung mit der ATV DIN 18 459 verwiesen.

Planer haben darüber hinaus wertschöpfende Angaben zum Umfang des Abbruchs in nachhaltigen Bauwerkslebenszyklen (z. B. Teilabbruch, Totalabbruch usw.) zu nennen. Besonderheiten sind detailliert aufzuzeigen, z. B. gemeinsame Wände, tiefer liegende Keller, notwendige Unterfangungen, gegenseitige Beeinflussungen von Bauwerken oder Spannbetonbauteile usw.

Je nach Leistungsumfängen gilt dies auch für Freiflächen, Oberflächenbefestigungen, Gleisanlagen, Rampen sowie Ver- und Entsorgungseinrichtungen. Unterirdische Einbauten (z. B. Lagerbehälter für feste, flüssige und gasförmige Stoffe, Fundamente oder Reste ehemaliger baulicher Anlagen oder Befestigungsanlagen/ Bunker usw.) sind wertschöpfend zu ermitteln und zu beschreiben.

Die Abbruchgrenzen (Höhe, Tiefe, Länge) sind wertschöpfend zu ermitteln und zu beschreiben.

Bild 4.24 Abbruchgrenzen von Bauwerken

Koordination weiterer Beteiligter bei wertschöpfenden Abbrüchen in nachhaltigen Bauwerkslebenszyklen

Die Baubeteiligten sind mit ihren Aufgabenspektren und den Berechtigungen zu Anordnungen von wertschöpfenden Abbruch-Maßnahmen in nachhaltigen Bauwerkslebenszyklen zu benennen. Bauherren oder die von ihnen beauftragten Planer haben wertschöpfende Listen der Projektbeteiligten mit Verantwortungsmatrizen zu erstellen.

Sind auf wertschöpfenden Abbruch-Baustellen mehrere Mitarbeiter unterschiedlicher Unternehmen beschäftigt, so sind die Maßnahmen durch Bauherren oder den von ihnen beauftragten Koordinatoren (SiGeKo) gemäß Bau-StellV wertschöpfend zu planen und zu koordinieren. Die gegenseitigen wertschöpfenden Koordinationspflichten der Unternehmen gemäß DGUV Regel 100-001 bleiben hiervon unberührt. Kommt es infolge der Koordination zu Behinderungen, Erschwernissen und/oder Einschränkungen für Abbruchtätigkeiten, so sind diese, soweit planungs- oder kalkulations-relevant, im Vorfeld der Angebotsabgaben durch Bauherren oder den von ihnen beauftragten Planer wertschöpfend aufzuzeigen.

Es ist das Ziel wertschöpfender Tätigkeit der SiGeKo, gegenseitige Gefährdungen auszuschließen.

Vorgelagerte Genehmigungsverfahren und Erkundungsmaßnahmen sowie gegebenenfalls erforderliche infrastrukturelle Vorbereitungs- und Beweissicherungsmaßnahmen im Umfeld der wertschöpfenden Abbruchbaustellen bedingen für jedes Abbruchvorhaben Vorlaufzeiten. Um diese zu minimieren, sollen die erforderlichen Vorbereitungen frühzeitig durch Bauherren oder den von ihnen beauftragten Planern getroffen und nach Möglichkeit parallel umgesetzt werden.

Erforderliche wertschöpfende Maßnahmen, beispielsweise hinsichtlich der Sicherheiten, der Schadstoffe, des Arbeitsschutzes, des Denkmalschutzes und des Umweltschutzes, haben Auswirkungen auf die Dauer der Bauzeiten. Es sind insbesondere Standzeiten auf den Abbruchbaustellen und Bearbeitungszeiten für Deklarationsanalysen und Entsorgungsgenehmigungen während der Abbruchmaßnahmen zu berücksichtigen. Ferner sind Zeiten für wertschöpfende Untersuchungen zu Ermittlungen von Restbelastungen oder Schadstofffreiheiten der Böden („Beweissicherungsproben“) mit genauen Angaben der Dauern einzuplanen.

Es sind zudem lokale Unterschiede im Hinblick auf den Umfang und die Dauer von wertschöpfenden Genehmigungsprozessen zu berücksichtigen.

Bild 4.25 Beweissicherungsproben für Untersuchungen beim wertschöpfenden Abbruch

Dokumentationen bei wertschöpfenden Abbrüchen

Planer haben sämtliche ihren Planungen zugrunde liegenden Unterlagen wertschöpfend aufzulisten und die Aushändigungen der Unterlagen an die anderen am Abbruch Beteiligten wertschöpfend zu dokumentieren. Bezüglich wertschöpfender Abschlussdokumentationen wird u. a. auf Regelungen im AHO-Heft 18 verwiesen.

Beteiligte bei wertschöpfenden Abbrüchen in nachhaltigen Bauwerkslebenszyklen

Abbruchunternehmer bei wertschöpfenden Abbrüchen

Zu den wertschöpfenden Aufgaben der Abbruchunternehmer gehören u.a. Plausibilitätsprüfungen, Kalkulationen, Arbeitsvorbereitungen, Durchführungen, gegebenenfalls Nachtragskalkulationen, Dokumentationen, Abrechnung sowie interne Nachkalkulationen. Ausgehändigte Verdingungsunterlagen sind wertschöpfend auf Vollständigkeiten zu prüfen. Abbruchunternehmer sind im Rahmen ihrer Sorgfaltspflichten für Arbeits- und Gesundheitsschutz im Rahmen ihrer gesamten betrieblichen Abläufe wertschöpfend verantwortlich.

Plausibilitätsprüfungen bei wertschöpfenden Abbrüchen

Bei Plausibilitätsprüfungen soll wertschöpfend überschlägig geprüft werden, ob die Angaben in den unterschiedlichen Ausschreibungsunterlagen, einschließlich der Bestandspläne, vollständig und stimmig sind. Zu den werkvertraglichen Nebenpflichten der Abbruchunternehmer gehören nach dem durch Treu und Glauben getragenen Vertrauensverhältnis der Werkvertragspartner auch wertschöpfende Aufklärungs- und Beratungspflichten.

Grundsätzlich entbindet die eigene Sachkunde der Bauherren bzw. Planer die Abbruchunternehmer nicht davon, aufgrund ihres Fachwissens zur Vermeidung von Schäden aufklärend und beratend wertschöpfend tätig zu sein.

Insoweit sollen im Rahmen der wertschöpfenden Kalkulationen auch Plausibilitätsprüfungen der Massen durch die Abbruchunternehmer erfolgen. Auf festgestellte Fehler ist vor Angebotsabgabe wertschöpfend hinzuweisen und gegebenenfalls Bedenken anzumelden.

Die wertschöpfende Verantwortlichkeit der Bauherren bzw. Planer für die zur Verfügung gestellten Unterlagen bleibt unberührt.

Kalkulationen bei wertschöpfenden Abbrüchen

Bei Kalkulationen wird zwischen Angebots-, Auftrags-, Nachtrags- und Nachkalkulationen unterschieden. In Anlehnung an die VOB sollen die Leistungen durch Auftraggeber oder deren Vertreter so erschöpfend beschrieben sein, dass alle Bewerber die Beschreibungen im gleichen Sinne verstehen können und ihre Preise sicher und ohne Vorarbeiten wertschöpfend berechnen können.

Es wird empfohlen, wertschöpfende Kalkulation mindestens aus den folgenden Elementen aufzubauen:

- Bei den Einzelkosten der Teilleistungen wird unterschieden nach den Kostenarten: Lohnkosten, Gerätekosten, Stoffkosten, sonstigen Kosten, Fremdleistungen und gegebenenfalls Entsorgungsleistungen.
- Die nicht den Teilleistungen direkt zuordenbaren:

- Gemeinkosten der Abbruchbaustelle,
- allgemeinen Geschäftskosten sowie
- Wagnis und Gewinn usw.

werden über Zuschläge auf die Kostenarten der Teilleistungen zugerechnet.

Bei der Ermittlung der Lohnkosten wird der in den Teilleistungen geschätzte Aufwand mit dem Mittellohn multipliziert. Ein Kalkulationslohn errechnet sich aus dem Mittellohn zuzüglich des Zuschlags für die Kostenart Lohn.

Angebotskalkulationen bei wertschöpfenden Abbrüchen

Grundlage wertschöpfender Angebotskalkulationen bilden die Ausschreibungsunterlagen, insbesondere die Leistungsverzeichnisse, sowie die Leistungsbeschreibungen.

Die wertschöpfenden Angebote der Abbruchunternehmer haben sich an die Einteilungen der Leistungsverzeichnisse zu halten. Dazu werden beispielsweise die Umfänge und die Dauern der für die vertragsgegenständlichen Leistungen erforderlichen Personal-, Material-, Betriebsstoff- und Geräteeinsätze sowie Fremd- und Entsorgungsleistungen wertschöpfend ermittelt.

In Einzelfällen können gesondert auszuweisende Nebenangebote unterbreitet werden.

Sofern Urkalkulationen in Einzelfällen gefordert sind, werden diese in verschlossenen und versiegelten Umschlägen bei den Bauherren hinterlegt. Sie dürfen nur im Beisein beider Vertragspartner geöffnet werden.

Auftragskalkulationen bei wertschöpfenden Abbrüchen

Aufgrund von wertschöpfenden Vertragsverhandlungen können sich Änderungen der Angebotskalkulation ergeben, die im Rahmen der Auftragskalkulation berücksichtigt werden. Es gelten unter Berücksichtigung der Ergebnisse aus den Vertragsverhandlungen der Werkvertragspartner die Grundsätze nach der VDI 6210 entsprechend.

Auf der Grundlage der wertschöpfenden Angebotskalkulationen überarbeiten die Abbruchunternehmer die in den Leistungsverzeichnissen ausgewiesenen sowie die in den Verhandlungen abgeänderten und ergänzten Positionen.

Nachtragskalkulationen bei wertschöpfenden Abbrüchen

Während der Vorbereitungen oder Ausführungen von wertschöpfenden Abbruchleistungen sind in Bedarfsfällen Nachtragskalkulationen zu erstellen. Diese erfolgen unter Bezugnahmen auf die Regelungen und Kalkulationsgrundlagen der Hauptangebote.

Wertschöpfende Nachträge sind bei den Bauherren anzumelden und sollen vor Ausführungen verhandelt und beauftragt werden.

Nach VOB sind Leistungen und Leistungsänderungen durch Anordnung der Bauherren als Nachträge vor Ausführungen zu vereinbaren. Weiterhin müssen nach VOB bei unvorhergesehenen Leistungen diese vor Ausführungen angekündigt werden.

Die Vergütungen sind möglichst vor Beginn der wertschöpfenden Arbeiten zu vereinbaren.

Nachkalkulationen bei wertschöpfenden Abbrüchen

Es ist zu empfehlen, dass nach Abschlüssen wertschöpfender Abbruchmaßnahmen interne Nachkalkulationen durchgeführt werden. Dazu werden die Kosten der Abbruchbaustellen den verrechneten Leistungen gegenübergestellt.

Arbeitsvorbereitungen bei wertschöpfenden Abbrüchen

Wertschöpfende Arbeitsvorbereitungen durch Abbruchunternehmer beginnen regelmäßig nach den Auftragsvergaben und sollen die sichere und wertschöpfende Durchführung der Abbruchmaßnahmen in nachhaltigen Bauwerkslebenszyklen gewährleisten. Dabei wird zwischen internen und externen Arbeitsvorbereitungen unterschieden.

Interne Arbeitsvorbereitungen zielen darauf ab, die Erkenntnisse der Angebots- und Auftragskalkulationen an die für die Durchführungen wertschöpfender Abbrüche jeweils Verantwortlichen im Abbruchunternehmen weiterzugeben. Hierbei kommen wertschöpfenden Planungen von Kräften, Mitteln und Zeit besondere Bedeutungen zu.

Externe Arbeitsvorbereitungen dienen den Abstimmungen der Abbruchunternehmer mit Dritten. Als Beteiligte von externen Arbeitsvorbereitungen sind beispielsweise zu nennen:

- Bauherren (oder ihre Vertreter/Beauftragte),
- Sicherheits- und Gesundheitsschutzkoordinatoren,
- Gutachter sowie Fachplaner (z. B. für Standsicherheit, Kontaminationen, Baugrund usw.),
- Behörden (z. B. Bauordnungsämter, Abfallbehörden, Wasserbehörden, Umweltbehörden),
- Ver- und Entsorgungsträger (z. B. Gas, Wasser, Strom, Telekommunikation usw.) sowie
- Entsorgungsunternehmen.

Diese Liste ist in Einzelfällen wertschöpfenden Besonderheiten anzupassen.

Durchführungen bei wertschöpfenden Abbrüchen

Die Verfahrenswahl für Durchführungen wertschöpfender Abbrucharbeiten obliegt den Abbruchunternehmern, sollte aber mit den Planern und Bauherren abgestimmt werden. In Einzelfällen können spezielle wertschöpfende Verfahren durch die Bauherren bzw. Auftraggeber vorgegeben werden.

Dokumentationen bei wertschöpfenden Abbrüchen

Im Rahmen von wertschöpfenden Dokumentationen führen die Abbruchunternehmer Nachweise, dass sie ihre Leistungen bei wertschöpfenden Abbrüchen vertragsgemäß erbracht haben.

Abrechnungen bei wertschöpfenden Abbrüchen

Abrechnungen der vertragsgemäßen Leistungen bei wertschöpfenden Abbrüchen sind nachvollziehbar und prüffähig durch die Abbruchunternehmer vorzunehmen.

Behörden und Institutionen bei wertschöpfenden Abbrüchen

Verwaltungsverfahren zur Erteilung der Baugenehmigungen für wertschöpfende Abbrüche werden von den zuständigen Baubehörden durchgeführt. Diese beteiligen in den Verfahren die weiteren Fachbehörden. Auch bei genehmigungsfreien Vorhaben können Fachbehörden beteiligt sein.

Bauaufsichtsbehörden und Fachbehörden bei wertschöpfenden Abbrüchen

Die Bauaufsichtsbehörden, bzw. Baurechts- oder Bauordnungsbehörden genannt, haben u. a. bei Änderungen und den Abbrüchen von baulichen Anlagen darüber zu wachen, dass die öffentlich-rechtlichen Vorschriften eingehalten werden, soweit nicht andere Behörden zuständig sind. Dies betrifft insbesondere die Landesbauordnungen und die aufgrund dieser Vorschriften erlassenen untergesetzlichen Verordnungen sowie erteilten Genehmigungen und Anordnungen.

Bauaufsichtsbehörden lassen die Abbruchmaßnahmen zu, soweit Genehmigungspflichten für die konkreten Maßnahmen in den Landesbauordnungen vorgesehen sind. Sie beteiligen im Genehmigungsverfahren weitere Fachbehörden, falls deren Zuständigkeiten von den Maßnahmen berührt sind. Soweit erforderlich, formulieren die beteiligten Fachbehörden Nebenbestimmungen in den Baugenehmigungen zur Konkretisierung der fachrechtlichen Pflichten.

Für die Fachbehörden besteht eine grundsätzliche Überwachungspflicht für ihren Rechtsbereich, insbesondere für die Einhaltung der von ihnen formulierten Nebenbestimmungen. Dies sind bei Abbruchmaßnahmen regelmäßig die Immissionsschutzbehörden, z. B. wegen Staub- und Lärmemissionen, die Abfallbehörden zum Umgang mit und Entsorgung von Abfällen sowie die Arbeitsschutzbehörden. Darüber hinaus können Zuständigkeiten weiterer Behörden bestehen, z. B. der Wasserbehörden bei Maßnahmen mit Grundwasserabsenkung oder der für Naturschutz und Denkmalschutz zuständigen Behörden.

Bild 4.26 Grundwasserabsenkung auf einer Baustelle

Arbeitsschutzbehörden und Berufsgenossenschaften bei wertschöpfenden Abbrüchen

Staatliche Arbeitsschutzbehörden unterstützen gemeinsam mit den Berufsgenossenschaften als Träger der gesetzlichen Unfallversicherungen Abbruchunternehmer bei der Einhaltung der staatlichen Arbeitsschutzvorschriften und der berufsgenossenschaftlichen Regelwerke. Dazu gehören insbesondere die wertschöpfende Erstellung von Gefährdungsbeurteilungen nach BetrSichV und deren Umsetzungen durch Festlegungen konkreter Maßnahmen durch Abbruchunternehmer. Dabei sind u. a. die GefStoffV und das ArbSchG zu beachten.

Die Arbeitsschutzbehörden und Berufsgenossenschaften haben Durchführungen der Maßnahmen zu wertschöpfenden Verhütungen von Arbeitsunfällen, Berufskrankheiten, arbeitsbedingten Gesundheitsgefahren und wirksame Erste Hilfe, insbesondere auf den Abbruchbaustellen, zu überprüfen sowie Abbruchunternehmer und Versicherte zu beraten.

Beim Umgang mit Schadstoffen sind besondere Arbeitsschutzvorschriften zu beachten. Dabei bestehen besondere Anforderungen an die Ausführungen und die Beaufsichtigungen, z. B. nach der GefahrStoffV, der BioStoffV sowie nach den technischen Regeln für Gefahrstoffe, den technischen Regeln für Biologische Arbeitsstoffe und länderspezifischen Regelungen.

Wegen Anforderungen zu Schadstoffsanierungen wird insbesondere auf die Richtlinie VDI/GVSS 6202 Blatt 1 verwiesen.

Beweissicherungen bei wertschöpfenden Abbrüchen in nachhaltigen Bauwerkslebenszyklen

Grundsätzlich ist zwischen den Vertragsverhältnissen zwischen Bauherren und Abbruchunternehmern einerseits und möglichen Ansprüchen Dritter gegenüber

Abbruchunternehmern andererseits bei Abbrüchen zu unterscheiden. Dort, wo Abbruchunternehmer z.B. durch wertschöpfende Abbruchmaßnahmen bedingt Teile der Bausubstanzen zu erhalten haben, werden sie in Abstimmungen mit Bauherren vor Durchführungen der Abbruchmaßnahmen wertschöpfende Beweissicherungen veranlassen.

Um die Aufwände von gerichtlichen Beweisverfahren zu vermeiden, sollen sich die Parteien auf wertschöpfende außergerichtliche Beweisverfahren verständigen, an deren Ergebnis sich beide Parteien binden. Zur Verständigung zwischen den Parteien sollen auch Kostentragungsregelungen gehören.

Dort, wo sich Abbruchmaßnahmen auf benachbarte bauliche oder technische Anlagen auswirken können, liegt es im eigenen Interesse der Abbruchunternehmer, Vorsorge gegen mögliche unberechtigte Forderungen Dritter zu treffen. Dies ist zu beachten, wenngleich Dritte Schädigungen ihres Eigentums, das Absehen von erforderlichen Sicherungsvorkehrungen durch Abbruchunternehmer, die konkrete Vermögensverschlechterungen und die Ursächlichkeiten der durchgeführten Baumaßnahmen für die eingetretenen Schäden darzulegen und zu beweisen haben würden.

Um in gerichtlichen Verfahren Gegenbeweise führen zu können, dass Schäden Abbruchmaßnahmen nicht zugerechnet werden können, wird in Einzelfällen, sofern die Bauherren keine Beweissicherungen veranlasst haben, den Abbruchunternehmern empfohlen, in eigener Verantwortung wertschöpfende Beweissicherungen durchzuführen. Diese ließen sich allerdings, wenn eine Verständigung mit Dritten nicht möglich ist, nur im gerichtlichen Beweisverfahren durchführen, um Bindungen der Dritten an die Beweisergebnisse zu erreichen.

Abbruchunternehmern wird empfohlen, notwendige Zeitbedarfe und Kostentragungen mit Bauherren wertschöpfend vertraglich zu regeln. Einheitliche Qualitätsstandards für wertschöpfende Beweisverfahren gibt es nicht. Entsprechend unterschiedlich fallen die Aufnahme- und die Dokumentationsqualitäten in den Berichten der Sachverständigen aus. Mindestanforderungen an Inhalt und Umfang der sachverständigen Feststellung ergeben sich aus dem Anhang der VDI 6210.

Über Bestandsaufnahmen hinaus wird in wertschöpfenden Einzelfällen empfohlen, z.B. Setzungsbeobachtungen nach der DIN 4107 und z.B. Erschütterungsmessungen nach DIN 4150 zu Dokumentationen und Beweissicherungen bei Abbrüchen durchzuführen.

Den Abbruchunternehmern wird weiterhin empfohlen, notwendige Zeitbedarfe und Kostentragungen mit den Bauherren wertschöpfend vertraglich zu regeln.

Sicherheitsleistungen bei wertschöpfenden Abbrüchen in nachhaltigen Bauwerkslebenszyklen

Bei Abwicklungen von Werkverträgen kommen für wertschöpfende Sicherheitsleistungen sowohl der Auftraggeber wegen der Vorleistungspflichten der Auftragnehmer als auch der Auftragnehmer wegen der Ansprüche der Auftraggeber auf Erfüllungen und aus den Mängelhaftungen der Auftragnehmer wegen der ordnungsgemäßen Erbringungen der Leistungen in Betracht. Die Höhen der Sicherheitsleistungen unterliegen den Vereinbarungen zwischen den Werkvertragspartnern, die Arten der Sicherheitsleistung sind nach § 232 BGB festzulegen.

Vorbereitungen von Abbruchausführungen bei wertschöpfenden Abbrüchen in nachhaltigen Bauwerkslebenszyklen

Vorbereitungen wertschöpfender Abbruchausführungen obliegen den Abbruchunternehmern. Nachfolgend sind die wesentlichen Schritte wertschöpfender Arbeitsvorbereitungen beschrieben.

Berücksichtigungen von Bestandsplänen der Ver- und Entsorgungsträger bei wertschöpfenden Abbrüchen

Bei Eingriffen in Baugründe oder Bausubstanzen bei Abbrüchen in nachhaltigen Bauwerkslebenszyklen besteht u. a. die Gefahr, Anlagen und Einrichtungen der technischen Infrastruktur anzutreffen. Beispiele sind Ver- und Entsorgungsleitungen.

Bild 4.27 Ver- und Entsorgungsleitungen in einem Bauwerk

Es ist daher wertschöpfend notwendig, dass Abbruchunternehmer vor Arbeitsbeginn entsprechende Auskünfte bei Bauherren und Planern oder bei den zuständigen Ver- und Entsorgungsträgern einholen.

Wertschöpfende Prüfungen von Bestandsplänen obliegen hier den Abbruchunternehmern. Je nach Örtlichkeit kann die Anzahl der Ver- und Entsorgungsträger erheblich sein (z. B. Wasser, Abwasser, Strom, Telekommunikation, Fernwärme, Gas, Datenübertragung usw.).

Spezielle Online-Dienstleistungsunternehmen können beispielsweise bei wertschöpfender Ermittlung der Versorgungsträger hilfreich sein.

In diesem Zusammenhang werden in der Folge beispielhaft Besondere Leistungen genannt. Im Einzelnen:

- Wenn die Lagen vorhandener Einrichtungen und Leitungen vor Ausführung der Arbeiten nicht angegeben werden kann, sind diese zu erkunden. Diese Erkundungen sind grundsätzlich Besondere Leistungen.
- Entsprechend den Anforderungen nach der ATV DIN 18 459 sind gefährdete bauliche Anlagen zu sichern. Die DIN 4123 ist ebenfalls zu beachten. Bei Schutz- und Sicherungsmaßnahmen für Bauwerke, Leitungen, Kabel, Dräne, Vermarkungen, Kanäle usw. sind die Vorschriften der Eigentümer dieser Einrichtungen oder anderer Weisungsberechtigter zu beachten. Die zu treffenden Maßnahmen sind grundsätzlich Besondere Leistungen.

Die durch Bauherren für die Bereiche von privaten Grundstücken einzuholenden Leitungsfreiheitsbescheinigungen sind den Abbruchunternehmern vor Arbeitsbeginn auszuhändigen. Oder es sind die eingeholten Leitungspläne, die die Lage der vorhandenen Leitungen darstellen, zu übergeben.

Auf öffentlichen Grundstücken sind vor Eingriffen in den Baugrund vor Arbeitsbeginn die entsprechenden Genehmigungen bei den zuständigen Behörden einzuholen. Die Verantwortlichkeit für die wertschöpfende Einholung der Genehmigungen richtet sich nach den örtlichen Satzungsbestimmungen.

Zusätzlich sind wertschöpfend Sondervorschriften außerhalb von öffentlichen Flächen zu beachten. Das Sichern, Abtrennen und Verschließen von Leitungen ist von den Auftraggebern in den Leistungsbeschreibungen detailliert anzugeben, auch hinsichtlich Lage und Ausführung.

In den Bundesländern sind fallweise notwendig werdende Genehmigungen, z. B. Grabgenehmigungen, die vor Beginn der Arbeiten wertschöpfend einzuholen sind, unterschiedlich geregelt.

Prüfungen von Schutzausweisungen bei wertschöpfenden Abbrüchen

Wertschöpfende Schutzausweisungen umfassen textliche und zeichnerische Festsetzungen in Fachplänen zu Beschränkungen von Nutzungen oder zu Vorkehrungen von Sicherungsmaßnahmen. Beispiele sind hierzu Wasserschutzzonen, geschützte Landschaftsbestandteile, Baudenkmale, Spartentrassen, Biotopausweisungen und ähnliche Ausweisungen. Die ermittelten Grundlagen und Randbedingungen sind auf die Einhaltungen der danach bestehenden Schutzausweisungen zu überprüfen und in den Arbeitsvorbereitungen wertschöpfend zu berücksichtigen.

Bild 4.28 Baudenkmalbeispiel

Berücksichtigung der Ergebnisse der Kampfmittelerkundungen bei wertschöpfenden Abbrüchen

Abbruchunternehmer haben im Rahmen der Arbeitsvorbereitungen die Ergebnisse der von Bauherren veranlassten Kampfmittelerkundungen zu berücksichtigen und die Abbruchmaßnahmen den sich daraus ergebenden Anforderungen wertschöpfend anzupassen.

Genehmigungen bei wertschöpfenden Abbrüchen in nachhaltigen Bauwerkslebenszyklen

Im Zuge wertschöpfender Arbeitsvorbereitungen sind durch Abbruchunternehmer die für die Durchführungen der Abbruchmaßnahmen erforderlichen Genehmigungen einzuholen oder bei den Bauherren abzufragen. In Einzelfällen sind neben den Nachfolgenden weitere Genehmigungen, Erlaubnisse, Bewilligungen usw. einzuholen. Beispiele sind Eingriffe in oberirdische Fließgewässer, das Grundwasser oder Küstengewässer.

Bild 4.29 Grundwassereingriff – Umgang mit Dränagewasser bei einer Baustelle

Baugenehmigungen bei wertschöpfenden Abbrüchen

Die Abbruchgenehmigungen sind durch Bauherren bzw. Planer bei den zuständigen Behörden zu beantragen und den Abbruchunternehmern zusammen mit den Auftragsunterlagen auszuhändigen. Abbruchunternehmer haben sämtliche ihnen ausgehändigte Genehmigungen, so auch die Abbruchgenehmigungen, in Hinblick auf die sich daraus ergebenden Nebenbestimmungen, insbesondere auf die Anforderungen an die Durchführungen der Maßnahmen, zu überprüfen. Die sich daraus ableitenden Maßnahmen sind im Rahmen wertschöpfender Arbeitsvorbereitungen zu berücksichtigen.

Straßen- und wegerechtliche sowie verkehrsrechtliche Genehmigungen bei wertschöpfenden Abbrüchen

Entsprechend den wertschöpfend gewählten Abbruchverfahren nehmen Abbruchunternehmer öffentliche Straßen- und Wegeflächen für die Durchführungen der Abbruchmaßnahmen in nachhaltigen Bauwerkslebenszyklen in Anspruch. Falls nicht bereits von Bauherren veranlasst, haben Abbruchunternehmer wertschöpfend die dafür erforderlichen straßen- und wegerechtlichen Genehmigungen und/oder verkehrsrechtliche Anordnungen bei den zuständigen Behörden einzuholen. Dabei sind die tatsächlichen örtlichen Verhältnisse, die für die vorgesehenen Abbruchverfahren benötigten Platzverhältnisse sowie die erforderlichen Sicherheitsabstände zwischen Verkehrs- und Arbeitsbereich zu berücksichtigen. Die Genehmigungen oder Anordnungen beinhalten alle Festlegungen, wie Abbruchbaustellen abzusperren und zu kennzeichnen ist, damit Gefährdungen Unbeteiligter ausgeschlossen sind.

Ordnungsgemäße Absperrungen der Abbruchbaustellen sind in regelmäßigen Abständen durch die Adressaten der Anordnungen zu kontrollieren. Diese haben zudem Verantwortliche für die Verkehrssicherungen zu benennen, die mit den dazu notwendigen Befugnissen ausgestattet sind.

Bild 4.30 Absperrung einer Abbruchbaustelle

Für Transporte über 40 t Gesamtgewicht und einer Gesamtbreite von über 2,50 m haben Abbruchunternehmer oder ihre Beauftragten bei den zuständigen Behörden Transportgenehmigungen einzuholen.

Anzeigen bei wertschöpfenden Abbrüchen in nachhaltigen Bauwerkslebenszyklen

Abfallrechtliche Anzeigen zum Sammeln und Befördern von Abfällen bei wertschöpfenden Abbrüchen

Sammeln und Befördern von Abfällen unterliegt grundsätzlich der abfallrechtlichen Anzeigepflicht zur Aufnahme der Tätigkeit (§ 53 Absatz 1 Satz 1 KrWG), es sei denn, Beförderer verfügen über eine Erlaubnis zur Beförderung gefährlicher Abfälle (§ 54 Absatz 1 KrWG). Bei gefährlichen Abfällen unterliegt das Sammeln und Befördern der Erlaubnispflicht (§ 54 Absatz 1 KrWG). Auf eine gewerbsmäßige Beförderung kommt es im Gegensatz zur bis Mai 2012 geltenden Rechtslage (§ 49 Absatz 1 Satz 1 KrW/AbfG) nicht an. Dies setzt voraus, dass die zu befördernden Abfälle entweder als gefährliche Abfälle im Abfallverzeichnis (Anlage zur AVV) eingestuft sind oder die Abfallart als Spiegeleintrag nach gesonderten Vorschriften in Abhängigkeit von der Konzentration der Inhaltsstoffe als gefährlich einzustufen sind. Entsorgungsfachbetriebe, die für die abfallwirtschaftlichen Tätigkeiten Einsammeln und Befördern der infrage kommenden Abfälle zertifiziert sind, sind insoweit privilegiert und benötigen für den Transport dieser Abfälle keine Beförderungserlaubnis (§ 54 Absatz 3 Nr. 2 KrWG).

Weitere wertschöpfende Aspekte bei wertschöpfenden Abbrüchen in nachhaltigen Bauwerkslebenszyklen

Feuererlaubnisscheine bei wertschöpfenden Abbrüchen

Bei Ausführungen von feuergefährlichen oder funkenreißenden Arbeiten (z.B. Schneidbrenn-, Schweiß- oder Sägearbeiten usw.) oder Arbeiten mit großen Wärmeentwicklungen im Rahmen von Abbrucharbeiten sind im Einzelfall wertschöpfende Feuererlaubnisscheine erforderlich. Verantwortliche der ausführenden Unternehmen haben Feuererlaubnisscheine bei Bauherren rechtzeitig vor Arbeitsbeginn zu beantragen und einzuholen. Bei vorgenannten Arbeiten sind geeignete wertschöpfende Mittel zum vorbeugenden und abwehrenden Brandschutz bereitzustellen und gegebenenfalls durch Brandwachen zu ergänzen. Die individuellen Vorschriften zur Brandverhütung sind im Rahmen wertschöpfender Arbeitsvorbereitungen zu berücksichtigen und bei Ausführungen einzuhalten.

Berücksichtigung von gutachterlichen Feststellungen bei wertschöpfenden Abbrüchen

In wertschöpfenden Arbeitsvorbereitungen werden die Maßnahmen geplant, die sich aus den gutachterlichen Feststellungen der bereits durchgeführten Fachgutachten ergeben.

Standsicherheiten bei wertschöpfenden Abbrüchen

Standsicherheiten der baulichen und technischen Anlagen sind zu jeder Zeit ohne Gefährdungen des Personals und der angrenzenden Peripherien zu gewährleisten.

Dabei ist zwischen „verbleibenden Bauwerken bzw. Bauwerksteilen“ und „abzubrechenden Bauwerken bzw. Bauwerksteilen“ zu unterscheiden. Für die Standsicherheiten der verbleibenden Bauwerke oder Bauwerksteile sind die Bauherren verantwortlich. Im Rahmen wertschöpfender Arbeitsvorbereitungen sind die Vorgaben der Bauherren umzusetzen. Beispiele hierfür sind Gerüste, Abstützungen, Aussteifungen oder Abspannungen usw.

Bild 4.31 Gerüste auf einer Abbruchbaustelle

Im Rahmen der wertschöpfenden Verfahrenswahl sind Abbruchunternehmer für die Standsicherheiten der abzubrechenden Bauwerke und Bauwerksteile verantwortlich. Die Standsicherheiten sind zu jedem Zeitpunkt der Durchführungen zu gewährleisten.

Überprüfungen und Anpassungen wertschöpfender Abbruchverfahren

Für wertschöpfende Abbruchverfahren in nachhaltigen Bauwerkslebenszyklen sind Geräte und Hilfstechnik vorzubereiten. Das auf Basis der Leistungsbeschreibungen gewählte Abbruchverfahren ist bei Bedarf unter Berücksichtigung neuer Erkenntnisse, beispielsweise aufgrund der Umgebungsbedingungen, gebäudetechnischer und/oder statischer Vorgaben, wertschöpfend anzupassen. Gleiches gilt für die Auswahl der Geräte. Die Leistungsbeschreibungen sind im Regelfall verfahrensneutral, wertschöpfend können aber insbesondere vorgeschriebene Verfahren sein. Sofern Bauherren Verfahren vorgeben, gilt die Prüfpflicht auf Plausibilität durch die Abbruchunternehmer. Abweichende Vorschläge der Abbruchunternehmer gehen regelmäßig in Nebenangebote ein. Die technischen Durchführbarkeiten sind auf Nachfrage nachzuweisen.

Bei Planungen wertschöpfender Ausführungen, insbesondere bei der Festlegung der Abläufe und der einzusetzenden Geräte, sind die Umgebungsbedingungen zu berücksichtigen, insbesondere Einschränkungen hinsichtlich Lärmemissionen.

Die Verantwortung für abweichende Vorschläge der Abbruchunternehmer tragen diese selbst.

Erstellen von Bauablaufplänen bei wertschöpfenden Abbrüchen

Aufgrund der freien Verfahrenswahl sind die Arbeitsabschnitte und Abläufe von Abbruchmaßnahmen von den Abbruchunternehmern in Bauablaufplänen für von Bauherren vorgegebene, ausreichend bemessene Zeiträume wertschöpfend darzustellen. Wertschöpfende Bauablaufpläne sind den Bauherren auf Verlangen vor Abbruchbeginn bekannt zu geben.

Konkretisieren und Fortschreiben von Entsorgungskonzepten bei wertschöpfenden Abbrüchen

Im Rahmen wertschöpfender Arbeitsvorbereitungen sind die von Bauherren erstellten Entsorgungskonzepte durch Abbruchunternehmer zu konkretisieren und fortzuschreiben.

Sollten im Ausnahmefall Abbruchunternehmer vom Leistungsverzeichnis abweichende Entsorgungsleistungen (z. B. in einem Nebenangebot) anbieten, so sind von den Abbruchunternehmern zugelassene und geeignete Entsorgungswege durch entsprechende Unterlagen (z. B. Annahmeerklärungen usw.) nachzuweisen. Bauherren bleiben auch in diesem Fall Abfallerzeuger.

Erstellen von Gefährdungsbeurteilungen und Festlegungen der Maßnahmen bei wertschöpfenden Abbrüchen

Abbruchunternehmer sind im Rahmen ihrer Sorgfaltspflichten für den Arbeits- und Gesundheitsschutz im Rahmen ihrer gesamten betrieblichen Abläufe wertschöpfend verantwortlich. Sie haben insoweit eine wertschöpfende Koordinierungspflicht mit anderen auf der Abbruchbaustelle tätigen Unternehmen.

Ein Bestandteil zur Umsetzung und Gewährleistung des Arbeits- und Gesundheitsschutzes ist die Erstellung einer baustellenbezogenen Gefährdungsbeurteilung vor Beginn der Arbeiten.

Im Einzelnen sind, in Abhängigkeit von der Abbruchaufgabe und dem gewählten Verfahren, folgende wertschöpfende Schritte erforderlich:

- Ermittlungen und Beurteilungen von Gefährdungen,
- Bewertungen von Risiken,
- Festlegungen und Abgrenzungen von Arbeitsbereichen und Tätigkeiten,
- Auswahl und Umsetzungen geeigneter Schutzmaßnahmen, Technische Schutzmaßnahmen haben Vorrang vor organisatorischen und persönlichen Schutzmaßnahmen,
- Kontrollen und u.U. Anpassungen der Wirksamkeit von Schutzmaßnahmen sowie
- Unterweisungen des Personals mit zugehöriger Dokumentation.

Die Ergebnisse wertschöpfender Gefährdungsbeurteilungen, einschließlich der festgelegten Schutzmaßnahmen und deren Überprüfungen, sind zu dokumentieren und fließen in die Abbruchanweisungen ein. Die Gefährdungsbeurteilungen sind bei wesentlichen Änderungen der Arbeitsabläufe, bei neuen Arbeitsverfahren oder bei nachträglich festgestellten Gefährdungen der Beschäftigten fortzuschreiben.

Bei wertschöpfenden Abbrucharbeiten haben Abbruchunternehmer bei Bedarf ihre Arbeitsschutzmaßnahmen mit weiteren Koordinatoren abzustimmen. Die fachlich geeigneten Vorgesetzten für die Abbrucharbeiten sind schriftlich zu benennen. Diese müssen die vorschriftsmäßigen Durchführungen wertschöpfender Abbrucharbeiten gewährleisten.

Auf den Abbruchbaustellen müssen weisungsbefugte, schriftlich benannte Aufsichtsführende die Durchführungen wertschöpfender Abbrucharbeiten beaufsichtigen. Diese müssen hierfür ausreichende Kenntnisse haben.

Erstellung von Abbruchanweisungen für wertschöpfende Abbrüche

Abbruchunternehmer erstellen wertschöpfende Abbruchanweisungen unter Berücksichtigung der baustellenbezogenen Gefährdungsbeurteilungen. Anhand der Abbruchanweisungen und der Gefährdungsbeurteilungen sind die Beschäftigten einzuweisen und zu unterweisen. Dies ist schriftlich zu dokumentieren.

Arbeitsanweisung für Rückbau- und Abbrucharbeiten
Bauvorhaben:
Ort und Straße der Rück- bzw. Abbruchbaustelle:
Anfang und Ende der Maßnahme:
Bauherr:
Auftraggeber:
Auftragnehmer:
Aufsichtführender:
Bauleiter, LBO:
Koordinator des Auftraggebers:
Kurzbeschreibung der baulichen Anlage:
Kurzbeschreibung der technischen Anlagen:
Einzusetzende Maschinen und Geräte:
Materialbedarf:
Zeichnungen/Pläne/Statik:
Bauzeitenplan, Anfang und Ende der Maßnahme:
Besonderheiten:

Datum/Unterschrift des Abbruchunternehmers

Bild 4.32 Abbruchanweisungsmuster

Auswahl und Ausstattungen des Personals bei wertschöpfenden Abbrüchen

In Abhängigkeit von den wertschöpfenden Abbruchaufgaben erfolgt die Auswahl des geeigneten Personals. Die Auswahl des leitenden Personals erfolgt nach Sach- und Fachkunde. In Abhängigkeit von den zu erbringenden wertschöpfenden Abbruchleistungen ist das Personal mit geeigneten Arbeitsmitteln und Arbeitsgeräten auszustatten.

Ausstattungen der Abbruchbaustellen bei wertschöpfenden Abbrüchen

Wertschöpfende Abbruchbaustellen sind mit einer ausreichenden Menge geeigneter Arbeitsmittel und Geräte auszustatten. Bei den Baustelleneinrichtungen sind insbesondere die technischen Regeln für Arbeitsstätten (ASR), die Vorgaben des SiGeKo sowie die Ergebnisse der Gefährdungsbeurteilung umzusetzen. Wertschöpfende Abbruchbaustelleneinrichtungen sollen einen sicheren und stetigen Bauablauf gewährleisten.

Bild 4.33 Abbruchbaustelleneinrichtung der Hochschule Hannover

Bei größeren Abbruchbaustellen sind in der Regel wertschöpfende Baustelleneinrichtungsplanungen unter Berücksichtigung mindestens der folgenden Grundsätze zu erstellen:

- Tagesunterkünfte und Sanitäreinrichtungen,
- Flucht- und Rettungswege,
- Bereitstellungsflächen für Abfälle,
- Arbeitsbereiche der Großgeräte,
- Verkehrs- und Förderwege einschließlich Zu- und Abfahrten sowie
- besondere Baustelleneinrichtung, soweit im Einzelfall gefordert.

Die Erstellung von wertschöpfenden Baustelleneinrichtungsplänen sollte in enger Abstimmung mit dem SiGeKo und weiteren am Bau Beteiligten erfolgen.

Anzeigen des Beginns von Abbruchmaßnahmen bei wertschöpfenden Abbrüchen

Vor Arbeitsbeginn sind wertschöpfende Abbruchmaßnahmen bei den zuständigen Stellen anzuzeigen. Die jeweiligen Länderregelungen sind zu beachten. Beispiele sind hierzu die Baubehörden, Arbeitsschutzbehörden, Leitungsträger, Berufsgenossenschaften usw.

Bei Sprengarbeiten ist zusätzlich auf Grundlage des Sprengstoffgesetzes (SprengG) und dessen untergesetzlichem Regelwerk die im Sinne des SprengG verantwortliche Person bei den zuständigen Behörden anzuzeigen.

Die zuständigen Behörden leiten die Sprenganzeigen gegebenenfalls an weitere (Fach-) Behörden und Institutionen zur Prüfung weiter. Nach Prüfungen der eingereichten Unterlagen können zusätzliche Anordnungen erteilt werden. Auf die Anzeigen erfolgen weder Freigaben noch Genehmigungen durch die Behörden. Allenfalls können die Behörden den Anzeigen widersprechen oder zusätzliche Unterlagen fordern.

Ausführungen von Abbruchleistungen bei wertschöpfenden Abbrüchen

Im Rahmen der Durchführungen von wertschöpfenden Abbrüchen in nachhaltigen Bauwerkslebenszyklen sind u.a. die in der VDI 6210 genannten Aufgaben umzusetzen.

Werden bei wertschöpfenden Abbrucharbeiten Abweichungen des Bestandes gegenüber den Angaben in den Leistungsbeschreibungen festgestellt, sind die Auftraggeber unverzüglich zu unterrichten. Solche Abweichungen können z.B. hinsichtlich der Stoffe, Schadstoffe, Schadstoffkontaminationen und gefährlicher Abfälle, Konstruktionen, insbesondere nicht einsehbare Bauteile, Fundamente, erdberührende Wände oder unterirdische bauliche Anlagen, Bauzustände, statischen Systeme bestehen.

Bild 4.34 Fundamente von Bauwerken der Hochschule Hannover

Bei Gefahr in Verzug haben Auftragnehmer unverzüglich die notwendigen Sicherungsmaßnahmen zu treffen.

Die weiteren Maßnahmen sind zwischen Auftraggebern und Auftragnehmern gemeinsam wertschöpfend festzulegen. Die getroffenen und die weiteren Maßnahmen sind Besondere Leistungen.

Einrichtungen von Baustellen bei wertschöpfenden Abbrüchen

Zu Baustelleneinrichtungen bei wertschöpfenden Abbrüchen in nachhaltigen Bauwerkslebenszyklen gehören alle Anlagen und Einrichtungen, die Abbruchunternehmer zu Leistungserbringungen benötigen.

Wertschöpfend zählen dazu insbesondere:

- Sicherungen der Abbruchbaustellen, z. B. Bauzäune und Beschilderungen,
- Einrichtungen für Wasser sowie Abwasser, z. B. Anschlüsse an vorhandene Netze oder Vorhalten und Betreiben von Frischwasser- und Schmutzwassertanks,
- Stromversorgungen, z. B. Anschlüsse an vorhandene Netze oder Aufstellen und Betreiben von Stromerzeugern,
- Büro-, Aufenthalts- und Sanitärräume, einschließlich notwendiger Feuerlöscher insbesondere gemäß den technischen Regeln für Arbeitsstätten (ASR),
- Erste-Hilfe-Einrichtungen, z. B. Verbandskasten, Verbandsbücher, gegebenenfalls Tragen und Sanitätsräume,
- Arbeitsschutzeinrichtungen, z. B. Schwarz-Weiß-Anlagen usw.,
- Lagerräume, z. B. für Gefahrstoffe oder Kleingeräte usw.,
- Vorhaltungen von Feuerlöscheinrichtungen, z. B. beim Brennschneiden von Anlagen- und Konstruktionsteilen usw.,
- Verkehrsflächen, insbesondere auch Flucht- und Rettungswege,
- Bewegungsflächen, z. B. für Großgeräte usw.,
- Betriebsflächen für das Bereitstellen, Umschlagen, Behandeln, Zwischenlagern und Fördern von Materialien in Baustellenbereichen sowie
- Bereitstellungsflächen für Abfälle.

Sichern und Stilllegen sowie Ausbauen von Infrastruktureinrichtungen und technischen Anlagen bei wertschöpfenden Abbrüchen

Vor Beginn der wertschöpfenden Abbrucharbeiten in nachhaltigen Bauwerkslebenszyklen sind Ver- und Entsorgungsleitungen (z. B. Wasser-, Abwasser-, Strom-, Gas-, Datenleitungen usw.), Behälter, Tanks, Einbauten sowie Prozessleitungen ordnungsgemäß stillzulegen. Stilllegen beinhaltet insbesondere Reinigen, Trennen und gegebenenfalls Verschließen. Nachweise der ordnungsgemäßen Stilllegungen oder Sicherungen sind den Abbruchunternehmern von Bauherren vorzulegen. Leitungen, die in Betrieb bleiben, sind durch die Bauherren eindeutig zu kennzeichnen und nach

Vorgaben der Netz- oder Anlagenbetreiber zu sichern. Werden während der Ausführungen Anlagen angetroffen, die nicht ordnungsgemäß stillgelegt wurden, haben die Abbruchunternehmer diese zu sichern. Andernfalls sind Sicherungen sowie gegebenenfalls Stilllegungen und Kennzeichnungen Besondere Leistungen.

Bild 4.35 Einbauten der Hochschule Hannover

Beräumen und Entrümpeln bei wertschöpfenden Abbrüchen

Die anfallenden Materialien und Gegenstände bei Beräumungen und Entrümpelungen bei Abbrüchen sind gemäß ihren Verwendungszwecken (z. B. Wiederverwendungen, Verwertungen, Beseitigungen usw.) wertschöpfend zu sortieren, getrennt zu halten und bereitzustellen. Bei diesen Arbeiten können Arbeitsschutzmaßnahmen erforderlich sein, um die Mitarbeiter vor Schadstoffen, u. a. vor Sporen und Keimen oder Ähnlichem, zu schützen. Diese wertschöpfenden Leistungen, einschließlich notwendiger Arbeitsschutzmaßnahmen, sind Besondere Leistungen, sofern sie nicht in den Leistungsverzeichnissen beschrieben sind.

Bild 4.36 Arbeitsschutzmaßnahmen der Hochschule Hannover

Entfernen von Schadstoffen und schadstoffhaltigen Bauteilen bei wertschöpfenden Abbrüchen

Schadstoffsanierungen können einzeln oder zusammen mit den wertschöpfenden Abbrucharbeiten mit ausgeschrieben werden. Wegen der Anforderungen hinsichtlich der Schadstoffsanierungen wird u. a. auf die Richtlinie VDI/GVSS 6202 Blatt 1 verwiesen. Die Mindestanforderungen an die Qualifikationen der Beteiligten entsprechend VDI/GVSS 6202 Blatt 1 sind hierbei zu beachten. Arbeiten zu Schadstoffsanierungen im Zusammenhang mit wertschöpfenden Abbrucharbeiten sind Abbruchleistungen.

Sofern sie nicht im Leistungsverzeichnis beschrieben sind, handelt es sich um Besondere Leistungen mit gesonderten Vergütungsansprüchen.

Entkernungen von Gebäuden bei wertschöpfenden Abbrüchen

Bei der Entkernung von Bauwerken können beispielsweise. folgende Bauteile wertschöpfend abgebrochen werden:

- Fenster,
- Türen,
- abgehängte Decken (keine konstruktiven Decken),
- leichte Trennwände,
- Hohlraum- und Doppelböden (keine konstruktiven Böden),
- Unterböden (z. B. Estrich usw.),
- nicht mineralische Beläge sowie Be- und Verkleidungen (z. B. Teppichböden, Wandvertäfelungen usw.) sowie
- Bauteile der technischen Gebäudeausrüstungen.

Art und Umfang des Entkernens richten sich nach den jeweiligen Zielen der Maßnahmen. Dabei wird zwischen Entkernen bei Komplettabbrüchen und dem Entkernen im Rahmen von Modernisierungsmaßnahmen unterschieden.

Bild 4.37 Entkernung der Mensa der Hochschule Hannover

Ausbauteile können teilweise schadstoffbelastet sein und müssen insbesondere unter Beachtung der Vorgaben der Richtlinie VDI/GVSS 6202 Blatt 1 gesondert ausgebaut werden.

Arbeiten in brandgefährdeten Bereichen bei wertschöpfenden Abbrüchen

Damit es bei wertschöpfenden Abbrucharbeiten in nachhaltigen Bauwerkslebenszyklen nicht zu Bränden kommen kann, sind in brandgefährdeten Bereichen Arbeiten mit offener Flamme, Funkenflug und großer Hitze verboten. In Einzelfällen kann hiervon abgewichen werden. Dabei sind geeignete Maßnahmen auf Basis einer erweiterten Gefährdungsbeurteilung (u. a. Brandlastermittlung usw.) festzulegen. Die wertschöpfenden Festlegungen sind zwischen Abbruchunternehmern und Bauherren bzw. Planern abzustimmen. Abbruchunternehmern ist in diesen Fällen ein Schweiß- oder Feuererlaubnisschein von den Bauherren bzw. Planern auszustellen, in der ergänzende Sicherheitsmaßnahmen festgelegt sind.

Bild 4.38 Arbeiten in brandgefährdeten Bereichen der Hochschule Hannover

Arbeiten in explosionsgefährdeten Bereichen bei wertschöpfenden Abbrüchen

In explosionsfähigen Atmosphären in Bauwerken sind Zündquellen sicher auszuschließen. Eine explosionsfähige Atmosphäre kann durch brennbare Gase oder feinkörnige Stäube erzeugt werden (s. a. TRBS 2152, TRGS 720, TRGS 721, VDI 2263).

Explosionsgefährdete Bereiche werden z. B. nach der BetrSichV nach Häufigkeit und Dauer des Auftretens von gefährlicher explosionsfähiger Atmosphäre in unterschiedliche Zonen eingeteilt (Zone 0, 1, 2, 20, 21, 22).

Grundsätzlich sind die zu ergreifenden Schutzmaßnahmen insbesondere gemäß DGUV Regel 113-001 (Explosionsschutz-Regeln) in nachfolgender Reihenfolge einzuhalten:

1. Vermeiden von gefährlicher explosionsfähiger Atmosphäre und
2. Vermeiden von wirksamen Zündquellen.

Bei Übergaben der Abbruchobjekte von Bauherren an die Abbruchunternehmer sind die explosionsgefährdeten Bereiche von Bauherren bzw. Planern zu benennen. In explosionsgefährdeten Bereichen der Bauwerke sind thermische Abbruchverfahren, z. B. Brennschneidearbeiten, sowie Arbeiten mit Trennschleifern oder der Einsatz von Abbruchhämmern usw. verboten, es sei denn, im Einzelfall werden unter Einhaltung bestimmter Auflagen diese Verfahren ausnahmsweise genehmigt.

Händische Bauteildemontagen durch zerstörungsfreies Lösen der Verbindungen sind nur unter Verwendung nicht funkenreißender Werkzeuge und Geräte zulässig. Es ist außerdem darauf zu achten, dass in Explosionsbereichen neben den Werkzeugen auch sämtliche andere Gegenstände keine Zündquelle darstellen dürfen (z. B. Verwendung explosionsgeschützter Mobiltelefone oder Kleingeräte sowie Vermeidung statischer Aufladungen usw.).

Demontagen und Abbrüche von technischen Anlagen bei wertschöpfenden Abbrüchen

Demontagen und Abbrüche von Produktions- und Anlagentechnik in Bauwerken erfordern prozess- und anlagenspezifische Kenntnisse. Dazu gehören wertschöpfende Kenntnisse z. B. der Baustoffe, des Aufbaus der technischen Anlage, der Verbindungstechnik, der Statik, der technischen Komponenten, der Einrichtungen und der möglicherweise vorhandenen Produktionsrückstände oder -hilfsstoffe sowie der davon ausgehenden Gefahren usw. Hieraus ergeben sich zusätzliche Anforderungen hinsichtlich der Auswahl von Fachpersonal.

Bild 4.39 Demontage von technischen Anlagen im Bereich der Hochschule Hannover

Total- oder Teilabbrüche von baulichen Anlagen bei wertschöpfenden Abbrüchen

Die Wahl der wertschöpfenden Abbruchverfahren und Dimensionierungen der Abbruchgeräte in nachhaltigen Bauwerkslebenszyklen richten sich nach der Größe der abzubrechenden Anlagen unter Berücksichtigung der zur Verfügung stehenden Arbeitsflächen und der örtlichen Randbedingungen (z. B. Arbeiten unter laufendem Betrieb, Nachbar- und Umgebungsbebauung, Gebietscharakteristik usw.). Beim Einsatz von Großgeräten oder beim Umlegen von baulichen und technischen Anlagen durch Sprengen müssen die Bauwerke beräumt, entkernt und frei von Schadstoffen sein. In Einzelfällen kann hiervon auf Basis der Beurteilungen von Umweltgefährdungen abgewichen werden. Entscheidungshilfen für die Wahl einzelner Abbruchverfahren enthält z. B. die VDI 6210.

Arbeiten bei unvorhersehbaren extremen Witterungsbedingungen bei wertschöpfenden Abbrüchen

Wertschöpfende Abbrucharbeiten in nachhaltigen Bauwerkslebenszyklen können ganzjährig durchgeführt werden. Die Ausführungszeiten verlängern sich bei unvorhersehbaren extremen Witterungsbedingungen, wie großer Kälte, starken Winden oder großer Hitze um die festgestellten Behinderungen.

Sind die wertschöpfenden Abbruchverfahren und Abbruchabläufe infolge der Behinderungen zum Festhalten an den vertraglichen Fertigstellungsterminen auf Anweisungen der Bauherren anzupassen, sind die Änderungen Besondere Leistungen.

Bild 4.40 Winterrückbau der Hochschule Hannover

Kampfmittel bei wertschöpfenden Abbrüchen

Werden bei wertschöpfenden Abbrucharbeiten in nachhaltigen Bauwerkslebenszyklen unerwartet Kampfmittel angetroffen, sind normativ die zuständigen Stellen durch die Bauherren unverzüglich zu unterrichten. Sofortmaßnahmen zu Sicherungen sind durch die Abbruchunternehmer unverzüglich zu ergreifen, insbesondere auch zusätzliche Maßnahmen auf behördliche Anordnungen (siehe auch Abschnitt 4.3.5).

Sämtliche zu ergreifende Maßnahmen sind Besondere Leistungen. Dadurch bedingte Ausfall- und Stillstandzeiten verlängern die Bauzeit. Für die Planungen und Durchführungen der Kampfmittelräumungen gelten u. a. die Regelungen der ATV DIN 18 323.

Historische Bauteile und archäologische Funde bei wertschöpfenden Abbrüchen

Werden bei wertschöpfenden Abbruchmaßnahmen in nachhaltigen Bauwerkslebenszyklen historische Bauteile oder archäologische Funde entdeckt, sind Funde und Fundstellen über die Bauherren den für den Denkmalschutz zuständigen Behörden zu melden, durch die Abbruchunternehmer bis zur Entscheidung in unverändertem Zustand zu erhalten und vor Beschädigungen während der Abbrucharbeiten zu schützen.

Die Fundstellen sind geeignet abzusperren und von weiteren Maßnahmen freizuhalten. Dadurch bedingte Ausfall- und Stillstandzeiten können Bauzeiten verlängern und Vergütungsansprüche auslösen.

4.3.7 Aufbereitungstechnik bei Abbrüchen

In diesem Abschnitt wird Aufbereitungstechnik für Abbruchabfälle bei Abbrüchen in nachhaltigen Bauwerkslebenszyklen dargestellt.

Bau- und Abbruchabfälle umfassten bereits vor 10 Jahren ca. 52 % (ca. 200 Mio. t) des gesamten Abfallaufkommens in der Bundesrepublik Deutschland und stellen somit auch heute noch ein großes Potenzial zur Verwertung aus Bauwerken dar. Abbruchabfälle von Bauwerken werden in der Abfallverzeichnis-Verordnung (AVV) klassifiziert.

Um eine möglichst hochwertige Verwertung der Abbruchabfälle und der gemischten Abbruchabfälle von Bauwerken zu ermöglichen, sind die Regelungen der Gewerbeabfallverordnung zu beachten. Darin heißt es (§ 8 Abs. 1 GewAbfV):

„Zur Gewährleistung einer ordnungsgemäßen und schadlosen sowie möglichst hochwertigen Verwertung haben Erzeuger und Besitzer von Bau- und Abbruchabfällen folgende Abfallfraktionen, soweit diese getrennt anfallen, jeweils getrennt zu halten, zu lagern, einzusammeln, zu befördern und einer Verwertung zuzuführen."

Aufbereitung von Abbruchabfällen in nachhaltigen Bauwerkslebenszyklen

Die meisten Abbruchabfälle von Bauwerken sind vor ihrer Verwertung Aufbereitungsanlagen zuzuführen, die überwiegend von der privaten Wirtschaft betrieben werden und prinzipiell flächendeckend in Deutschland zur Verfügung stehen.

Abbruchabfälle von Bauwerken, die gefährliche Stoffe enthalten, sind als gefährliche Abbruchabfälle in jedem Fall von anderen Abfällen getrennt zu erfassen und zu entsorgen. Bei der Entscheidung, ob belastete Bausubstanz zu trennen und getrennt zu entsorgen ist, sind insbesondere die Aspekte der wirtschaftlichen, und umweltverträglichen Zumutbarkeit (§ 7 Abs. 4 KrWG) sowie der technischen

Durchführbarkeit zu prüfen. Eine Schadstoffverdünnung durch das Vermischen von belasteten und unbelasteten Abbruchabfällen von Bauwerken (Baustoffen oder Baustoffteilen) ist verboten.

Gemischte Abbruchabfälle von Bauwerken, die keine gefährlichen Bestandteile enthalten, bestehen aus Gemischen von verwertbaren und nicht verwertbaren Abfällen aus Abbruchtätigkeiten. Hierzu gehören auch die bisher als „Baustellenabfälle“ bezeichneten überwiegend nicht-mineralischen Gemische.

Die Ablagerung dieser Abbruchabfälle von Bauwerken auf Deponien ist grundsätzlich nicht zulässig. Abfallwirtschaftliches Ziel ist es, das Verwertungspotenzial dieser Abbruchabfälle auszuschöpfen. Dies wird vorrangig durch eine getrennte Erfassung der verschiedenen Teilfraktionen auf den Abbruch-Baustellen erreicht.

Die gemeinsame Erfassung von Abbruchabfällen von Bauwerken (gemischte Fraktionen gemäß der GewAbfV) ist möglich, wenn sie möglichst ortsnahen, zugelassenen Sortieranlagen zugeführt werden.

Selektiver Abbruch von Bauwerken als Rückbau in nachhaltigen Bauwerkslebenszyklen

Neben einer konventionellen Vorgehensweise, bei der meistens als Durchführungskriterium die Dauer der Abbruchmaßnahme primär betrachtet wird, hat sich die Vorgehensweise des sogenannten „selektiven Rückbaus“, auch als kontrollierter Rückbau bezeichnet, etabliert.

Durch Separierung und den getrennten Rückbau von Bereichen, die Störstoffe enthalten oder kontaminiert bzw. z. B. AKR-verdächtig sind (AKR: Alkali-Kieselsäure-Reaktion), können insbesondere Verschleppungen von unerwünschten Stoffen verhindert oder minimiert werden.

Zudem können durch Anwendungen von selektivem Rückbau von Bauwerken unterschiedliche Materialien sortenrein erfasst werden. In der Regel ist die Vorgehensweise beim selektiven Rückbau von Bauwerken allerdings zeitaufwendiger. Ziele des selektiven Rückbaus sind neben Minimierung der beim Abbruch von Bauwerken anfallenden Abfallströme auch Erhöhung der Qualität der gewonnenen Stoffströme und damit Verbesserung ihres Recyclingpotenzials.

Die selektive Gewinnung von Abbruchmaterial aus Bauwerken reduziert dabei entsprechend auch den Aufwand der für ein Recycling des Bauschutts erforderlichen Aufbereitung. Dadurch können insbesondere auch die Entsorgungskosten gesenkt werden, da nur schadstoffbelastete/-verunreinigte Anteile zu entsorgen sind.

Für Umsetzungen von selektiven Rückbaumaßnahmen bei Bauwerken sind umfassende Bestandsaufnahmen und darauf aufbauend sorgfältige Vorplanungen der

Abläufe Voraussetzung. Optimierte Vorplanungen berücksichtigen die Ergebnisse der Erfassungen der getrennt rückzubauenden unterschiedlichen Materialien der Bauwerke.

Beim eigentlichen Rückbau von Bauwerken erfolgt mit unterschiedlichen Abbruchtechniken die Demontage von einzelnen Bauteilen, Bauelementen und gegebenenfalls Bereichen in maßgeschneidert auf den gesamten Bauablauf abgestimmten Demontagestufen verbunden mit der Separierung der anfallenden Reststoffe.

Als typisches Beispiel für die Vorgehensweise zu einem selektiven Rückbau eines Bauwerks können beispielhaft folgende Schritte genannt werden:

- Entrümpelung,
- ggf. Entleerung und Reinigung von Anlagen,
- Demontage von Anlagenteilen,
- Entkernung des Bauwerks,
- Schad- sowie Störstoffentfernung und schließlich
- Abbruch der mineralischen Reststoffe.

Beispielsweise nach einer Entrümpelung und gegebenenfalls der Demontage von noch vorhandenen Anlagen oder Anlagenteilen erfolgen Schritte, die für die Trennung der Stoffströme im Rahmen der selektiven Maßnahmen wesentlich sind. Diese werden im Zuge der Entkernung bzw. der Schad- und Störstoffentfernung der selektiven Maßnahme durchgeführt.

Dabei sollten in Bezug auf erfolgreiche Baufortschritte die Schritte Entkernung und Schad- und Störstoffentfernung soweit als möglich parallel durchgeführt werden.

Eine optimierte Rückbaustruktur für kontrollierten Rückbau eines Bauwerks kann folgendermaßen dargestellt werden:

- fach- und sachgerechte Ausbauten verwendbarer Bauteile oder Bauelemente (z. B. Fenster, Türen usw.),
- „Schadstoffentfrachtungen", insbesondere unter Beachtung der geltenden Sicherheitsvorschriften,
- Demontagen vorhandener nicht mehr verwendbarer Einrichtungsgegenstände,
- Entkernungen von raumauskleidenden, nicht mineralischen Elementen,
- Entkernungen der Technischen Gebäudeausrüstungen,
- Rückbau der Gebäudehüllen (z. B. Dachdeckungen, Fenster usw.),
- Rückbau der Tragwerke (z. B. Bodenplatten, Fundamente usw.) sowie
- Endzustand herstellen (Planum usw.).

Bild 4.41 Abbruch des Bürogebäudes der Hochschule Hannover

Neben den vorstehend beschriebenen notwendigen Arbeitsschritten wie sorgfältigen Bestandsaufnahmen und darauf aufbauend detaillierten Ablaufplanungen zu Erfassungen einzelner Stoffströme und der zu separierenden und gesondert abzutragenden Bereiche (z. B. AKR-Verdachtsstellen oder kontaminierte Bereiche) werden die technischen Arbeitsschritte während des Rückbaus von Bauwerken direkt auf die jeweiligen Maßnahmen abgestimmt.

Infolge der projektbezogenen Anpassungen der Arbeitsabläufe bei den eigentlichen Rückbaumaßnahmen der Bauwerke können in Bezug auf die Abhängigkeit von den jeweiligen Gegebenheiten und ausführenden Abbruchunternehmen diverse Techniken zur Anwendung kommen. Dabei sind die Rückbau- bzw. Abbruchverfahren von Bauwerken unterschiedlich für den Einsatz beim selektiven Rückbau geeignet.

Grundsätzlich kann festgestellt werden, dass durch selektive Rückbaumaßnahmen von Bauwerken gewonnene Materialien von deutlich höherer Qualität sind als z. B. herkömmlich hergestellte Körnungen. Neben einer Steigerung der Sortenreinheit der Materialhauptströme fällt in der Regel insbesondere eine größere Menge an nicht recyclingfähigen Materialien an, welche Schad- und Störstoffe in aufkonzentrierter Form enthalten.

In einschlägiger Literatur beschriebene Wirtschaftlichkeitsbetrachtungen zeigen, dass selektive Rückbaumaßnahmen von Bauwerken auch kostengünstiger als herkömmliche Abbrüche von Vergleichsprojekten durchgeführt werden konnten. Dabei war eine sorgfältige Planung von großer Bedeutung.

Zum Tragen kamen aber auch Rahmenparameter der betreffenden Bauwerke sowie die örtlichen Voraussetzungen in Bezug auf Aufbereitungs- und Verwertungsmöglichkeiten sowie Entsorgungsmöglichkeiten und -preise sowie z. B. auch Entfernungen zu den jeweiligen Einrichtungen.

Eignung von Abbruchverfahren für selektiven Abbruch von Bauwerken

Beim selektiven Abbruch von Bauwerken werden oft Kombinationen unterschiedlicher Rückbauverfahren angewandt. Demontagetechniken können dabei z. B. mit gängigen Abbruchverfahren für den Rückbau der Materialhauptströme, in der Regel Beton oder Ziegel, gekoppelt werden. Durch sie kann im Zuge des Rückbaus der Bauwerke eine sofortige Trennung der Abbruchmassen erfolgen, wodurch sich hohe Recyclingquoten der Baurestmassen erreichen lassen. Die verschiedenen Abbruchfraktionen werden in einzelnen Demontagestufen gewonnen und in die Stoffkreisläufe rückgeführt.

Prinzipiell können die meisten der bei konventionellen Abbrüchen von Bauwerken eingesetzten Techniken ebenfalls beim selektiven Rückbau angewandt werden. Sie dienen insbesondere vorbereitenden Arbeiten, um gesondert rückzubauende Bereiche vor den eigentlichen Abbrüchen der mineralischen Bausubstanz gezielt zu entfernen. Dies können Bereiche oder Bauteile sein, die z. B. durch Schadstoffe kontaminiert sind.

Folgend werden beispielhaft Techniken beschrieben, die sich für die Anwendungen im Rahmen von selektiven Rückbaumaßnahmen von Bauwerken eignen:

- Bei kontrolliertem Rückbau durch **Demontieren** bzw. **Bergen** werden bauliche oder technische Anlagen zurückgebaut, um sie später wieder zu verwerten. Beim Demontieren ist sehr genaues Arbeiten möglich und es bestehen geringe Gefahren für umliegende Bauwerke. Diese Rückbauweise ermöglicht erschütterungsfreie Abbrüche von Bauwerken, ohne Erzeugung von Staubemissionen. Nachteilig sind insbesondere langsame Rückbaufortschritte bei hohen durchschnittlichen Kosten sowie die Problematik, dass Arbeiten zum Teil in Gefahrenbereichen erfolgen können. Dieses Verfahren wird insbesondere für Rückbau von Stahlkonstruktionen, Fertigbauteilen sowie technischen Anlagen eingesetzt. Dazu können in Abhängigkeit von der Bausubstanz unterschiedliche Techniken eingesetzt werden, wie beispielsweise Schneidbrennen oder Scherschneiden bei Stahlkonstruktionen.
- Die Sonderform des Demontierens oder Bergens durch **Rückbau von Bauteilen** zur Wieder- oder Weiterverwendung ist eine weitere Rückbautechnik. Hierzu zählt der Rückbau von einzelnen, zum Teil großformatigen Bauteilen, z. B. Betonplatten, die sich als Ganzes in Neubauten integrieren lassen. Die beim Rückbau von Bauteilen von Bauwerken angewandten Techniken müssen so angewandt werden, dass möglichst zerstörungsfreie Lösungen der Bauteile aus dem Verbund möglich sind.
- Das **Abtragen** ist als Verfahren zur Entfernung von Schichten mit unterschiedlichen Techniken auch für den selektiven Rückbau von Bauwerken geeignet. Dabei kann insbesondere durch Abtragen per Hand sorgfältig an separaten Stellen gearbeitet werden. Hierbei können sowohl flächige Schichten, wie z. B.

Putze als auch durch Schlagen oder Stemmen einzelne Bereiche, wie z. B. Kontaminationsverdachtsflächen, entfernt werden. Abtragen kann auch als vorbereitende Maßnahme ausgeführt werden, wie z. B. für das Lösen einzelner Bauteile der Bauwerke.

- **Fräsen und Schälen** oder **Schleifen** kann ebenfalls beim kontrollierten Rückbau von Bauwerken eingesetzt werden. Durch Möglichkeiten zum flächigen Arbeiten können hierbei ebenso wie beim Abtragen Schichten von flächig aufgetragenen Störstoffen oder Kontaminationen beseitigt werden. Dabei verwendeten Maschinen sind jedoch beim Einsatz in Abhängigkeit von der Zugänglichkeit der Flächen Grenzen gesetzt. Zudem ist notwendiger Einsatz von Kühlwasser zum Beispiel in kontaminierten Bereichen problematisch.
- Das **Abgreifen** mittels mechanischer oder hydraulischer Greifeinrichtungen dient beispielsweise dem teilweisen oder vollständigen Entfernen von Bauwerksteilen, die locker mit anderen Bauteilen verbunden sind. Auf diese Weise können aus in Stoffhauptströmen unerwünschten Stoffen bestehende Bauteile separiert werden. Daher ist diese Technik in Abhängigkeit von dem jeweiligen Bauwerk auch im kontrollierten Rückbau einsetzbar.
- **Sägen** ist aufgrund hoher Präzision und der zum Teil kleinen und leichten Arbeitsgeräte gut in kontrollierten Rückbaumaßnahmen einsetzbar. Eingesetzt wird diese Rückbautechnik bei Teilabbrüchen oder als vorbereitende Maßnahme. Auch hier kann der Einsatz von Kühl- oder Spülwasser beispielsweise aufgrund von Kontaminationen oder durch Nässen von Bauteilen problematisch sein.
- Das **Bohren** kann wie das Sägen als vorbereitendes Verfahren für weitere Maßnahmen des kontrollierten Rückbaus angewendet werden. Als Maßnahme für die direkte Entfernung beispielsweise von Schad- oder Störstoffen aus Beton oder Mauerwerk ist dieses Verfahren nur bedingt geeignet, da nur geringe Massen bewegt werden können.
- Die Vorgehensweise des **Press- oder Scherschneidens** beinhaltet das Zerkleinern und Lösen einzelner Bauteile durch Zerpressen. Hierzu werden durch hydraulisches Zusammendrücken von zangenförmig angeordneten Backen dazwischen befindliche Bauteile zerpresst. Das Rückbauverfahren ist vergleichsweise leise und erschütterungsarm. Pressschneiden kann beispielsweise für den Rückbau von Decken, Wänden und Stützen aus Mauerwerk, Beton und Stahlbeton eingesetzt werden. Durch erreichbare Genauigkeit ist der Einsatz des Scherschneidens auch beim selektiven Rückbau möglich.
- Dem Einsatz des **Hochdruckwasserstrahlens** bei kontrollierten Rückbaumaßnahmen sind durch den damit verbundenen Abwasseranfall enge Grenzen gesetzt. Zwar ist mit diesem Rückbauverfahren sorgfältiges Arbeiten ohne Entstehung von Staub, Gasen oder Dämpfen möglich, doch durch mögliche Konta-

minationen des Schneidwassers ist das Verfahren für viele Anwendungsfälle im selektiven Rückbau nicht sinnvoll einsetzbar.

- Sogenannte **Thermische Verfahren** können sich ebenfalls zu genauen Trennungen von einzelnen Bauteilen eignen. Ihr Einsatz ist jedoch ebenfalls begrenzt, da aufgrund der dabei entstehenden hohen Temperaturen insbesondere die Gefahr von Bränden oder Ausgasungen besteht. Ist ein Bauwerk nach Beräumung, Entfernung von Kontaminationen sowie dem Rückbau von in den Stoffhauptströmen unerwünschten Stoffströmen entkernt, so können für den Rückbau der von Stör- und Schadstoffen befreiten Bauwerke alle konventionellen Techniken prinzipiell eingesetzt werden. Dies bedeutet auch, dass nach der Durchführung der entsprechenden Vorbereitungsmaßnahmen, auch Abbruchtechniken wie z.B. Einschlagen, Eindrücken und Einreißen, Einziehen oder Sprengtechnik im Rahmen von selektiven oder kontrollierten Rückbaumaßnahmen eingesetzt werden können.

Bild 4.42 Holz vom Wohngebäude der Hochschule Hannover wird in Containern gesammelt

Aufbereitungstechniken für Abbruchabfälle beim Rückbau von Bauwerken

Nach dem Rückbau von Bauwerken kann gewonnener Bauschutt durch Aufbereitungsprozesse zu rezyklierten Gesteinskörnungen als sogenannter RC-Zuschlag aufbereitet werden. In Abhängigkeit von ursprünglichen Bausubstanzen und gewählten Rückbauverfahren kann entstandener Abbruchabfall sowohl bautechnische Störstoffe wie beispielsweise Gips, Kunststoffe, Pappe usw. enthalten als auch mit Schadstoffen belastet sein.

Eine gewählte Aufbereitungstechnik kann als Verfahren sowohl dazu dienen, Sortenreinheit zu erhöhen als auch Stör- und Schadstoffe zu entfernen. Fast alle in der Abbruchabfallaufbereitung eingesetzten Verfahren haben ihren Ursprung in der Aufbereitung mineralischer Bauabfälle. Der für Aufbereitungen erforderliche Aufwand gestaltet sich in Abhängigkeit von den vorhabenspezifischen Rahmenbedingungen unterschiedlich aufwendig. Dabei richten sich Verfahrensführung und eingesetzte Techniken sowohl nach den Möglichkeiten der jeweiligen Abbruchabfall-Aufbereitungsanlagen als auch insbesondere nach den Anforderungen an die zu produzierenden RC-Gesteinskörnungen.

Die gewählten Aufbereitungstechniken sollten auch wirtschaftlich zu betreiben sein. So sollten auch niedrige Energieverbräuche, geringer Wartungsaufwand und einfache und robuste Betriebsweisen, die einen möglichst geringen Personalaufwand erfordern, angestrebt werden. Eine Gewinnung von RC-Baustoffen aus sortenrein und stör- bzw. schadstoffarm gewonnenen Bauschuttfraktionen ist dabei deutlich weniger aufwendig als die Aufbereitung von heterogenem Abbruchabfall von Bauwerken. Dazu erfolgt meistens als erster Aufbereitungsschritt eine Vorsortierung, in der Fremd- und Störstoffe aus dem eigentlichen Abbruchabfall entfernt werden. Hierzu gehört beispielsweise das Klauben, unter dem die Entfernung von Fremdstoffen wie z. B. Kunststofffolien per Hand zu verstehen ist.

Grundsätzlich lassen sich Aufbereitungsschritte von Abbruchabfällen in folgenden Verfahrensstufen unterscheiden:

- Zerkleinerung und Aufschluss,
- Klassierung sowie
- Sortierung.

Die für die Aufbereitungsschritte eingesetzten Aggregate sind zusätzlich durch entsprechende Förder- und Aufgabeeinrichtungen miteinander verbunden.

Der beim Rückbau von Bauwerken vorzerkleinerte und gegebenenfalls von Bewehrungseisen befreite Abbruchabfall wird zunächst abgesiebt und das so erhaltene Vorsiebmaterial getrennt weiterverwertet. Danach kann das Zerkleinern in Brechern erfolgen. Dieser Verfahrensschritt dient der Gewinnung einer entsprechend der geplanten Wiederverwertung möglichst optimalen Korngrößenverteilung und Kornform sowie dem Aufschluss von Fremd- und Störstoffen.

Beim Brechen von beispielsweise Altbeton soll zudem der Verbund zwischen dem Zuschlagkorn und dem Zementstein gelöst werden. Anschließend erfolgt mittels einer Siebklassierung die Fraktionierung der zerkleinerten Abbruchabfälle in die vorgesehenen Kornklassen.

Nachfolgend dargestellte ausgewählte Sortierprozesse dienen zur Entfernung von Fremd- und Störstoffen und können bei selektiv bzw. sortenrein gewonnenem Abbruchabfallfraktionen größtenteils entfallen. Zu den Sortierprozessen gehören sowohl Vorsortierungen, wie die Entfernung von groben Störstoffen, als auch Sortierungsverfahren, mit denen zerkleinertes Material von weiteren Fremdstoffen befreit wird.

Zerkleinerung von Abbruchabfällen

Eine Zerkleinerung in Recyclinganlagen dient insbesondere neben dem Herabsetzen der oberen Korngröße und der Erzeugung bestimmter Korngrößenverteilungen dem Aufschließen von Einzelkomponenten aus Verbundstoffen wie z.B. Beton. Weiterhin werden die Kornform sowie im Falle von z.B. Altbeton auch Porosität und Wasseraufnahme der hergestellten Gesteinskörnungen durch Wahl und Betrieb der Brecher beeinflusst.

Ziel der Produktion von Gesteinskörnungen für die Betonherstellung ist hier eine möglichst kubische Kornform bei einem geringen Feinstkornanfall. Die bei der Zerkleinerung von Abbruchabfall, insbesondere von Altbeton, am häufigsten eingesetzten Brechertypen sind Backenbrecher und Prallbrecher. Beide Brechertypen sind für Zerkleinerung von hartem bis hin zu sehr hartem mineralischem Abbruchabfall geeignet.

Sogenannte **Backenbrecher** sind insbesondere robuste Aggregate, die Aufgabegut durch Druck- und Zwangsbeanspruchung zerkleinern. Dies führt zu inneren Spannungen im Aufgabegut, die Brüche oder Gefügestörungen hervorrufen. Backenbrecher sind für den Durchsatz von großen Massen mit Anteilen von Störstoffen wie z.B. Bewehrungen geeignet, dabei wird jedoch nur ein vergleichsweise geringer Zerkleinerungsgrad erreicht. Somit ist auch der unerwünschte Brechsandanfall gering. Backenbrecher zeichnen sich auch durch eine geringere Verschleißanfälligkeit aus.

Die Backenbrecher kommen entweder als Vorbrecher für die Aufbereitung in zweistufigen Anlagen oder als Produktbrecher in einstufigen Anlagen zum Einsatz. Aufgrund des geringen Zerkleinerungsverhältnisses, der vergleichsweise schlechten Zerkleinerung von flachen Bestandteilen sowie des schlechten Aufschlusses z.B. von Bewehrungen, können Backenbrecher nur bei geringen Ansprüchen an das Fertigprodukt als wirtschaftliche Lösung betrachtet werden.

Mit Backenbrechern lässt sich nur ein Durchsatz von etwa 200 m^3/h erreichen. Die Kornform ist plattig bis splittrig und die Korngröße des RC-Baustoffes kann bei einem Zerkleinerungsverhältnis von 10:1 zwischen 0–150 mm schwanken. Eine zusätzliche Entstaubung des Endproduktes ist nicht erforderlich. Für die Umwelt entstehen geringe Belastungen infolge von Staub- und Lärmemissionen.

Sogenannte **Prallbrecher** können Abbruchabfälle unter Einsatz von Prallleisten und Prallplatten zerkleinern. Durch Aufwand von hoher kinetischer Energie wird das zu brechende Material zerkleinert. Durch Prallbeanspruchung werden anders als bei der Zwangsbeanspruchung durch Backenbrecher keine inneren Spannungen hervorgerufen, sodass der Aufprall zum sofortigen Bruch führt. Die Prallbrecher erreichen einen hohen Zerkleinerungsgrad, mit ihrem Einsatz ist somit auch ein höherer Brechsandanfall verbunden. Ein Vorteil von Prallbrechern ist der hohe Anteil von Körnern mit kubischen Kornformen im Austragsgut. Dieser Brechertyp ist jedoch vergleichsweise störanfällig, daher sollten die Größe des Aufgabegutes und der Anteil an Störstoffen wie Bewehrungseisen begrenzt sein.

Mit Prallbrechern sind z. B. bei einem Durchsatz von 200 m³/h Korngrößen zwischen 0–80 mm herstellbar. Das große Zerkleinerungsverhältnis macht das Einhalten von hohen Endproduktanforderungen möglich. Als nachteilig ist aber der hohe Feinkornanteil des Brechgutes zu nennen, wodurch zusätzliche Entstaubung bzw. Staubniederschlag erforderlich ist. Zusätzlich wird die Umwelt in näherer Umgebung der arbeitenden Prallbrecher durch hohe Lärmemissionen belastet.

Gegenüber Backenbrechern weisen Prallbrecher aber eine deutlich bessere Aufschlussfähigkeit von Verbundbaustoffen, wie beispielsweise Stahlbeton, auf. Da Prallbrecher zudem bereits in einer Brechstufe im geschlossenen Kreislauf ein Mineralgemisch erzeugen und sich somit der Einsatz dieser Brecheinheiten als in der Regel wirtschaftlich gestaltet, werden heutzutage zunehmend Prallbrecher für die Zerkleinerung von Abbruchabfällen eingesetzt.

In mobilen Anlagen werden meistens Prallbrecher eingesetzt, die infolge des hohen Zerkleinerungsgrads eine direkt einsetzbare Körnung erzeugen können. In stationären Anlagen erfolgen Zerkleinerungen oftmals mehrstufig. Als günstig haben sich aufeinanderfolgende Einsätze von Backenbrechern und Prallbrechern erwiesen. So kann beispielsweise eine Vorzerkleinerung von Abbruchabfällen mit Backenbrechern durchgeführt werden, danach können weitere Brechvorgänge in Prallbrechern erfolgen. Die Praxis hat beispielsweise gezeigt, dass durch diese zweistufige Verfahrensweise die durch anhaftende Zementmatrix bedingte Wasseraufnahme des Brechgutes im Vergleich zu einstufigem Brechen in Prall- oder Backenbrechern reduziert werden kann.

Ein weiteres Prozessziel der für Zerkleinerung von Altbeton angewandten Verfahren kann beispielsweise das Aufschließen von Betonpartikeln sein, indem durch abrasive Beanspruchung Ablösungen von Anteilen der Zementmatrix vom Natursteinkorn erfolgen. Der abgeriebene Zementstein reichert sich in der Brechsandfraktion an und kann dann durch eine Siebklassierung abgetrennt werden. Es können weiterhin sogenannte Schlagwalzenbrecher, Kreiselbrecher oder Kegelbrecher in Kombination mit Prallbrechern oder Backenbrechern als ergänzende Zerkleinerungsstufen wie z. B. als Vorbrecher eingesetzt werden. Andere Zerkleinerungsaggregate wie sogenannte Hammerbrecher oder Shredder sind für die Aufbereitung von weicheren Materialien wie beispielsweise Holz geeignet und werden daher nicht für Zerkleinerungen von Bauschutt oder Altbeton eingesetzt.

Klassierung von gebrochenem Bauschutt

In Abbruchabfallaufbereitungen werden in Abhängigkeit von aufzubereitenden Abbruchabfallmaterialien unterschiedliche Siebtypen wie beispielsweise sogenannte Spannwellensiebe oder Schwingsiebe eingesetzt. Durch Auswahl von Maschenweiten der einzelnen Siebbeläge wird gebrochener Bauschutt in gewünschte Korngrößenklassen getrennt. Üblich ist dabei die Klassierung in die Korngruppen 0/4, 4/8, 8/16, 16/32 und 32/45 mm. Der Anteil > 45 mm kann wieder der Zerkleinerungsstufe zugeführt werden. Kleinere oder mobile Bauschuttaufbereitungsanlagen werden zum Teil auch als einfache Siebstationen für beim Abbruch vorzerkleinerte Materialien betrieben Die Siebaggregate werden dabei zu unterschiedlichen Zwecken eingesetzt.

Die nachfolgenden Ziele können insbesondere mit einer Siebstufe verfolgt werden:

- Begrenzung der oberen Korngröße oder Erzeugung bestimmter Korngrößenverteilungen entsprechend der späteren Verwendung,
- Abtrennung von Grobanteilen zum Schutz nachgeschalteter Brecher vor Überlastung und Beschädigung,
- Abtrennung von Feinanteilen zur Entlastung von Zerkleinerungsanlagen, zum Schutz vor Verschleiß und Vermeidung von Verstopfungen

  oder
- Vorbereitung der Sortierung.

In Einzelfällen können Siebungen als Sortierschritte erfolgen, z. B. wenn Feinstfraktionen einer Körnung mit Schadstoffen kontaminiert sind.

Der eigentliche Siebklassierungsvorgang erfolgt auf einem mehrfach wiederholten Größenvergleich der Körnungen mit den Sieböffnungen bei gleichzeitigem Transport des Gutes auf dem unbewegten oder bewegten Siebbelag. Der Trennvorgang und der Durchtritt des Feingutes durch die Sieböffnungen der Trennfläche mit einer vorgegebenen Sieböffnungsweite wird durch die Energie des bewegten Siebgutes ausgelöst. Unterstützend können hierbei schwingende oder rotierende Bewegungen des Siebbelags wirken. Eingesetzte Siebverfahren lassen sich insbesondere nach Funktionsweise, Aufgabe im Verfahrensablauf sowie Eigenschaften des Siebgutes unterscheiden.

Die Siebungen in Siebmaschinen erfolgen mittels unterschiedlicher Roste. Hierzu wird prinzipiell zwischen den sogenannten festen und beweglichen Rosten unterschieden. Feste Roste dienen meistens der Vorsortierung des Aufgabegutes. Diese dient durch Entfernung grober Störstoffe der Entlastung einer nachgeschalteten Zerkleinerungsstufe. Während entsprechend der Rostweite kleine Kornfraktionen den Rost passieren, werden die grobkörnigen Anteile durch Neigung des Rostes ausgefiltert.

In die Kategorie der beweglichen Roste lassen sich sogenannte Vibrationsroste, Rüttelroste, Stufenspaltroste sowie Rollenroste einordnen. Je nach Spaltweite und maximaler Aufgabekörnung kann z. B. mit dem Rollenrost ein Durchsatz von im Mittel 500 t/h erzielt werden. Die genannten Rostarten werden in unterschiedlichen Siebmaschinen, wie z. B. Schwingsiebmaschinen oder Trommelsiebe eingesetzt.

Schwingsiebe werden in Abhängigkeit von der Ausführung der Schwingung ihres Siebkastens in Kreisschwinger, Exzenterschwingsiebe, Ellipsenschwinger oder Linearschwinger unterschieden. Zu den Rotationssiebmaschinen gehören beispielsweise Siebtrommeln. Eine leicht geneigte Siebtrommel der Rotationssiebmaschine führt durch Rotation zur Separation der Kornfraktionen des eingespeisten Abbruchabfallmaterials. Während Feingut durch die Maschen des Siebes die Trommel verlässt, verbleibt Grobgut im Inneren und kann durch Kippen der Trommel entfernt werden.

Für Bauschuttsiebungen werden robuste Siebtypen wie sogenannte Trommelsiebe, Vibrationssiebe oder Spannwellensiebe eingesetzt. Die Auswahl der einzusetzenden Siebe richtet sich nach betrieblichen Anforderungen.

Sortierung von Abbruchabfällen

Ergänzt werden die Klassierungsverfahren durch Sortierverfahren. Eine Sortierung wird als Trennung nach Stoffart unter Nutzung physikalischer Merkmale definiert. In Bezug auf die Aufbereitung von Bauschutt bzw. Altbeton hat eine Sortierung vor allem die Entfernung von Störstoffen wie z. B. Ziegel-, Eisen- oder Holzanteilen zum Ziel.

Eine Sortierung wird bei Abbruchabfallaufbereitungen üblicherweise nur in stationären Bauschuttaufbereitungsanlagen eingesetzt. Die anzuwendenden Sortierverfahren hängen von Arten und Mengen der Störstoffe sowie der angestrebten Endproduktqualität ab und werden nach den genutzten physikalischen Eigenschaften, nach trockenen und nassen Verfahren sowie nach der entsprechenden Aufgabe im Verfahrensablauf klassifiziert. Dabei können auch Siebtechniken zur Sortierung eingesetzt werden.

Nachfolgend eine Aufzählung von Sortierverfahren die in der Bauschuttaufbereitung als Nass- bzw. Trockenaufbereitung angewendet werden können:

- **Dichtesortierung** (z. B. Schwimm-Sink-Sortierung Windsichtung, Schwerkraftsortierung usw.),
- **Sortierung in Magnetfeldern** (z. B. Filmschichtsortierung Magnetscheidung, Aufstromsortierung usw.),
- **Trennung nach optischen Eigenschaften** (z. B. Setzsortierung Klauben, Optoelektronische Sortierung usw.) sowie
- **Sortierung nach mechanischen Eigenschaften** (Selektive Zerkleinerung mit nachfolgender Klassierung usw.).

Für die in der industriellen Bauschuttaufbereitung von Abbruchabfällen eingesetzten Sortierstufen werden meistens trocken arbeitende Verfahren angewandt. Die für den Betrieb einer Nassaufbereitung erforderliche Führung eines Wasserkreislaufes gilt bei vielen Betreibern von Recyclinganlagen als zu aufwendig. Demgegenüber muss bei Trockenaufbereitungsverfahren der Materialfeuchtegehalt im Sortierprozess berücksichtigt werden. Zudem können Feinstkornanhaftungen durch die einzelnen Verfahren der Trockenaufbereitung nicht vollständig entfernt werden. Eine **Trockenaufbereitung** ist energieeffizienter als Nassaufbereitung, da die Prozesswasseraufbereitung und -entsorgung entfällt.

Zu den trockenen Sortierverfahren in der Bauschuttaufbereitung von Abbruchabfällen von Bauwerken gehört neben dem händischen Aussortieren, dem **Klauben**, von größeren Fremdkörpern bzw. Fremdstoffen als zurzeit sehr wichtiges Verfahren die Aussortierung von Bewehrungseisen mit **Magnetabscheidern**. Neben der Entfernung des Fremdstoffes Eisen aus dem Bauschutt lässt sich über einen Schrottverkauf auch eine zusätzliche Einnahme erzielen.

Als Verfahren zur trockenen Dichtetrennung werden sogenannte Windsichter in verschiedenen Ausführungen zur Aerosortierung eingesetzt. Sie dienen zur Entfernung von leichten Störstoffen wie z. B. Pappen. Windsichter basieren auf dem Einsatz von Luft als Fluid für die Trennung. Nachteilig ist, dass für eine Aussortierung von Fremdstoffen ein ausreichender Dichteunterschied zwischen Bauschutt und Störstoff bestehen muss. Daher können mittels Windsichtung nur sehr leichte Störstoffe entfernt werden.

Außerdem ist es notwendig, dass das Sortiergut eng klassiert ist, da sonst Klassierungseffekte die Dichtesortierung überlagern können. Feine Fraktionen wie beispielsweise Betonbrechsand können nicht durch trockene Verfahren sortiert werden.

Ein weiteres Verfahren zur trockenen Sortierung ist die **optische Sortierung.** Die Voraussetzung hierfür ist, dass die zu trennenden Abbruchabfallmineralien sich in Farbe oder Helligkeit erkennbar unterscheiden. In Abhängigkeit von den zu sortierenden Korngrößen und der Menge auszusortierender Anteile können mit diesem Verfahren Durchsätze von über 100 t/h Körnung sortiert werden. Gute Ergebnisse können dabei für die Aussortierung von Holz erzielt werden. Da die optische Sortierung auch ein vergleichsweise teures Verfahren ist, wird sie in der Produktion von Sekundärbaustoffen nicht angewandt.

Ein großer Vorteil von **Nassaufbereitungsverfahren** zur Sortierung ist die gleichzeitige Entfernung von auswaschbaren Schad- oder Störstoffen sowie die vergleichsweise geringe Staubentwicklung während des Aufbereitungsprozesses. Weiterhin ist keine so enge Klassierung des Ausgangsmaterials erforderlich und auch Sandfraktionen können mit einem Nassverfahren aufbereitet werden.

Die Wirkprinzipien der meisten Nasssortierungsverfahren für Bauschutt aus Abbruchabfällen von Bauwerken basieren auf den unterschiedlichen Dichten der zu trennenden Materialien und den daraus resultierenden Unterschieden in den Sinkgeschwindigkeiten. Die als Wertstoff auszubringenden mineralischen Sekundärrohstoffe haben eine höhere Dichte als die auszusortierenden Fremdstoffe wie z. B. Holz, Styropor, Leichtbaustoffe usw.

Nassverfahren zur Dichtetrennung weisen gegenüber trockenen Sortierverfahren eine weitaus höhere Trenndichte und Trennschärfe auf, so dass qualitativ höherwertige Produkte hergestellt werden können. Die Qualität nass aufbereiteter RC-Gesteinskörnungen übertrifft beispielsweise die der RC-Körnungen aus trockener Aufbereitung in der Regel deutlich, daher kommen Nassaufbereitungsverfahren zur Anwendung, um z.B. Gesteinskornqualität für Konstruktionsbeton des RC-Baustoffes zu erhalten. Zudem kann durch die Nassaufbereitung die Abtrennung von Schadstoffen aus kontaminierten Bauabfällen erreicht werden. Die Effektivität der jeweiligen Verfahren ist dabei insbesondere abhängig von der Korngrößenverteilung und der Dichte des zu trennenden Körnerkollektivs.

Die sogenannte **Schwimm-Sink-Sortierung** trennt zwei feste Stoffe unterschiedlicher Dichte in einer Trennflüssigkeit. Die Dichte des Trennfluids, bei der Aufbereitung mineralischer Rohstoffe in der Regel eine wässrige Schwerstoffsuspension, wird in Abhängigkeit vom Aufbereitungsziel festgelegt, sie liegt zwischen den Dichten der zu trennenden Stoffe.

Für die Trennung von Bauschutt aus Abbruchabfällen von Bauwerken sollten bei der Trennung von Bauschutt Trenndichten von 1,4 g/cm^3 und höher realisiert werden. Zur Abtrennung von beispielsweise Kunststoff- oder Holzresten aus Ziegelschutt oder Altbeton kann Wasser als Trennflüssigkeit eingesetzt werden. Im Sortierungsprozess sinkt dabei der Stoff mit der höheren Dichte zu Boden, während der zweite Stoff aufgrund seiner geringeren Dichte auf der Oberfläche schwimmt, so dass beide Stoffarten getrennt erfasst werden können.

Im Vergleich zu anderen Dichtesortierprozessen zeichnet sich dieses Verfahren insbesondere durch seine hohe Trennschärfe aus, auch bei geringen Dichtedifferenzen können sehr gute Trennungen erzielt werden.

Im Feinkornbereich können **Hydrorinnen**, ausgebildet als Wendelscheider oder Sortierspiralen, zur Schwerkraftsortierung eingesetzt werden. Sortierspiralen sind Rinnen in spiralförmiger Ausbildung, auf denen Feststoffe mit unterschiedlichen Dichten nach ihrer Relativbewegung im Verhältnis zur Schwerkraft im flüssigen Medium, in der Regel Wasser, sortiert werden. Auf die Partikel wirken neben der Schwerkraft kombinierte Einflüsse aus Zentrifugalkraft, Absetzgeschwindigkeit sowie quergerichteten Transversalströmungen.

Eine Partikeltrennung wird bei dieser Sortierung auch von Klassierungseffekten beeinflusst. Sie sind für den Einsatz bei Korngemischen mit einem hohen Leichtgutanteil und großen Dichteunterschieden geeignet.

Nach dem Prinzip der Filmschichtsortierung arbeiten sogenannte **Hydrobandabscheider**. Hier werden z.B. aus Korngemischen Körner mit größerer Dichte durch den Einfluss von Fluidströmungen über eine geneigte Fläche angereichert. Bei Partikeln gleicher Korngröße, jedoch unterschiedlicher Dichte, herrschen zwischen Partikeln und den Festkörperflächen unterschiedliche Reibungskräfte, die der Schleppkraft der Fluidströmung entgegenwirken. Daraus resultieren unterschiedliche Transportgeschwindigkeiten, die für die Sortierung genutzt werden können.

Neben der Dichte sind insbesondere Korngrößenspektren, Kornformen sowie Oberflächenbeschaffenheiten der Körner und der Festkörperflächen sowie die Eigenschaften der Fluidströmungen wichtige Einflussfaktoren für den Erfolg der Sortierung.

In der Bauschuttaufbereitung von Abbruchabfällen von Bauwerken wird mit dem Aquamator das Verfahren der Filmschichtsortierung bereits seit einigen Jahren großtechnisch insbesondere zur Entfernung von Leichtstoffen umgesetzt.

Bei **Aufstromsortierungen** wird die unterschiedliche Endfallgeschwindigkeit von Partikeln unterschiedlicher Dichten, jedoch mit gleichen Größen in einem kontinuierlich aufsteigendem Fluidstrom genutzt. Da die Endfallgeschwindigkeit korngrößenabhängig ist, sollte die Sortierung innerhalb eines engen Kornspektrums erfolgen, um eine saubere Trennung zu erreichen. Umgesetzt wurde dieses Sortierprinzip beispielsweise im Schnecken-Aufstromklassierer.

Anwendung in der Nassaufbereitung von Bauschutt aus Abbruchabfällen von Bauwerken findet auch die **Setztechnik**. Dieses Verfahren basiert ebenfalls auf der unterschiedlichen Sinkgeschwindigkeiten von Körnern unterschiedlicher Dichten in einem Fluid. Im Setzprozess wird das Aufgabegut in einer Setzmaschine durch ein von unten pulsierend strömendes Fluid, z. B. Wasser, aufgelockert. Mit dem aufströmenden Fluid werden die Reibungskräfte zwischen den einzelnen Körnern weitgehend aufgehoben. Die Körner heben sich mit dem Fluid und befinden sich in der Schwebe und sinken mit dem Abstrom wieder ab. So erfährt das Stoffgemisch beim Durchgang durch die Setzmaschine eine Schichtung nach der Dichte. Leichtgut und Schwergut können am Anlagenaustritt in Abhängigkeit von den Austrittsöffnungen getrennt erfasst werden. Eine Nutzung der Setztechnik ist vergleichsweise unkompliziert und mit relativ geringen Umweltbelastungen verbunden. Das Verfahren wird schon seit einigen Jahren großtechnisch für die Aufbereitung von Bauschutt aus Abbruchabfällen von Bauwerken eingesetzt.

Wahl der Aufbereitungsanlagen für Abbruchabfälle

Die Aufbereitung des Bauschutts aus Abbruchabfällen von Bauwerken kann in mobilen Anlagen oder in stationären Anlagen erfolgen. Mobile Anlagen sind insbesondere für den direkten Einsatz auf Abbruchbaustellen von Bauwerken und für Baustellen mit einem geringen Bauschuttaufkommen geeignet. Durchsätze liegen zwischen 20–120 t/h.

Mobile Anlagen bestehen aus wenigen Komponenten und einer Transporteinheit. Üblich sind Aggregate für Absiebung, Klassierung und Eisenseparation. Die Beschickung der Anlagen erfolgt über Radlader. Nachteilig sind hier hohe Betriebskosten aufgrund geringer Durchsätze

sowie beschränkte Aufbereitungsmöglichkeiten infolge der begrenzten Variationsmöglichkeiten der vergleichsweise kleinen Anlagen.

Demgegenüber stehen verschiedene Vorteile wie z. B. der Entfall des Transportaufwandes zu einer stationären Aufbereitungsanlage und die schnelle Rückführung der aufbereiteten Körnungen in Stoffkreisläufe. Problematisch ist die analytische Kontrolle der Qualität der Gesteinskörnungen, da beschränkte Platzverhältnisse auf Abbruchbaustellen Zwischenlagerung der Bauschuttkörnungen nicht ermöglichen.

Stationäre Anlagen ermöglichen aufgrund ihrer Größe und Ausstattung die Erzeugung guter Produktqualitäten bei großen Durchsatzleistungen. Sie sind oftmals mit zwei Brechstufen, einem zusätzlichen Vor- oder Nachbrecher, sowie mit zusätzlichen Sortieraggregaten wie Lesestationen oder Windsichtern ausgestattet.

Nassaufbereitungsverfahren werden aufgrund des höheren Betriebsaufwandes nur in stationären Anlagen betrieben. Stationäre Anlagen sind fest installiert und eingehaust, was wiederum Schall- und Staubemissionen deutlich reduziert. Durch den höheren Aufwand bei der Aufbereitung können entsprechend auch bessere Produktqualitäten der erzeugten RC-Baustoffe erreicht werden und auch die Kontrolle der Qualität der erzeugten Gesteinskörnungen ist einfacher.

Aufwendigere Siebstationen ermöglichen zudem die Aufteilung der Körnungen in ein exakteres Kornspektrum, was wiederum die Produktvielfalt erhöht. Einem deutlich höheren Investitionsvolumen stehen höhere Erlöse aufgrund besserer Produktqualitäten und teilweise niedrigere Produktionskosten pro Tonne RC-Körnung gegenüber.

Ergänzend sind noch semimobile Aufbereitungsanlagen zu erwähnen, die aus mehreren transportfähigen Einheiten bestehen. Mit diesen Anlagen sind Durchsatzleistungen bis 200 t/h möglich, der Transport von semimobilen Aufbereitungsanlagen ist jedoch vergleichsweise aufwendig. In der Praxis von Abbruchabfällen von Bauwerken spielen sie eine untergeordnete Rolle.

4.3.8 Abnahmen, Abrechnungen und Dokumentationen bei Abbrüchen

Die Abnahmen von vollständigen Leistungen oder die Teilabnahmen von Leistungen bei Abbrüchen sind vertragsgemäß je nach den geltenden Vorschriften in der VOB oder im BGB unterschiedlich ausgestaltet. Abnahmen von Abbruchleistungen in nachhaltigen Bauwerkslebenszyklen z. B. können als förmliche Abnahmen (z. B. nach der VOB) erfolgen. Werden Abbruchleistungen nicht förmlich abgenommen, gelten sie mit den weiteren Nutzungen als abgenommen.

Für die Abrechnungen von Abbrüchen in nachhaltigen Bauwerkslebenszyklen sind vertragliche Vereinbarungen notwendig, da z. B. bei Abbrucharbeiten im baulichen Bestand in der Regel nach Abschluss der Arbeiten Aufmaße und Mengenermittlungen nicht mehr möglich sind.

Bild 4.43 Abzunehmende Abbruchleistungen bei der Hochschule Hannover

Abrechnungen können beispielsweise erfolgen auf Basis von Aufmaßen und Mengenermittlungen:

- durch Bauherren oder Planer im Zuge der Leistungsermittlungen und -beschreibungen,
- durch gemeinsame Aufzeichnungen der Abbruchunternehmen und der Bauherren,
- durch Wiege- und Lieferscheine der abgefahrenen Abfälle und Materialien,
- auf der Basis vorhandener Bestandspläne sowie
- auf der Basis gemeinsam erstellter Bestandspläne.

Die für die Abrechnungen erforderlichen Dokumente hinsichtlich Aufmaße und Mengenermittlungen sind vor und während der Ausführungen zu erstellen.

Es gelten insbesondere hierzu die Regelungen der ATV DIN 18 299, Abschnitt 5 und der ATV DIN 18 459, Abschnitt 5 für die Abrechnung nach Leistungen ergänzend.

Bild 4.44 Abzurechnende Abbruchleistungen – Befördern von Stoffen und Bauteilen – bei der Hochschule Hannover

Die Dokumentationen der durchgeführten Leistungen von Abbrüchen in nachhaltigen Bauwerkslebenszyklen bestehen im Wesentlichen aus den Aufmaßen, den Mengenermittlungen und für die Entsorgungen und die Erstellung von Abfallbilanzen einschließlich aller Nachweise. Aufmaße und Mengenermittlungen dienen den Leistungsnachweisen und den Abrechnungen und werden von den Abbruchunternehmern zusammengestellt.

Die im Rahmen von abfallrechtlichen Nachweispflichten geführten Dokumente und Register sind durch Bauherrn zu erstellen.

Sofern die Bauherren die abfallrechtlichen Nachweispflichten an die mit der Entsorgung beauftragten Unternehmer delegieren, sind diese Dokumentationen Besondere Leistungen.

Soweit Bauherren über die vertraglich vereinbarten Leistungen hinaus z.B. fotografische Dokumentationen (z.B. zur Darstellung der Abläufe usw.) fordern, handelt es sich um Besondere Leistungen.

Bild 4.45 Dokumentierte Abbruchleistungen zu Mengen und Volumen sind notwendig, hier bei der Hochschule Hannover

4.3.9 Sachverständige Feststellungen, Abbruchverfahren und Regelvermutungen bei Abbrüchen

Ausgewählte Empfehlungen zu Inhalt und Umfang von sachverständigen Feststellungen bei Durchführungen von wertschöpfendem Abbruch

Bei beispielsweise Bauwerkshüllen sind Zustände in Übersichtsplänen und mit Übersichtsaufnahmen (z.B. Lichtbilder, Skizzen usw.) darzustellen. Die Aufnahmen sind z.B. zur Positionierung von Rissschäden und sonstigen Auffälligkeiten, die durch die Baustelleneinwirkungen gegebenenfalls zu erwarten sind, zu vermerken.

Bei vorgefundenen Rissen sind Rissbreiten zu bemaßen. Die Rissenden sind nach Möglichkeit zu markieren. Im Einzelnen sind insbesondere folgende Feststellungen hierbei zu treffen und in Berichten als Bestandsaufnahmen zu beschreiben:

- Schnittstellen zwischen abzubrechenden und zu erhaltenden Bauwerken bzw. Bauwerksteilen,
- Risse mit Angabe der Rissbreiten (z.B. mit Darstellung und Risslineal),
- Abplatzungen und mechanische Schäden,
- Feuchteflecken und ähnliche Auswirkungen von Feuchteeinwirkungen,
- Verschmutzungen sowie
- Verstaubungen.

Bei Bestandsaufnahmen beispielsweise in Innenräumen sollten Protokolle mit Angaben mindestens zu den den Abbruchmaßnahmen zugewandten Räumen erstellt werden. Die Zustände von Boden-, Wand- und Deckenflächen in Bezug auf Rissschäden, Vorschäden und Mängel sowie sonstige Abweichungen von üblichen, gebrauchsbedingten Zuständen sind zu beschreiben. Gegebenenfalls sind Fenster und Türen auf Gangbarkeiten zu überprüfen.

Bei der Beweissicherung von beispielsweise Verkehrswegen empfehlen sich fotografische Gesamtaufnahmen der Verkehrsräume, insbesondere der Fahrbahnoberflächen, der Bankette und der Verkehrszeichen. Erforderlichenfalls sollten Aufnahmen von Schäden mit Einmessungen der Schadensbereiche und Fotodokumentation erfolgen.

Zusätzlich empfehlen sich Detailaufnahmen und Beschreibungen z.B. folgender Schadensbilder:

- Risse,
- Fahrbahnabsenkungen,
- Schäden an Verkehrszeichen und Verkehrsanlagen, -stärkere Aufrauungen oder Feinrissbildungen in Fahrbahnbelägen, -Beschädigungen an Baustellen- sowie angrenzenden Zufahrten,
- Zustände der Geh- und Radwege,
- Zustände der Außenanlagen,
- Zustände der Bankette,
- Zustände der Entwässerungsrinnen und Bordsteine.

Bei Setzungsschäden sollte das Ausmaß der Setzungen aufgenommen und bemaßt werden.

In der unmittelbaren Umgebung oder der Nachbarschaft sollen als sonstige Einrichtungen und Anlagen erfasst werden:

Bild 4.46 Setzungsschäden im baulichen Bestand

- lüftungstechnische Anlagen und Einrichtungen (z. B. Zustand der Filter von Klimageräten, Frischluftversorgung, Abluftanlagen usw.),
- Solaranlagen,
- erschütterungsempfindliche Geräte oder Anlagen (z. B. in Laboren usw.) sowie
- Verglasungen im Nahbereich usw.

Beschreibungen und besondere Eignungen von Abbruchverfahren bei Durchführungen von wertschöpfendem Abbruch

Die folgenden Angaben Abbruchverfahren und deren Anwendungsbereiche sind nach der VDI 6210 definiert und es liegen die in der DIN 18 007 angegebenen Definitionen zugrunde.

- **Abgreifen**

  Unter Abgreifen ist das maschinelle Entfernen von Bauteilen mit mechanischen oder hydraulischen Greifgeräten zu verstehen. Dieses Verfahren ist besonders bei Konstruktionen aus Holz und Mauerwerk sowie zum Beseitigen von Ein- und Ausbaumaterial geeignet. Hierbei ist insbesondere auf Staubbildungen und auf herabfallendes Material im baulichen Bestand zu achten.

- **Abtragen**

  Abtragen steht als Sammelbegriff für das schichtenweise erfolgende Entfernen von Baustoffen, z. B. durch Fräsen, Schleifen, Strahlen mit festen Strahlmitteln oder Hochdruckwasserstrahlen usw. Dieses Verfahren eignet sich grundsätzlich an allen zugänglichen Oberflächen. Beim Hochdruckwasserstrahlen ist insbesondere auf Schutz gegen Splitter, Lärm und den Einfluss des Schneidwassers auf den baulichen Bestand zu achten. Zu beachten ist das sogenannte Alleinarbeitsverbot.

Bild 4.47 Abgreifverfahren beim Abbruch

- **Autogenbrennschneiden**

  Das autogene Brennschneiden dient dem Trennen von Stahlteilen mithilfe handgeführter Schneidbrenner durch Erzeugen einer Schmelztemperatur durch Abbrennen von zugeführtem Sauerstoff und Schneidgas. Bei dem Einsatz des Verfahrens ist insbesondere auf die statischen Belange der baulichen Bestände zu achten. Auf die Brandgefahren und mögliche Verletzungen durch Funkenflug sowie die Rauchgasentwicklungen bei beschichteten Stahlteilen wird nach VDI 6210 hingewiesen.

Bild 4.48 Autogenbrennschneidverfahren beim Abbruch

- **Bohren**

  Es wird zwischen Kernbohren und Vollbohren unterschieden.

  Kernbohrungen werden durch einen mit diamanthaltigem Schneidbelag oder Hartmetall bestückten Hohlbohrer unter Zugabe von Kühl- und Spülwasser hergestellt. Anwendung findet das Verfahren insbesondere beim Herstellen von nachträglichen Durchbrüchen mit hoher Passgenauigkeit oder z.B. in lärm- und erschütterungsempfindlichen baulichen Beständen. Der Anfall von Kühl- und Spülwasser ist zu berücksichtigen. Vollbohrungen werden mittels Hartmetallbohrkronen oder Rollenbohrköpfen hergestellt. Das Verfahren findet beispielsweise bei Vorbereitungen für Sprengungen und Spaltverfahren Anwendung. Emissionen von Staub, Lärm und Erschütterungen sind nach VDI 6210 zu berücksichtigen.

Bild 4.49 Bohrlöcher einer Kernbohrung

- **Demontieren**

  Demontieren steht für zerstörungsarme Abbrüche von baulichen und technischen Anlagen durch Lösen der Verbindungen und/oder Herstellen von Trennschlitzen und anschließendem Abheben der Bauteile oder ganzer Bauwerks- und Anlagenteile im baulichen Bestand. Das Verfahren ist besonders bei Bauwerken mit Fertigteilen aus Stahl und Stahlbeton geeignet. Bei dem Einsatz des Verfahrens ist insbesondere auf die statischen Belange der baulichen Bestände zu achten.

- **Eindrücken**

  Eindrücken ist das manuelle Umkippen von Bauteilen unter Nutzung von Hilfsmitteln, z.B. von Keilen und Holzstempeln sowie das maschinelle Umkippen durch Einleiten von Druckkräften mithilfe der Arbeitsausrüstung eines Baggers von außen in Bauteile. Das Verfahren kommt insbesondere bei vertikalen Bauteilen aus Mauerwerk, Holz oder Betonbausteinen/-blöcken zum Einsatz. Bei der Anwendung des Verfahrens ist auf das Herabfallen der Abbruchmassen sowie dadurch verursachte Erschütterungen im baulichen Bestand zu achten.

Bild 4.50 Eindrückverfahren beim Abbruch

- **Einschlagen**

  Das Einschlagen ist das Einwirken eines manuell oder maschinell erzeugten Impulses auf bauliche Bestände. Üblicherweise wird das manuelle Einschlagen mit Vorschlaghämmern ausgeführt, das maschinelle Einschlagen mithilfe einer am Seil geführten, birnen- oder kugelförmigen Stahlmasse. Das Verfahren wird in der Regel bei flächenhaften Konstruktionen aus Mauerwerk, Beton und dünnwandigem Stahlbeton angewandt. Die durch das Einschlagen auf Bauwerke und die infolgedessen herabfallenden Massen erzeugten Erschütterungen sowie deren Auswirkungen sind zu beachten.

Bild 4.51 Einschlagverfahren beim Abbruch

- **Einziehen**

  Unter Einziehen ist das Umlegen von Bauwerken und vertikalen Bauteilen im baulichen Bestand manuell durch Seilwinden sowie maschinell mit Seilzügen oder Baggeranbaugeräten, gegebenenfalls nach vorhergehendem Schwächen der Bauwerke im Kippbereich zu verstehen. Das Verfahren ist besonders für

Konstruktionen aus Stahl, Holz und Stahlbeton geeignet. Auf mögliche Erschütterungen durch Aufprall des Objekts, Splitterwirkung und Gefährdungen durch eventuelles Reißen des Seils ist zu achten.

- **Hochdruckwasserstrahlschneiden**

  Beim Hochdruckwasserstrahlschneiden handelt es sich um das Trennen von Bauteilen durch einen konzentriert gerichteten Wasserstrahl. Hierzu wird Wasser mit einem Druck von ca. 1000 bar bis ca. 4000 bar durch eine Düse geleitet. Im Rahmen von Abbrucharbeiten werden in der Regel Abrasivmittel hinzugegeben, um Schneidwirkungen zu erhöhen. Das Verfahren eignet sich besonders zum Trennen von Konstruktionen aus Beton, Stahlbeton und Stahl, insbesondere in explosions-, brand-, erschütterungs- und strahlungsgefährdeten Bereichen baulicher Bestände. Beim Hochdruckwasserstrahlschneiden ist besonders auf Arbeitsschutzmaßnahmen gegen Lärm sowie auf die Einhaltung des Alleinarbeitsverbots zu achten. Ebenso sind die Einflüsse des Schneidwassers sowie der abrasiven, mineralischen oder metallischen Beimengungen auf das Bauvorhaben zu berücksichtigen. Das Fehlrichten von Wasserstrahlen ist zu vermeiden.

- **Kernlanzen**

  Es handelt sich hierbei um das Abbrennen von zumeist mit Stahldrähten oder -stäben gefüllten Stahlrohren in einem Sauerstoffstrom zu Eisenoxid. Hierbei entsteht eine dünnflüssige Schlacke, die durch den Sauerstoffstrahl aus der Lanze geblasen wird. Dieses Verfahren dient insbesondere der Herstellung von Öffnungen in stark bewehrtem Stahlbeton und dickwandigem Gusseisen. Aus Gründen des Arbeitsschutzes ist insbesondere auf den Funkenflug und die daraus entstehende Brandgefahr zu achten. Auf die Entstehung von Rauchgas und Schlacken wird in der VDI 6210 hingewiesen.

- **Plasmaschneiden**

  Unter Plasma wird ein elektrisch leitendes Gas sehr hoher Temperatur verstanden. Plasmaschneiden ist das Trennen von metallischen Bauteilen mit elektrisch geladenen, den Strom leitenden Gasen. Hierbei erfolgt das Schmelzschneiden durch einen Plasmastrahl. Es eignet sich besonders zum Trennen von Nichteisenmetallen und hoch legierten Stählen. Zur Sicherstellung des Arbeitsschutzes ist auf geeignete Schutzausrüstungen zu achten.

- **Pressschneiden**

  Mineralische Bauteile werden beim Pressschneiden durch ein mit hydraulischer Kraft bewirktes, zangenförmiges äußeres Einwirken zerkleinert oder getrennt. Es eignet sich besonders für schlanke Bauteile aus Beton, Stahlbeton oder Mauerwerk. Bei dem Einsatz des Verfahrens ist nach der VDI 6210 insbesondere auf die statischen Belange der baulichen Bestände zu achten.

- **Pulverbrennschneiden**

  Hierbei handelt es sich um das Herstellen von Durchbrüchen oder Schlitzen in Bauteilen baulicher Bestände durch thermisches Trennen unter Einsatz von Brenngas und in einen Luftstrom zugeführtes Metallpulver. Es eignet sich besonders für etwa 0,2 m bis etwa 0,6 m dicke Bauwerksteile aus Stahl, Beton oder Stahlbeton. Aus Gründen des Arbeitsschutzes ist insbesondere auf den Funkenflug und die daraus entstehende Brandgefahr zu achten. Auf die Entstehung von Rauchgas und Schlacken wird in der VDI 6210 hingewiesen.

- **Reißen**

  Beim Reißen handelt es sich um das Aufbrechen befestigter Flächen baulicher Bestände, z. B. von Verkehrsflächen, durch den Einsatz von Erdbaumaschinen mit Tieflöffeln oder Reißzähnen.

Bild 4.52 Reißverfahren beim Abbruch

- **Sägen**

  Unter Sägen ist das Trennen von Bauteilen in baulichen Beständen mithilfe von Hand-, Scheiben-, Seil- und Kettensägen zu verstehen. Sägeverfahren eignen sich zum wirtschaftlichen Zerlegen von nicht mineralischen Bauteilen, aber auch zum maßhaltigen und erschütterungsarmen Schneiden von Öffnungen, mit Einschränkungen von Vertiefungen, sowie zur Schaffung von exakten Abbruchkanten. Zum Trennen mineralischer Baustoffe bei Teilabbrüchen und beim Bauen in baulichen Beständen eignen sich diamantbesetzte Schneidsysteme nach Anforderungen und Möglichkeiten im Nass- oder Trockenschnittverfahren. Beim Einsatz des Nassverfahrens ist der Anfall von Prozesswasser zu beachten. Beim Herstellen von Öffnungen mittels Scheibensägen ist im Hinblick auf mögliche Überschnitte auf die Einhaltung der Schnittgrenzen nach VDI 6210 zu achten.

- **Scherschneiden**

  Es handelt sich um ein scherenförmiges äußeres Einwirken auf Bauteile in baulichen Beständen zu deren Zerkleinerung oder Trennung durch hydraulische Kraft. Es kommt insbesondere bei metallischen Konstruktionsteilen zur Anwendung. Beim Einsatz des Verfahrens ist insbesondere auf die statischen Belange der Baukonstruktionen in baulichen Beständen nach der VDI 6210 zu achten.

Bild 4.53 Scherschneidverfahren beim Abbruch

- **Spalten**

  Beim Spalten werden in Bohrlöcher oder Hohlräume von mineralischen Bauteilen Pressen, Keile oder Quellmittel eingebracht, die durch Druckkräfte das Bauteil in baulichen Beständen spalten oder zerkleinern. Das Verfahren eignet sich besonders zum lärm-, -staub und erschütterungsarmen Spalten oder Zerkleinern von Bauteilen aus Mauerwerk, Beton und mit Einschränkungen Stahlbeton.

- **Sprengen**

  Beim Sprengen handelt es sich um den Einsatz von Spreng- und Zündmitteln zu Auflockerungen, Höhenverringerungen, zum Zerkleinern oder Umlegen von Bauwerken oder Bauwerksteilen in baulichen Beständen. Es eignet sich besonders für sehr hohe Bauwerke oder für dicke Bauwerksteile aus Mauerwerk, Beton oder Stahlbeton. Gefahren durch Streuflug sind nach der VDI 6210 zu beachten.

- **Stemmen**

  Unter Stemmen wird das Zerkleinern oder Lösen von Baustoffen mithilfe eines Meißels, der von manuell oder maschinell geführten Hämmern angetrieben wird. Das Verfahren eignet sich besonders zum Entfernen von mineralischen Baustoffen und zum Beseitigen von Ausbaustoffen. Auf die Auswirkungen in baulichen Beständen von Erschütterungen und Lärm ist nach VDI 6210 zu achten.

Bild 4.54 Aufgestemmte Wand mittels Stemmverfahren im baulichen Bestand

Regelvermutungen nach der VDI 6210 bei Durchführungen von wertschöpfendem Abbruch

Erkundungen von nicht einsehbaren Bauteilen im baulichen Bestand sind häufig mit vertretbaren Aufwänden nicht abschließend möglich.

In diesen Fällen können Planer nach der VDI 6210 folgende Regelvermutung zu baulichen Beständen für beispielsweise einfache Wohn- und Verwaltungsbauten bis zu einschließlich drei Geschossen zugrunde legen:

- Streifen- oder Einzelfundamente unter aufgehenden tragenden Wänden oder Stützen bis zu einer Tiefe von 125 cm unter Oberkante (OK) erdberührender Bodenplatte nicht unterkellerter Gebäude, bei einer Bauteildicke von 50 cm bei den Streifenfundamenten und von 100 cm bei den Einzelfundamenten,
- Flachgründungen bis zu Bauteildicken von 45 cm,
- erdberührende Bodenplatten mit Bauteildicken von 20 cm,
- erdberührende Außenwände mit Bauteildicken von 50 cm sowie
- Aushub und seitliches Lagern von Boden für das Freilegen von abzubrechenden Bauwerken und Bauwerksteilen entsprechend der vertraglichen Leistungen bis zu einer Tiefe von 125 cm unter Geländeoberkante (GOK).

Allgemein gültige Angaben sind weder für Hoch- noch für Ingenieurbauten möglich und die Gründungen sind von den Baugrundverhältnissen baulicher Bestände abhängig. Deshalb wird den Erstellern von Leistungsverzeichnissen oder der Leistungsbeschreibungen nach der VDI 6210 angeraten, Informationen über Bauteilabmessungen bei Tragwerksplanern einzuholen, die über ausreichende Kenntnisse über den örtlichen Baugrund baulicher Bestände verfügen.

Bild 4.55 Rohbau mit Flachgründung im baulichen Bestand

Die Regelungen nach ATV DIN 18 459 bleiben hiervon unberührt.

Werden bei den Arbeiten Abweichungen des Bestands gegenüber den Angaben in den Leistungsbeschreibungen festgestellt, sind die Auftraggeber unverzüglich zu unterrichten. Solche Abweichungen können z.B. hinsichtlich der Stoffe, Schadstoffe, Schadstoffkontaminationen und gefährlicher Abfälle, Konstruktionen, insbesondere nicht einsehbarer Bauteile, Fundamente, erdberührender Wände oder unterirdischer baulicher Anlagen, Bauzuständen oder statischer Systeme usw. bestehen.

Bei Gefahr im Verzug haben Auftragnehmer unverzüglich die notwendigen Sicherungsmaßnahmen zu treffen. Die weiteren Maßnahmen sind zwischen Auftraggebern und Auftragnehmern gemeinsam festzulegen.

Die getroffenen und die weiteren Maßnahmen sind nach der VDI 6210 Besondere Leistungen.

5 Projekte

Im ersten Projektbeispiel werden in diesem Kapitel ausgewählte wertschöpfende Instandhaltungsaspekte eines Einfamilienhaus in Hannover dargestellt.

Das zweite Projekt zeigt ausgewählte nachhaltige Instandhaltungsaspekte bei einem Wohn- und Geschäftshaus in Halle an der Saale.

Das Projekt Mensagebäude der Hochschule Hannover zeigt ausgewählte Aspekte von Modernisierung und Rückbau mit Abfallmanagement wertschöpfend auf.

Als letztes Projektbeispiel werden ausgewählte Abbruch- und Neubauaspekte von einem Studierendenzentrum in Hannover erläutert.

5.1 Projekt 1: Instandhaltung Wohnhaus Hannover

Im ersten Projektbeispiel werden ausgewählte wertschöpfende Instandhaltungsaspekte eines Einfamilienhauses in Hannover dargestellt.

Die theoretische wirtschaftliche Lebensdauer eines nach Neubau instandgehaltenen Wohngebäudes beträgt 80 Jahre für den Lebenszyklus. Die technische Lebensdauer von etwa 70 % der Bau- und Anlagentechnik ist allerdings weitaus geringer, sodass wertschöpfendes Instandhalten, Modernisieren und Abbrechen ökonomisch, ökologisch und sozialverträglich über den nachhaltigen Bauwerkslebenszyklus von wesentlicher Bedeutung ist. Bei diesem ersten Projekt stehen die Instandhaltungskosten im Mittelpunkt der Betrachtung für eine **Wertschöpfungsbilanz**. Dies hat zur Folge, dass alle Instandhaltungen möglichst harmonisiert im Rhythmus wertschöpfend stattfinden.

Für die wertschöpfende Instandhaltung von einem Wohnhaus gibt es seit Bezug acht sogenannte „Inspektions-Wartungs-Pflege-Instandsetzungs-Verträge“ für das Dach, die Außenfester und -türen, die Elektrik mit vernetzter Steuerung und Regelung der Anlagentechnik, die Sanitäranlage, die Brennwertheizung, die thermische Solaranlage, die Gebäudekommunikation sowie die Außenanlage mit Carport.

Das passiv-solare Niedrigenergiegebäude wurde 1994 im Bergbausenkungsgebiet gebaut als Massivbau mit Verklinkerung und Sparrendach mit engobierten Tonziegeln ohne Keller mit Sohlplatte auf Streifenfundamenten für einen Dreipersonenhaushalt.

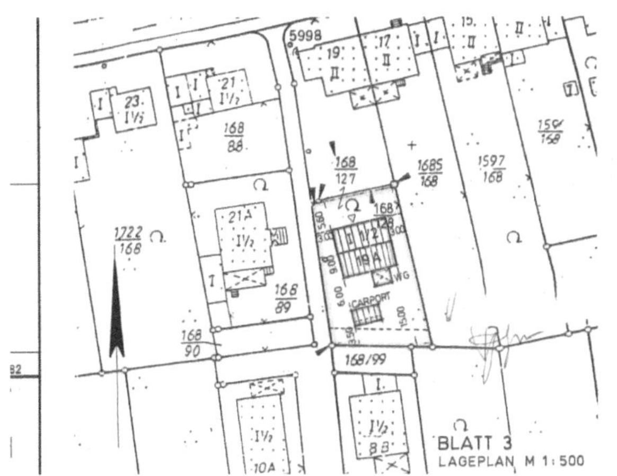

Bild 5.1 Lageplan

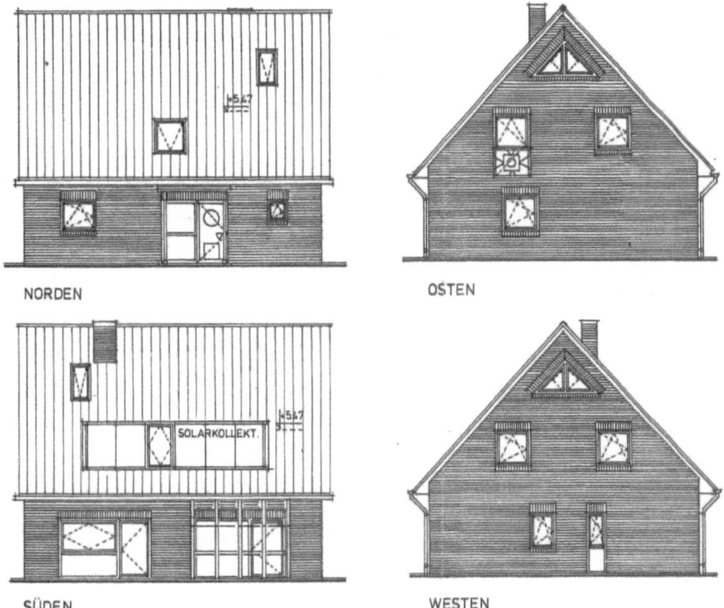

Bild 5.2 Ansichten

Das Haus wurde wertschöpfend auf einem sehr kleinen Grundstück als sehr kleines Wohnhaus kompakt mit einfachem Baukörper und Dach raumsparend gebaut.

Wertschöpfend sind insbesondere die Oberflächen der Gebäudehülle mit Energie gewinnenden Öffnungen, die Ausrichtung und Kompaktheit des Baukörpers, das optimale Oberflächen- zu Volumenverhältnis und die optimale Volumennutzung.

Der Verzicht auf einen Keller reduzierte die Baukosten um ca. 30 %. Unter der Solplatte mussten die Streifenfundamente aufgrund der Lage im Bergbausenkungsgebiet besonders ausgebildet werden. Von OK Fußbodenheizung im EG bis UK First im DG ist das Wohnhaus wertschöpfend räumlich ausgenutzt.

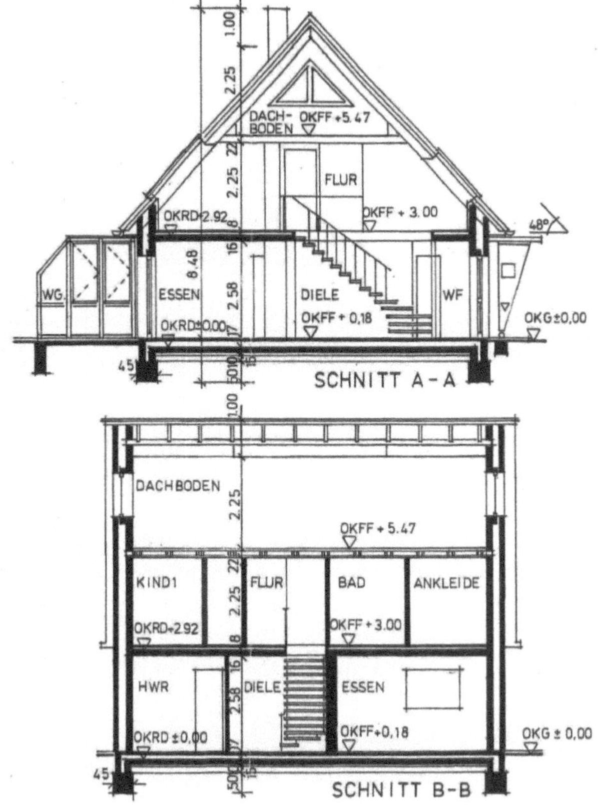

Bild 5.3 Schnitte

Im Laufe des nachhaltigen Bauwerkslebenszyklus ist eine barrierefreie Modernisierung des EG vom Wohnhaus wertschöpfend möglich, da die Flächen und ebenerdigen Funktionen ohne Schwellen vorhanden sind. Die einzelnen Räume sind minimiert wertschöpfend konzipiert.

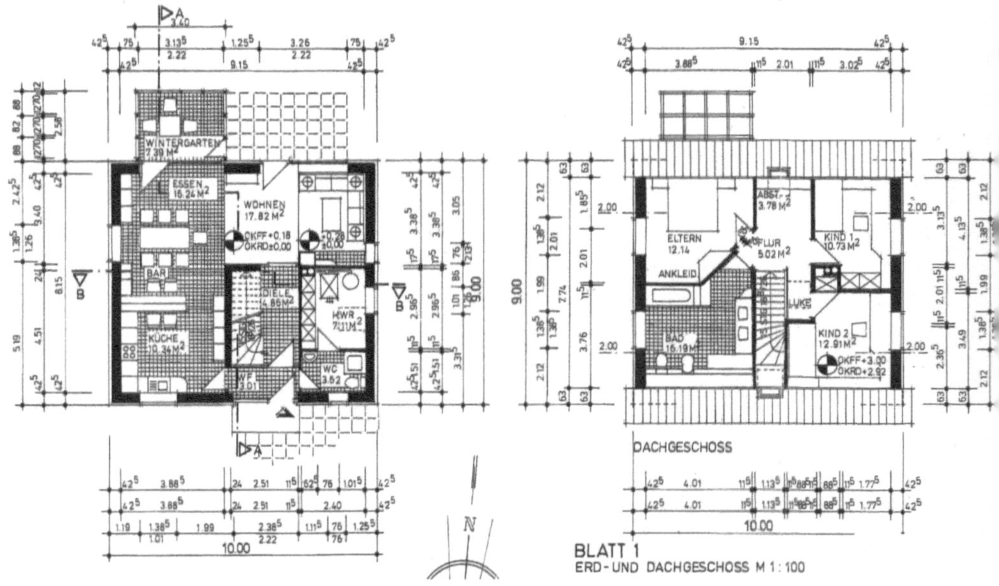

Bild 5.4 Grundrisse

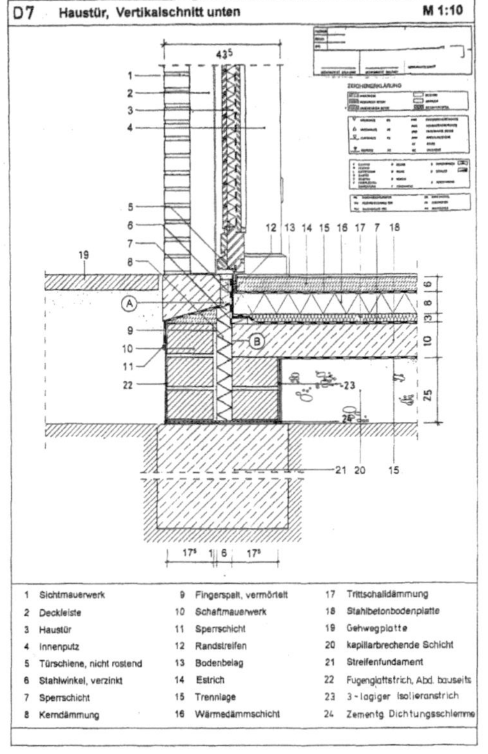

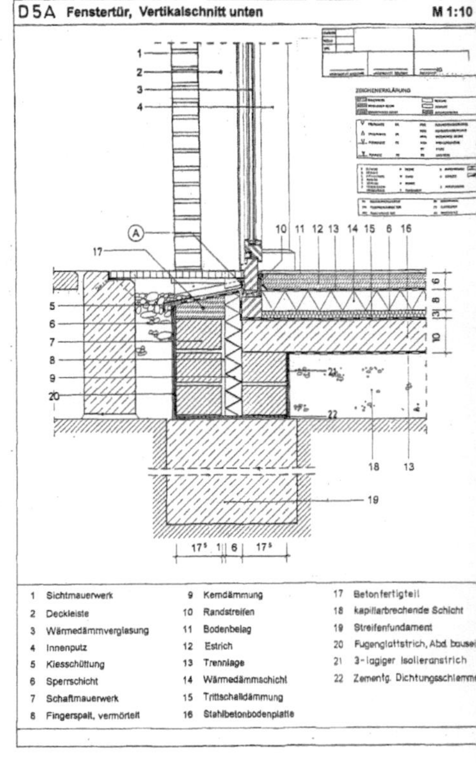

Bild 5.5 Vertikalschnitt Gründung und Außenwand

Die Sohlplattengründung mit Streifenfundamenten ist wertschöpfend gedämmt und energiesparend mit einer Fußbodenheizung versehen. Die Mauerwerksaußenwände sind optimal gedämmt und wind- und luftdicht mit wärmeschützenden Holz-Außenfenstern und -türen konstruiert. Die Verklinkerung ist im Prinzip im Abnutzungsvorrat wertschöpfend unbegrenzt und wiederverwertbar.

Wertschöpfend ist der witterungsschützende Dachüberstand, die engobierte Tonziegeldeckung, die thermische Solaranlage, die Zinkrinnen und -Fallrohre und das eine Dachflächenfenster. Das einfache Satteldach mit Sparrenunterkonstruktion ist sehr wertschöpfend.

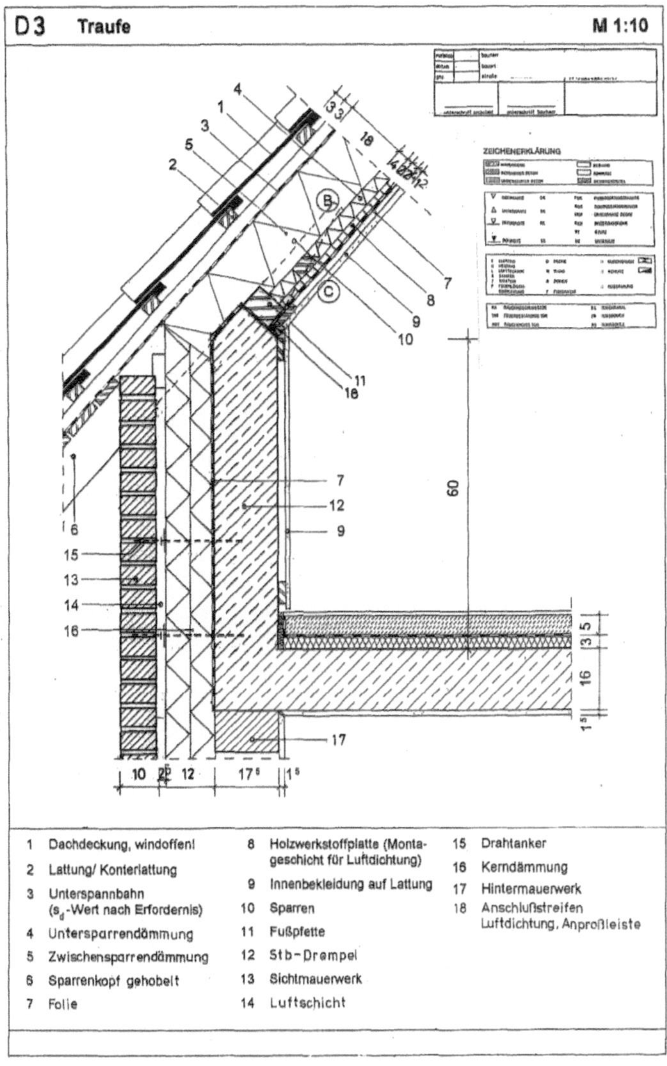

Bild 5.6 Vertikalschnitt Traufe bis First

Das gesamte robuste und einfache Dach ist harmonisiert instand zu halten mit großer Wertschöpfung. Die Dachausgänge und Öffnungen sind reduziert, der Schornstein hat zwei wertschöpfende Züge für Ofennachrüstung.

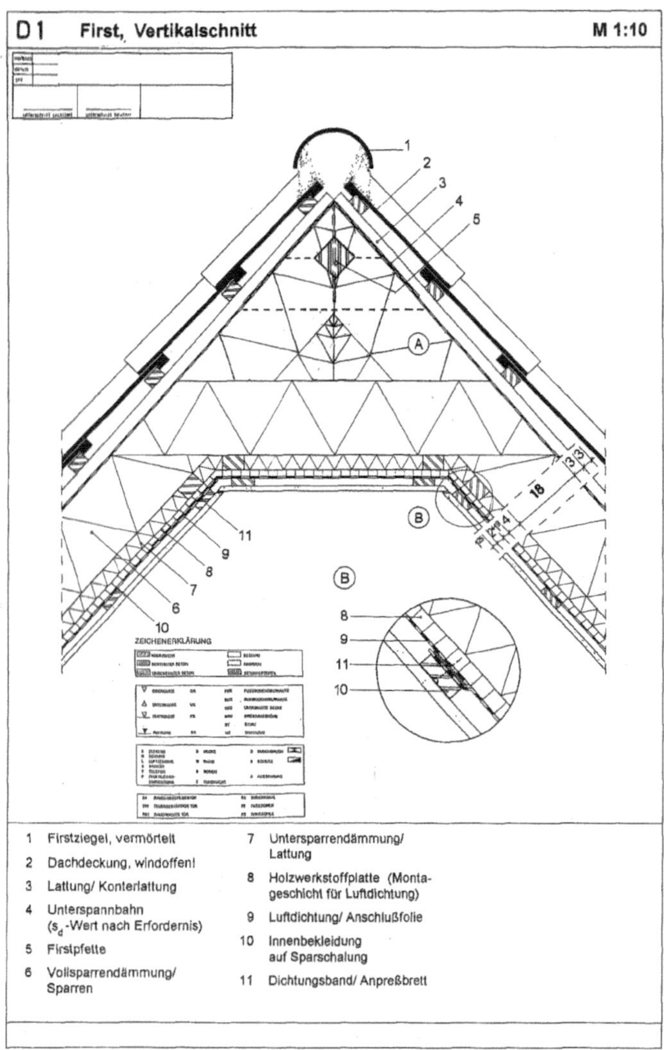

Bild 5.7 Wertschöpfende Dachinstandhaltung

Die Außentüren und -fenster müssen alle fünf Jahre in der offenporigen Lasur und wartungsgemäß instandgehalten werden. Der Schwachpunkt innenliegende Rolladenkästen soll demnächst durch außenliegende Rolläden wertschöpfend modernisiert werden.

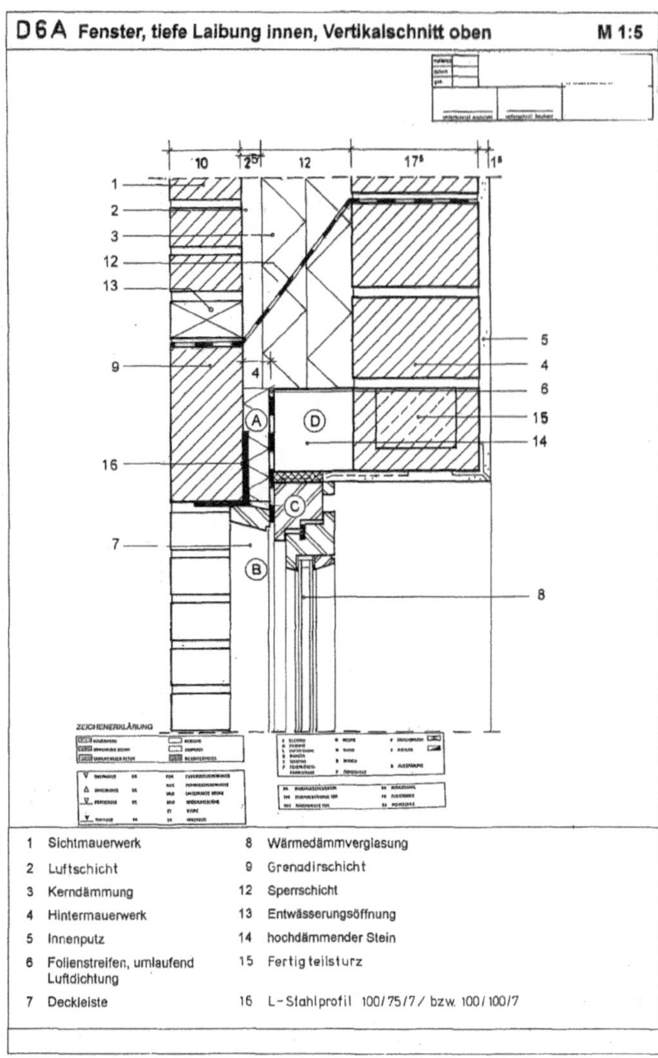

Bild 5.8 Wertschöpfende Außenfenster- und -türinstandhaltung

Durch regelmäßige E-Checks und insbesondere energiesparende Beleuchtung mit Tageslichtregelung stellt sich die wertschöpfende Elektroinstandhaltung beim Wohnhaus dar.

Bild 5.9 Wertschöpfende Elektroinstandhaltung

Wertschöpfend wird die Steuerung und Regelung der gesamten Anlagentechnik vom Wohnhaus vernetzt über ein Tableau im Wohnhaus gesteuert. Die wertschöpfende Instandhaltung dazu ist auch per Wartungsvertrag geregelt.

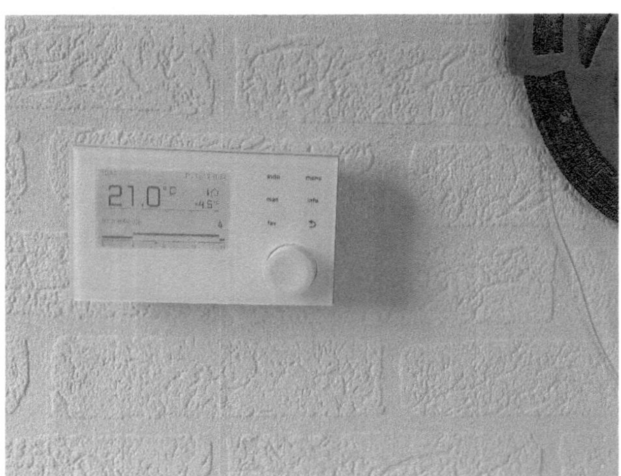

Bild 5.10 Wertschöpfende Steuerungs- und Regelungsinstandhaltung

Wertschöpfend wird die Brennwertheizung mit Brauchwasserspeicher und Fußbodenheizung vom Wohnhaus energiebewusst ständig optimiert. Die wertschöpfende Instandhaltung dazu ist auch per Wartungsvertrag geregelt.

Bild 5.11 Wertschöpfende Heizungsinstandhaltung

Die thermische Solaranlage auf dem nach Süden ausgerichteten Dach mit Anlagenkomponenten wird energiebewusst ständig optimiert. Die wertschöpfende Instandhaltung dazu ist auch per Wartungsvertrag geregelt.

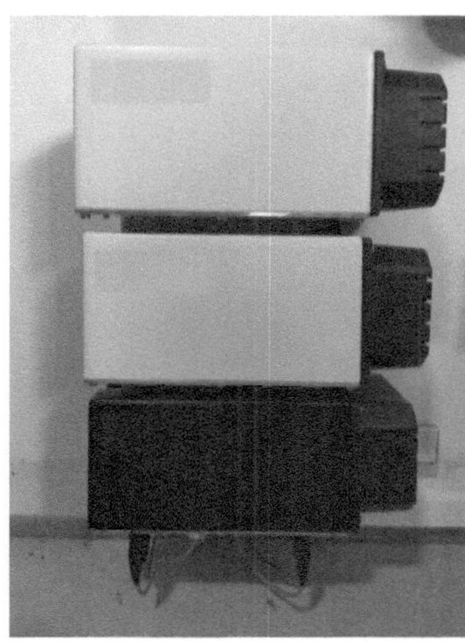

Bild 5.12 Wertschöpfende Solaranlageninstandhaltung

Die Telekommunikationsanlage wird energiebewusst ständig optimiert. Die wertschöpfende Instandhaltung dazu ist auch per Wartungsvertrag geregelt.

Bild 5.13 Wertschöpfende Gebäudekommunikationsinstandhaltung

Aus dem Carport für das abgeschaffte Auto wurde ein zusätzlicher Lagerraum, ein Teil des Gartens dient der Selbstversorgung. Die wertschöpfende Instandhaltung dazu ist auch per Vertrag geregelt.

Bild 5.14 Wertschöpfende Außenanlageninstandhaltung

Tabelle 5.1 zeigt wertschöpfende Instandhaltungsmaßnahmen zum Projekt 1.

Tabelle 5.1 Wertschöpfende Instandhaltungsmaßnahmen zum Projekt 1

Bauwerksbereich	Maßnahmen wertschöpfender Instandhaltungen
Bauwerkserscheinung	Reinigungsmaßnahmen, Holzfenster- und Türlasuren usw.
Bauwerksfassaden, Fenster und Türen	Ausblühungen und -bleichungen sowie Schäden beseitigen, Fenster- und Türen-Inspektion-Wartung-Pflege-Instandsetzung usw.
Bauwerkswände und -decken	Oberflächenriss- und Setzungsbeseitigungen usw.
Bauwerksdächer	Dach-Inspektion-Wartung-Pflege-Instandsetzung, Dachflächen- und Rinnenreinigung usw.
Erdberührte Bauteile	Abdichtungsmaßnahmen, Riss- und Setzungsinstandsetzung usw.
Innenböden und -treppen	Oberflächen- und Geländerinstandsetzungen usw.
Heizung, Lüftung, Solar	Heizungs- und Solaranlagen-Inspektion-Wartung-Pflege-Instandsetzung, Herdlüftungsanlagenwartung, energiebewusste Steuerungs- und Regelungsmaßnahmen usw.
Elektrik	Elektrik- und Beleuchtungs-Inspektion-Wartung-Pflege-Instandsetzung, Wartungen zu Kommunikationsanlage, Speicher, Pumpen, Antriebe, Zuleitungen, energiebewusste Steuerungs- und Regelungsmaßnahmen usw.
Sanitär	Sanitäranlagen-Inspektion-Wartung-Pflege-Instandsetzung, Oberflächeninstandhaltungsmaßnahmen usw.
Bauwerksaußenbereiche	Carport- und Gartenanlagen-Inspektion-Wartung-Pflege-Instandsetzung usw.

Bild 5.15 Wertschöpfende Instandhaltungen mit Maßnahmen

5.2 Projekt 2: Instandhaltung Wohn- und Geschäftshaus Halle/Saale

Im zweiten Projektbeispiel werden ausgewählte wertschöpfende Instandhaltungsaspekte eines unter Denkmalschutz stehenden „grundlegend modernisierten“ Wohn- und Geschäftshauses in Halle an der Saale dargestellt.

Die theoretische wirtschaftliche Lebensdauer eines unter Dankmalschutz stehenden instandgehaltenen Wohn- und Geschäftsgebäudes beträgt 80 bzw. 50 Jahre für den Lebenszyklus ab der „grundlegenden Modernisierung“. Die technische Lebensdauer von etwa 70% der Bau- und Anlagentechnik ist allerdings weitaus geringer, sodass wertschöpfendes Instandhalten, Modernisieren und Abbrechen ökonomisch, ökologisch und sozialverträglich über den nachhaltigen Bauwerkslebenszyklus von wesentlicher Bedeutung ist.

Bei diesem zweiten Projekt stehen die Instandhaltungskosten neben der Denkmalförderung im Mittelpunkt der Betrachtung für eine **Wertschöpfungsbilanz**. Dies hat zur Folge, dass alle Instandhaltungen möglichst harmonisiert im Rhythmus wertschöpfend stattfinden - „Eigentum verpflichtet“.

Für die wertschöpfende, verkehrssichernde und turnusmäßige Instandhaltung des Wohn- und Geschäftshauses gibt es seit Neubezug acht sogenannte „Inspektions-Wartungs-Pflege-Instandsetzungs-Verträge“ für die Dächer, die Außenfester und -türen, die Elektrik, die Lüftung, die Heizungen, die Sanitärtechnik, die Gebäudekommunikation sowie die Garagen.

Das voll unterkellerte vermietete Wohn- und Geschäftshaus wurde 1901 gebaut als auf der Straßenseite zum Teil verputzter Massivbau für sechs Wohnungen und einen Laden sowie Garagen. Ab 1990 wurde es grundlegend umgebaut und modernisiert, um ab 1995 in einen Instandhaltungsrhythmus über den nun nachhaltigen Bauwerkslebenszyklus zu kommen.

Bei dem denkmalgeschützten Bauwerk muss der Denkmalschutzrecht beachtet werden, um wertschöpfend für Instandhaltungen und Modernisierungen zu profitieren.

Wertschöpfend ist grundsätzlich der Erhalt des Bauwerks in der Innenstadtlage mit hohem Wertsteigerungs- und -schöpfungspotenzial. Das Haus wurde wertschöpfend auf einem sehr kleinen Grundstück als kompaktes Wohnhaus mit einfachem Baukörper und Flachdach raumsparend gebaut.

Im Innenhof befinden sich wertschöpfend sieben Garagen bzw. Lagerräume sowie die Abfallsammlung und ein kleiner Mietergarten.

Bild 5.16 Lageplan

Die denkmalgeschützte Fassade wurde vor 30 Jahren fach- und sachgerecht wertschöpfend instandgesetzt. Die Oberflächen müssen turnusmäßig wertschöpfend instandgehalten werden.

Bild 5.17 Ansicht

Die Grundrisszuschnitte des Zweispänners um das zentrale Treppenhaus sind wertschöpfend funktional. Alle Flächen sind wertschöpfend genutzt.

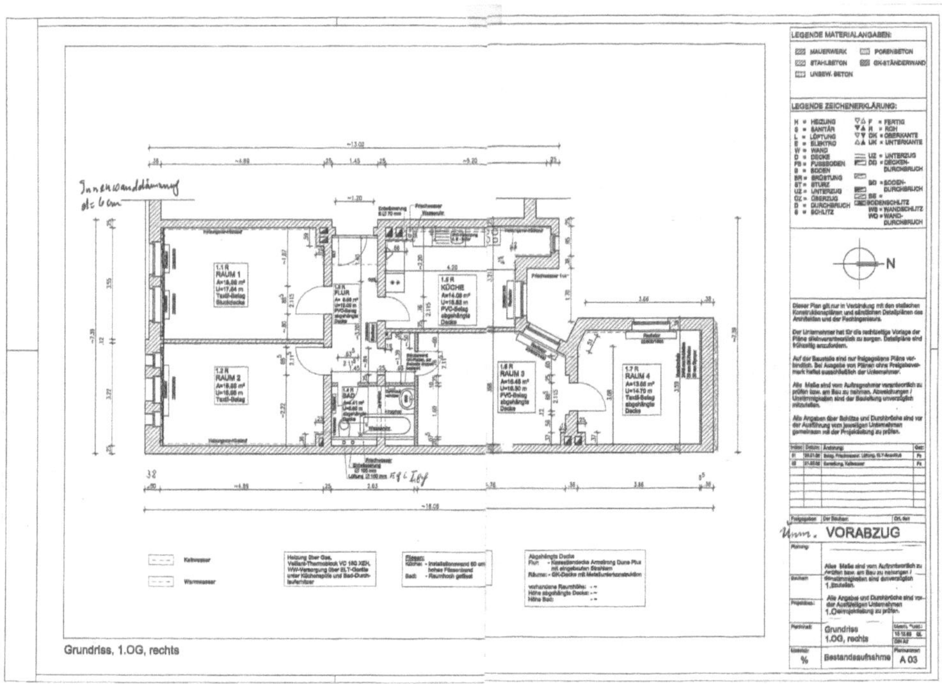

Bild 5.18 EG-Grundriss

Auf ausdrücklichen Wunsch aller Mieter haben alle Wohnungen einen wertschöpfenden Außenbalkon mit Aufenthaltsqualität bekommen.

Bild 5.19 Wertschöpfende Vorsatzbalkoninstandhaltung

Aktuell werden die alten Gasthermen durch wertschöpfende Brennwerttechnologie ersetzt und energiesparende Brauchwasserspeicher eingebaut. Es gibt wertschöpfende Thermenwartungsverträge.

Bild 5.20 Wertschöpfende Thermeninstandhaltung

Harmonisiert wird die Gebäudehülle mit Flachdach, Fassade und Keller wertschöpfend instandgehalten.

Bild 5.21 Wertschöpfende Fassadeninstandhaltung

Harmonisiert werden die Außenfenster und -holztüren wertschöpfend instandgehalten. Es gibt wertschöpfende Außenfenster- und -türenwartungsverträge.

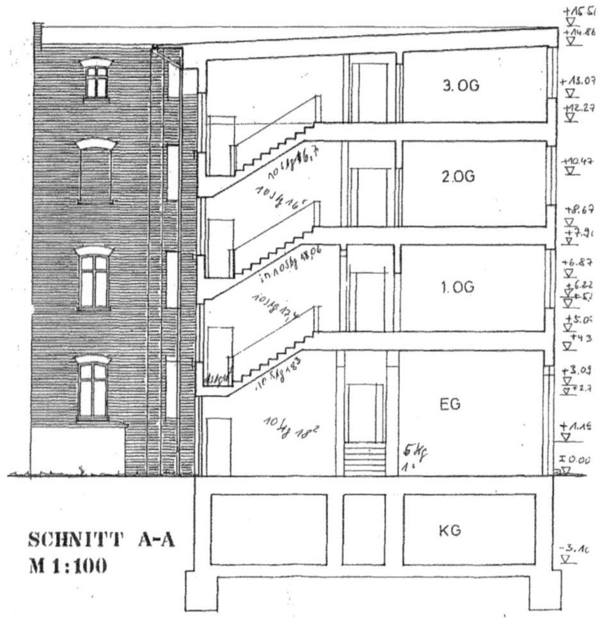

Bild 5.22 Wertschöpfende Fensterinstandhaltung

Harmonisiert werden die außenliegenden Rolläden wertschöpfend instandgehalten. Es gibt wertschöpfende Rolladenwartungsverträge.

Bild 5.23 Wertschöpfende Rolladeninstandhaltung

Harmonisiert werden die Abfallsammlungsanlage und Anpflanzungen im Innenhof wertschöpfend instandgehalten. Es gibt wertschöpfende Wartungsverträge.

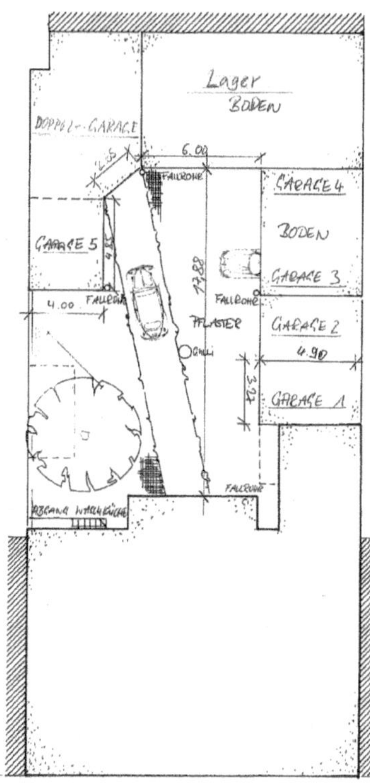

LAGEPLAN M 1:200

Bild 5.24 Wertschöpfende Innenhofinstandhaltung

Harmonisiert werden die Garagen im Innenhof wertschöpfend instandgehalten. Es gibt wertschöpfende Wartungsverträge.

Bild 5.25 Wertschöpfende Garageninstandhaltung

Harmonisiert wird der ehemalige Laden, der seit Jahren ein Ingenieurbüro beheimatet, wertschöpfend in Absprache mit dem Denkmalschutz instandgehalten.

Bild 5.26 Wertschöpfende Ladeninstandhaltung

Tabelle 5.2 zeigt wertschöpfende Instandhaltungsmaßnahmen zum Projekt 2.

Tabelle 5.2 Wertschöpfende Instandhaltungsmaßnahmen zum Projekt 2

Bauwerksbereich	Maßnahmen wertschöpfender Instandhaltungen
Bauwerkserscheinung	Reinigungsmaßnahmen, Außenfenster- und Türwartungen usw.
Bauwerksfassaden, Fenster und Türen	Reinigungen, Putz- und Gesimsschäden beseitigen, Balkone, Fenster- und Türen-Inspektion-Wartung-Pflege-Instandsetzung usw.
Bauwerkswände und -decken	Oberflächenriss- und Setzungsbeseitigungen, Denkmalschutz, Kellerdeckeninspektionen usw.
Bauwerksdächer	Dach-Inspektion-Wartung-Pflege-Instandsetzung, Dachflächen- und Rinnenreinigung usw.
Erdberührte Bauteile	Abdichtungsmaßnahmen, Riss- und Setzungsinstandsetzung, Lichtschacht- und Drainageinstandhaltung usw.
Innenböden und -treppen	Oberflächen- und Geländerinstandsetzungen usw.
Heizung und Lüftung	Heizungsanlagen-Inspektion-Wartung-Pflege-Instandsetzung, Herd- und Badlüftungsanlagenwartung, energiebewusste Steuerungs- und Regelungsmaßnahmen usw.
Elektrik	Elektrik- und Beleuchtungs-Inspektion-Wartung-Pflege-Instandsetzung, Wartungen zu Kommunikationsanlage, Speicher, Pumpen, Antriebe, Zuleitungen, energiebewusste Steuerungs- und Regelungsmaßnahmen usw.
Sanitär	Sanitäranlagen-Inspektion-Wartung-Pflege-Instandsetzung, Oberflächeninstandhaltungsmaßnahmen usw.
Bauwerksaußenbereiche	Garagen- und Gartenanlagen-Inspektion-Wartung-Pflege-Instandsetzung, usw.

Bild 5.27 Wertschöpfende Instandhaltungsmaßnahmen Wohn- und Geschäftshaus Halle/Saale

5.3 Projekt 3: Modernisierung und Rückbau Mensa Hannover

Das folgende Projekt der Mensa der Hochschule Hannover zeigt ausgewählte Modernisierungs- und Rückbauaspekte zur Wertschöpfung beispielhaft auf.

Die theoretische wirtschaftliche Lebensdauer eines modernisierten Nichtwohngebäudes beträgt 50 Jahre für den neuen Lebenszyklus der modernisierten Bau- und Anlagentechnik. Die technische Lebensdauer auch der modernisierten Bau- und Anlagentechnik ist allerdings weitaus geringer, so dass wertschöpfendes weiteres harmonisiertes Instandhalten, Modernisieren und Abbrechen ökonomisch, ökologisch und sozialverträglich über den nachhaltigen Bauwerkslebenszyklus nach Rückbau und Modernisierung von wesentlicher Bedeutung ist. Bei diesem dritten Projekt müssen neben den Rückbau- und Modernisierungskosten sowie den Nebenkosten auch die verbleibende nicht modernisierte Bau- und Anlagentechnik für eine Wertschöpfungsbilanz weiter betrachtet werden.

Das alte Mensagebäude musste aus Funktions-, Baukonstruktions-, Energie- und Abnutzungsgründen modernisiert werden zur „Free-Flow-Mensa mit modernen Innenraumfunktionen, moderner TGA und energiesparender Fassade. Dabei wurde sowohl wertschöpfend die Bau- und Anlagentechnik modernisiert als auch kontrolliert bis auf den Rohbau zurückgebaut. Außerdem wurde ein Erweiterungs-Neubau wertschöpfend notwendig und der Außenbereich für den Außenmensabetrieb ebenfalls wertschöpfend modernisiert.

Die folgende kommentierte Fotodokumentation zeigt den wertschöpfenden Ablauf der Modernisierungs- und Rückbaumaßnahmen zum Mensagebäude.

Bild 5.28 Wertschöpfender Modernisierungs- und Rückbaubeginn

Beim dargestellten Mensagebäude wurde die TGA, der Ausbau und die Fassade wertschöpfend modernisiert bzw. verbessert. Es fand beim wertschöpfenden Rückbau ein Abfallmanagement auf der Baustelle statt.

Bild 5.29 Wertschöpfende Modernisierungsstufe 1 mit Rückbau

Bild 5.29 verdeutlicht Ausbauverbesserungen mit wertschöpfenden Rückbaumaßnahmen für einen Free-Flow-Bereich im Inneren vom Mensagebäude.

Bild 5.30 Wertschöpfende Modernisierungsstufe 2 mit Rückbau

Bild 5.30 zeigt farblich gekennzeichnete Container der wertschöpfenden Abfallsammlung für wertschöpfende Trennung der verwertbaren Abfälle vorm Mensagebäude.

Bild 5.31 Wertschöpfende Modernisierungsstufe 3 mit Rückbau

Bild 5.31 zeigt den entkernten Innenraum und die wertschöpfend rückgebaute Fassade beim Mensagebäude in Hannover.

Bild 5.32 Wertschöpfende Modernisierungsstufe 4 mit Rückbau

Bild 5.32 zeigt das optimierte Tragwerk vom Mensagebäude mit temporären Aussteifungen im Inneren des wertschöpfend modernisierten Bauwerks.

Bild 5.33 Wertschöpfende Modernisierungsstufe 5 mit Rückbau

Bild 5.33 zeigt die Verbesserung nach Rückbau der alten Fassade durch eine neue wertschöpfende Pfosten-Riegel-Fassade beim Mensagebäude.

Bild 5.34 Wertschöpfende Modernisierungsstufe 6 mit Rückbau

Bild 5.34 stellt eine Seitenansicht des Mensagebäudes mit wertschöpfend modernisierter Fassade und die Neubau-Erweiterung dar.

Tabelle 5.3 zeigt wertschöpfende Modernisierungs- und Rückbaumaßnahmen zum Projekt 3.

Tabelle 5.3 Wertschöpfende Modernisierungs- und Rückbaumaßnahmen zum Projekt 3

Bauwerksbereich	Maßnahmen wertschöpfender Verbesserung
Bauwerkserscheinungsbild	Wertschöpfendes Erscheinungsbild und wertschöpfender Rückbau der alten Fassade usw.
Bauwerksfassaden, Fenster und Türen	Wertschöpfende Fassade als Funktionsfassade, Sicherheits-, Schallschutz- und Energiespartüren und -fenster usw.
Bauwerkswände und -decken	Wertschöpfende Oberflächenverbesserungen usw.
Bauwerksdächer	Wertschöpfende Dämmung sowie Dichtheit usw.
Erdberührte Bauteile	Wertschöpfende Abdichtung usw.
Innenböden und -treppen	Wertschöpfende Barrierefreiheit, Optik usw.
Heizung, Lüftung, Klima	Wertschöpfende Anlagentechnik mit Energieeinsparung, Emissionsoptimierung, Behaglichkeit, Hygiene usw.
Elektrik	Wertschöpfende Gebäudeautomation und -leittechnik usw.
Sanitär	Wertschöpfende Barrierefreiheit, Wassereinsparung usw.
Bauwerksaußenbereiche	Wertschöpfender Außenmensabetrieb usw.

Bild 5.35 Wertschöpfende Modernisierungs- und Rückbaumaßnahmen zur Mensa Hannover

5.4 Projekt 4: Abbruch und Neubau Studierendenzentrum Hannover

Als Projektbeispiel werden im Folgenden ausgewählte Abbruch- und Neubau-Aspekte des Studierendenzentrums Hannover dargestellt.

Die theoretische wirtschaftliche Lebensdauer eines neugebauten Nichtwohngebäudes beträgt 50 Jahre für den Lebenszyklus. Die technische Lebensdauer von etwa 70% der Bau- und Anlagentechnik ist allerdings weitaus geringer, sodass wertschöpfendes Instandhalten, Modernisieren und Abbrechen ökonomisch, ökologisch und sozialverträglich von wesentlicher Bedeutung ist. Bei diesem vierten Projekt müssen insbesondere neben den Neubaukosten dessen Nebenkosten und die Abbruchkosten der drei abgenutzten, entwerteten Gebäude für eine **Wertschöpfungsbilanz** mit betrachtet werden.

Folgende Fotodokumentation zeigt die Stufen des Abbruchs mit folgendem Neubau.

Bild 5.36 Wertschöpfender Rückbaubeginn von drei Bürogebäuden der Hochschule Hannover

2017 wurde das entwertete Gebäudeensemble, bestehend aus drei Gebäuden, für das neue wertschöpfende Studierendenzentrum der Hochschule Hannover abgebrochen.

Bild 5.37 Wertschöpfende Abbruchstufe 1 Fachwerkgebäude

Zunächst wurde das nicht unter Denkmalschutz stehende mangelhafte Fachwerkgebäude, am Ende seines Gebäudelebenszyklus befindlich, wertschöpfend abgebrochen.

Bild 5.38 Wertschöpfende Abbruchstufe 2 vom zweiten Bürogebäude

Im Zuge des Rückbaus des Fachwerkbürogebäudes wurde auch das Empfangsgebäude parallel wertschöpfend abgebrochen.

Bild 5.39 Wertschöpfende Abbruchstufe 3 der Bürogebäude

Bild 5.39 zeigt die wertschöpfend getrennte Bauholzsammlung nach Abbruch und Entsorgung im wertschöpfenden Abfallmanagement auf der Baustelle.

Bild 5.40 Wertschöpfende Abbruchstufe 4 von Bürogebäuden

Bild 5.41 zeigt wertschöpfende Standsicherheit auf der Baustelle der Hochschule Hannover beim Abbruch des Letzten der drei Bürogebäude.

Bild 5.41 Wertschöpfende Abbruchstufe 5 vom dritten Bürogebäude

Der wertschöpfende Abbruch der drei Bürogebäude erfolgte mit fach- und sachgerechter SIGE-Koordination.

Bild 5.42 Wertschöpfende Abbruchstufe 6 von Bürogebäuden

Bild 5.42 zeigt das Freimachen der Rückbaustelle für den folgenden Neubau des Studierendenzentrums der Hochschule Hannover Ende 2017. Nach dem wertschöpfenden Abbruch entstand bis 2021 der Neubau des Studierendenzentrums der Hochschule Hannover.

Bild 5.43 Wertschöpfender Neubau des Studierendenzentrums Hannover

Tabelle 5.4 zeigt wertschöpfende Abbruch- und Neubaumaßnahmen zum Projekt 4.

Tabelle 5.4 Wertschöpfende Abbruch- und Neubaumaßnahmen zum Projekt 4

Bauwerksbereich	Maßnahmen wertschöpfender Abbruch und Neubau
Bauwerkserscheinungsbild	Wertschöpfendes Neubau-Erscheinungsbild und wertschöpfender Abbruch der alten Gebäude usw.
Bauwerksfassaden, Fenster und Türen	Wertschöpfende Neubau-Gebäudehülle, energiesparend, funktionsgerecht modern usw.
Bauwerkswände und -decken	Wertschöpfende Neubauqualität usw.
Bauwerksdächer	Wertschöpfende Neubaudämmung sowie -dichtheit usw.
Erdberührte Bauteile	Wertschöpfende Neubauabdichtung usw.
Innenböden und -treppen	Wertschöpfende Barrierefreiheit, Neubauoptik usw.
Heizung, Lüftung, Klima	Wertschöpfende Anlagentechnik mit Energieeinsparung, Emissionsoptimierung, Behaglichkeit, Hygiene usw.
Elektrik	Wertschöpfende Gebäudeautomation und -leittechnik usw.
Sanitär	Wertschöpfende Neubauqualität, Hygiene, Wassereinsparung, Funktionalität usw.
Bauwerksaußenbereiche	Wertschöpfender Außenbetrieb usw.

Bild 5.44 Wertschöpfende Abbruch- und Neubaumaßnahmen des Studierendenzentrums der Hochschule Hannover

Checklisten zum wertschöpfenden Instandhalten

Auf *plus.hanser-fachbuch.de* finden Sie ausgewählte Checklisten zu wertschöpfendem Instandhalten, Modernisieren und Abbrechen für nachhaltige Bauwerkslebenszyklen.

Im Folgenden finden Sie eine Übersicht der Checklisten mit ausgewählten wertschöpfenden Quantitäten und Qualitäten von Bauwerkslebenszyklen nach Wirtschaftlichkeits-, Umweltverträglichkeits- und Nutzungsgerechtigkeitsrelevanz präsentiert.

Die Checklisten zeichnen sich durch ganzheitliche Betrachtungen des gesamten Bauwerkslebenszyklus unter Berücksichtigung der wertschöpfenden ökologischen, ökonomischen und soziokulturellen Quantitäten sowie Qualität und den technischen als auch prozessualen Aspekten sowie Standortmerkmalen aus.

Anwender können die Checkpunkte in den Checklisten in Bezug auf Nachhaltigkeitserfüllung mit „voll erfüllt, hoch erfüllt, mittel erfüllt, gering erfüllt und nicht erfüllt" durch selbstständiges Eintragen in die Spalten einzeln bewerten.

Im Ergebnis zeigt die ermittelte Gesamtbewertung die Erfüllung der Nachhaltigkeit des Bauwerkslebenszyklus in Bezug auf die ausgewählten Wertschöpfungsaspekte zum Instandhalten, Modernisieren und Abbrechen.

Checkliste Bedarfsplanung

Es wird eine ausgewählte Checkliste für Bedarfsplanung zur Wertschöpfung vom Instandhalten, Modernisieren und Abbrechen über nachhaltige Bauwerkslebenszyklen zur Verfügung gestellt:

- C.1.1: Bedarfs- und Projektvorbereitung

Checkliste Projektmanagement

Es werden drei ausgewählte Checklisten zum Projektmanagement für wertschöpfendes Instandhalten, Modernisieren und Abbrechen für nachhaltige Bauwerks-Lebenszyklen zur Verfügung gestellt:

- C.2.1: Integrale Planung
- C.2.2: Optimierung und Komplexität der Planung
- C.2.3: Projektmanagement

Checkliste Energiemanagement

Es werden zehn ausgewählte Checklisten zum Energiemanagement zur Wertschöpfung über nachhaltige Bauwerkslebenszyklen zur Verfügung gestellt:

- C.3.1: Treibhauspotenzial (GWP)
- C.3.2: Ozonschichtabbaupotenzial (ODP)
- C.3.3: Ozonbildungspotenzial (POCP)
- C.3.4: Versäuerungspotenzial (AP)
- C.3.5: Überdüngungspotenzial
- C.3.6: Risiken für die lokale Umwelt
- C.3.7: Materialgewinnung
- C.3.8: Primärenergiebedarf, nicht erneuerbar
- C.3.9: Gesamtenergiebedarf und Anteil erneuerbarer Primärenergie
- C.3.10: Energiemanagement

Checkliste Bauwerksmanagement

Es werden drei ausgewählte Checklisten zum Bauwerksmanagement für nachhaltige Bauwerkslebenszyklen mit wertschöpfendem Instandhalten, Modernisieren und Abbrechen zur Verfügung gestellt:

- C.4.1: Sicherheit und Störfallrisiken
- C.4.2: Umnutzungsfähigkeit
- C.4.3: Bauwerksmanagement

Checkliste Life-Cycle-Engineering

Es werden drei ausgewählte Checklisten zu Lebenszykluskosten, Nutzungsdauern und Life-Cycle-Engineering zu nachhaltigen Bauwerkslebenszyklen zur Verfügung gestellt:

- C.5.1: Lebenszykluskosten
- C.5.2: Nutzungsdauern
- C.5.3: Life-Cycle-Engineering

Checkliste Abfallmanagement

Es wird eine ausgewählte Checkliste zum Abfallmanagement zur Wertschöpfung beim Instandhalten, Modernisieren und Abbrechen in nachhaltigen Bauwerkslebenszyklen zur Verfügung gestellt:

- C.6.1: Abfallmanagement

Checkliste Instandhalten

Es werden vier ausgewählte Checklisten zu Instandhaltungen zur Wertschöpfung in nachhaltigen Bauwerkslebenszyklen zur Verfügung gestellt:

- C.7.1: Reinigung und Instandhaltung
- C.7.2: Qualitätsprüfungen
- C.7.3: Systematische Inbetriebnahmen
- C.7.4: Risikomanagement

Checkliste Abbruch

Es wird eine ausgewählte Checkliste zum wertschöpfenden Abbruch in nachhaltigen Bauwerkslebenszyklen zur Verfügung gestellt:

- C.8.1: Abbruch

Quellen- und Literaturverzeichnis

Folgend werden ausgewählte Quellen und Literatur verzeichnet.

AHO-Heft 18 – Planungsbereich „Baufeldfreimachung/Rückbau“, Berlin

Allgemeine Verwaltungsvorschrift zum Schutz gegen Baulärm; Geräuschimmissionen (AVV Baulärm) vom 19. August 1970

ATV DIN 18 459:2012-09 VOB Vergabe- und Vertragsordnung für Bauleistungen; Teil C: Allgemeine Technische Vertragsbedingungen für Bauleistungen (ATV); Abbruch- und Rückbauarbeiten, Berlin

Bauer, Michael; Mösle, Peter; Schwarz, Michael: Green Building, München 2007

DGUV Regel 100-001, Grundsätze der Prävention

DGUV Regel 101-004 (bisher BGR 128):2006-02, Kontaminierte Bereiche

DGUV Regel 113-001:2015-03 Explosionsschutz-Regeln (EX-RL) – Sammlung technischer Regeln für das Vermeiden der Gefahren durch explosionsfähige Atmosphäre mit Beispielsammlung zur Einteilung explosionsgefährdeter Bereiche in Zonen

DIN 276-1:2006-11, Kosten im Bauwesen – Teil 1: Hochbau

DIN 277-3:2005-04, Grundflächen und Rauminhalte von Bauwerken im Hochbau – Teil 3: Mengen und Bezugseinheiten

DIN 18 205:1996-04, Bedarfsplanung im Bauwesen

DIN 32 736:2000-08, Gebäudemanagement – Begriffe und Leistungen, Berlin

DIN EN 15 221, Normenreihe „Facility Management“ sechs von sieben Teilen, Berlin 2011

DIN EN ISO 9001:2015, Qualitätsmanagement, Berlin

DIN EN ISO 19 011:2011-12, Leitfaden zur Auditierung von Managementsystemen (ISO 19 011:2011), zurückgezogen, Berlin

DIN EN ISO 41 001, FM- Managementsysteme, Berlin

DIN 18 205:2016-11, Bedarfsplanung im Bauwesen, Berlin

DIN 18 323:2016-09, VOB Vergabe- und Vertragsordnung für Bauleistungen – Teil C: Allgemeine Technische Vertragsbedingungen für Bauleistungen (ATV) – Kampfmittelräumarbeiten

DIN 18 960:2020-11, Nutzungskosten im Hochbau, Berlin

DIN 4107, Geotechnische Messungen – Normenreihe, Berlin

DIN 4108, Wärmeschutz und Energie-Einsparung in Gebäuden – Normenreihe, Berlin

DIN 4123:2013-04, Ausschachtungen, Gründungen und Unterfangungen im Bereich bestehender Gebäude, Berlin

DIN 4150, Erschütterungen im Bauwesen – Normenreihe, Berlin

DIN 18 299:2012-09 VOB Vergabe- und Vertragsordnung für Bauleistungen; Teil C: Allgemeine Technische Vertragsbedingungen für Bauleistungen (ATV); Allgemeine Regelungen für Bauarbeiten jeder Art, Berlin

DIN V 18 599, Energetische Bewertung von Gebäuden – Normenreihe, Berlin

Enquete-Kommission „Schutz des Menschen und der Umwelt: Konzept Nachhaltigkeit, Köln 1998

Erste Allgemeine Verwaltungsvorschrift zum Bundes-Immissionsschutzgesetz (Technische Anleitung zur Reinhaltung der Luft – TA Luft) vom 24. Juli 2002

Feststellung und Beurteilung von Geruchsimmissionen (Geruchsimmissions-Richtlinie – GIRL)

Gesetz über die Durchführung von Maßnahmen des Arbeitsschutzes zur Verbesserung der Sicherheit und des Gesundheitsschutzes der Beschäftigten bei der Arbeit, Berlin

Gesetz über explosionsgefährliche Stoffe (Sprengstoffgesetz – SprengG), Berlin

Gesetz über Naturschutz und Landschaftspflege (Bundesnaturschutzgesetz – BNatSchG) vom 29. Juli 2009, Berlin

Gesetz zum Schutz vor schädlichen Umwelteinwirkungen durch Luftverunreinigungen, Geräusche, Erschütterungen und ähnliche Vorgänge (Bundes-Immissionsschutzgesetz – BImSchG) vom 17. Mai 2013, Berlin

Gesetz zur Förderung der Kreislaufwirtschaft und Sicherung der umweltverträglichen Bewirtschaftung von Abfällen (Kreislaufwirtschaftsgesetz – KrWG) vom 24. Februar 2012, Berlin

Noosten, Dirk: Ratgeber Immobilienauswahl, Detmold 2015

Pfeiffer, Martin; Bethe, Achim; Catharina P. Pfeiffer: Nachhaltiges Bauen, Hanser 2022

Pfeiffer, Martin: Architektur- und Ingenieurmanagement, Berlin 2004

Sechste Allgemeine Verwaltungsvorschrift zum Bundes-Immissionsschutzgesetz (Technische Anleitung zum Schutz gegen Lärm – TA Lärm) vom 26. August 1998

Technische Anleitung zur Reinhaltung der Luft (TA Luft)

Technische Regeln für Arbeitsstätten (ASR)

Technische Regeln für Betriebssicherheit (TRBS 2152)

Technische Regeln für Biologische Arbeitsstoffe

Technische Regeln für Gefahrstoffe

TRGS 524:2010-02, Schutzmaßnahmen für Tätigkeiten in kontaminierten Bereichen

TRGS 720, Gefährliche explosionsfähige Gemische – Allgemeines

TRGS 721, Gefährliche explosionsfähige Gemische – Beurteilung der Explosionsgefährdung

TRGS 720:2006-03, Technische Regeln für Betriebssicherheit; Technische Regeln für Gefahrstoffe; Gefährliche explosionsfähige Atmosphäre; Allgemeines

VDI 2263, Staubbrände und Staubexplosionen, Berlin

VDI 2263:1992-05, Staubbrände und Staubexplosionen; Gefahren, Beurteilung, Schutzmaßnahmen, Berlin

VDI 2552:2020-07, Blatt 1 Building Information Modeling – Grundlagen, Berlin

VDI 3922, Energieberatung für Industrie und Gewerbe – Reihe, Berlin

VDI 4700 Blatt 1:2015-10 Begriffe der Bau- und Gebäudetechnik, Berlin

VDI 6210, Abbruch von baulichen und technischen Anlagen-Reihe, Berlin

VDI/GVSS 6202 Blatt 1:2013-10 Schadstoffbelastete bauliche und technische Anlagen; Abbruch-, Sanierungs- und Instandhaltungsarbeiten, Berlin

Verordnung über das Europäische Abfallverzeichnis (Abfallverzeichnis-Verordnung – AVV) vom 10. Dezember 2001, Berlin

Verordnung über den Schutz vor Schäden durch ionisierende Strahlen (Strahlenschutzverordnung – StrlS)

Verordnung über Sicherheit und Gesundheitsschutz bei der Bereitstellung von Arbeitsmitteln und deren Benutzung bei der Arbeit, über Sicherheit beim Betrieb überwachungsbedürftiger Anlagen und über die Organisation des betrieblichen Arbeitsschutzes (Betriebssicherheitsverordnung - BetrSichV) vom 27. September 2002, Berlin

Verordnung über Sicherheit und Gesundheitsschutz bei Tätigkeiten mit Biologischen Arbeitsstoffen (Biostoffverordnung - BioStoffV) vom 15. Juli 2013, Berlin

Verordnung zum Schutz vor Gefahrstoffen (Gefahrstoffverordnung - GefStoffV) vom November 2010, zuletzt geändert Juli 2013, Berlin

Verordnung zur Durchführung des Bundes-Immissionsschutzgesetzes (Geräte- und Maschinenlärmschutzverordnung - 32. BImSchV) vom 29. August 2002.

Stichwortverzeichnis